DOG IS LOVE

Why and How Your Dog Loves You

Clive D. L. Wynne

イヌは愛である

「最良の友」の科学

クライブ・ウィン

梅田智世 訳

早川書房

イヌは愛である

——「最良の友」の科学

DOG IS LOVE
Why and How Your Dog Loves You
by
Clive D. L. Wynne

Translated by
Chisei Umeda
First published 2021 in Japan by
Hayakawa Publishing, Inc.
This book is published in Japan by
arrangement with
Aevitas Creative Management
through The English Agency (Japan) Ltd.
Illustrations based on underlying photographs all courtesy of the author except for the following, granted by permission: page 41 Monty Sloan/Wolf Park, page 115 Sam Wynne, page 130 Tina Bloom, page 169 Gregory Burns, page 235 Jeremy Koster, page 280 Kathryn Heininger, and page 324 Alexandra Protopopova.

装幀／早川書房デザイン室

愛犬――と父親――を誇らしい気もちにしてくれるサムへ。

目次

はじめに

何年か前に、第二の故郷アメリカをしばらく離れ、生まれ育ったイギリスを訪ねたときのことだ。季節は冬。夕方の遅い時間だった。太陽はもう、その日の短い務《つと》めを終えていた。ロンドンでの一日の仕事から帰宅するたくさんの人たちに混ざって、わたしは郊外のとある駅の階段をおりていた。この手のヴィクトリア朝様式の駅は、建設当時はさぞかし壮麗だったにちがいないし、いまでも夏の光を浴びれば壮麗に見えるものもたしかにある。けれど、その日のような寒くて湿っぽい一日の終わりには、気が滅入《めい》るとしかいいようがない。暗赤色の古いレンガを照らすのは、ちかちかと点滅する薄ぼんやりとした蛍光灯だけで、その重々しい背景全体に、疲れ果てた通勤者のみじめな気分が染みこんでいた。

そんな情景だけでは陰鬱《いんうつ》さがたりないとでもいうように、突然、イヌの切迫した鳴き声が駅に響きわたった。階段の下、切符のない人が列車に乗るのを防ぐ柵のすぐうしろで、若い女性――正確には子どもだ――が全力でリードを握っていた。その先にいるのは、小さいけれどやかましい、エネルギーたっぷりのイヌだ。たぶん、テリアのなかまだろう。その小さなイヌがきゃんきゃん吠えたて、ちょっとした嵐を巻き起こしていた。

その瞬間、わたしが無意識のうちに感じたのは、いらだちだった。なにしろ、それでなくとも鬱々としていた場面に、うるさいＢＧＭが追加されたのだから。けれど、距離が近づき、そのイヌが大喜びしている姿が目に入ると、知らず知らずのうちに顔にじわじわと笑みが広がった。

イヌは人の群れのなかに誰かを見つけたようだった。その人が近づくにつれて、イヌの吠えかたは怒声から喜びの遠吠えのようなものに変わった。お目あての人にどうにか近よろうとして、なめらかな床の上で爪を滑らせている。その男性が改札を抜けると、イヌは彼の腕にぴょんと跳びこみ、顔をなめた。すぐうしろにいたわたしの耳に、イヌにやさしく話しかけ、なだめようとする男性の声が届いた。「わかったわかった、ただいま」

あたりを見まわすと、一面に広がる人の顔が、わたしの感情の動きをそっくりそのまま映し出していた。最初のいらだち――くたびれた一日の終わりに加わったもうひとつのお荷物――のあと、飼い主へのイヌの愛情を目にして思わず湧きおこる幸福感。人混みに笑顔が広がっていった。あちらこちらで、温かな笑い声が続いた。連れのいる人たちはおたがいを肘でつつきあい、短い言葉を交わした。ひとりで歩いている人の多くは、それぞれのほほえみをまたポケットにしまいこんだが、弾むような足どりはそのまま残った。帰宅途中で思いがけなく出会った、小さな喜びの名残のように。

この幸せな場面を眺めていたわたしは、記憶の波にのみこまれ、三〇年以上前にはじめてイギリスを離れたあと、最初に帰国したときのことを思い出した。当時は、わが家の愛犬ベンジーがまだ健在だった。わたしの育ったワイト島の駅まで母が車で迎えに来てくれて、その助手席には警戒態勢のベンジーがしゃんと座っていた。イギリスの車道は左側通行なので、車の運転席と助手席の位置は右側通行のアメリカとは反対になる。そんなわけで、左座席に座るドライバーを見慣れていたうえに、疲労と時差ボケにやられたわたしの目には、まるでベンジーが車を運転しているように見えた。その混乱を収める間もほとんどないうちに、車が歩道脇に停まった。助手席のドアを開けると、わたしに再会した喜びを爆発させるベンジーに迎えられた。わたしを目にした途端、ベンジーは嬉しさにわれを忘れた。何十年もあとにあの駅にいたテリアのように――そして、わたしも同じだった。もっとも、ベンジーよりはもう少し感情を抑えていたが。

一見すると、ベンジーにはこれといって特別なところはなかったかもしれない。黒毛にところどころ淡い色が散った、ごく小型のシェルター出身の雑種。でも、わたしたち家族にとって、ベンジーはなにより特別だった。両眉を囲む薄茶色の毛は、ベンジーの目をことのほか表情豊かにした。困っているときなんかは、とくにそうだ。わたしたちはベンジ

子ども時代の愛犬ベンジー。1980 年代のはじめごろ。

ーをからかうのが大好きで、ベンジーもその悪ふざけを楽しんでいたと思う。ベンジーは耳をぴんと立てて好奇心を伝えるわざをもっていた。尻尾で喜びと自信を表すこともできたし、愛情を伝えるときには舌でなめた（その舌は湿った紙やすりのような感触で、わたしたち兄弟から抗議の声を引き出したが、それでもわたしたちは、彼が注意を向けてくれることを名誉だと思っていた）。

ベンジーとわたしたち兄弟は、一九七〇年代にイギリス南岸沖のワイト島でいっしょに育った。学校から帰宅すると、弟とわたしはいつもソファに身を投げ出し、裏庭から駆けてくるベンジーの足音に耳を傾け、足音に続いて現れる姿を眺めたものだった。三メートルほど向こうから、ベンジーは宙に跳び上がってわたしたちの真上に着地し、尻尾でわたしたちをばしばしと叩きながら順番に顔をなめる。その小さな身体は、再会の喜びにほとんど痙攣《けいれん》していた。ベンジーはどう見てもわたしたちを愛していた――少なくとも、当時のわたしたちには、それは疑いの余地がないように思えた。

それから長い年月が過ぎた。ベンジーは短い生涯を終え、わたしはわたしでさすらいの人生に追われた。けれど、子ども時代の愛犬の思い出は消えなかった。自分とは違う種《しゅ》の動物の「心」に対する興味も、やはり消えなかった。

そのうちに、わたしは学術界に引きよせられ、いろいろな種類の動物がどんなふうに知識を獲得し、どうやって周囲の世界を判断しているのかを研究するようになった。動物の心は人間の心とどう違うのか。わたしはそれを理解したかった。推論し、思考し、コミュニケーションをとる人間の能力は、どこまで人間に特有なものなのか？　そしてどのていどまで地球上のほかの種と共通しているのか？　思考する生物が地球以外の惑星に存在するのかどうかを知りたがる人は多いが、この惑星に存在する人間以外の生きものの心こそ、わたしの知りたいものだった。

動物心理学教授としてのわたしの研究は、はじめのうちは、この分野のどんな研究室にも住みついているおなじみの動物――ラットとハトを対象にしていた。そして、一〇年を過ごしたオーストラリアでは、それまで誰も調べたことのなかった最高にクールな有袋類《ゆうたいるい》を研究するチャンスに恵まれた。それは、心惹かれる知的な謎と興味をそそる発見に満ちた、すばらしい生活だった。けれど、わたしは心の底から満足していたわけではなかった。

そのうちに、自分が興味をもっているのは人間から切り離された動物の行動ではないことに気づきはじめた。それよりも惹かれていたのは、人間と動物の関係だ。そして、この惑星に生きる数かぎりない動物のなかでも、イヌほど人間とのあいだに強く不思議な絆《きずな》を築く種はいない。

改めて振り返ってみると、イヌを研究するべきだと気づくまでにそれほど長い時間がかかったことに、きまりの悪さを覚えてしまう。イヌの行動はとても豊かだ。がんや密輸品を嗅ぎとるイヌもいれば、トラウマを抱える人を慰めるイヌや、忙《せわ》しない街路を渡る目の見えない人を助けるイヌもいる。そして、イヌと人間のつきあいは古い。それどころか、人間がこれほど長く、あるいは深く関係をもってきた動物は、イヌのほかにはいない。

人間とイヌは、一万五〇〇〇年以上前からいっしょに生きてきた。両者がわかちあう長い歴史は、イヌの心と人間の心を複雑に絡みあわせてきた。その絡みあいのかたちは、いまやっと理解されはじめたばかりだ。この点の理解が進んでいないのは、ひとつには単に無視されてきたからだ。わたしがイヌの行動の研究をはじめたころは、科学者たちが半世紀にわたってほったらかしてきたイヌに対して、ようやく改めて興味を向けるようになったばかりだった。その関心の再燃から、イヌをめぐるいくつかの興味深い発見と見解が生まれた。それをきっかけに、わたしもほどなくして、自分なりの科学的探究の道へ踏み出すことになった。

一九九〇年代後半、新しい研究がイヌ学の分野で嵐を巻き起こした。イヌが独特なタイプの知能をもつことを証明したとする研究だ。その研究に携《たずさ》わった科学者たちによれば、人間の近くで生きてきた数千年のあいだに、イヌは人間の考えていることを理解する独自の方法を進化させ、それがイヌと人間の豊かで微妙なコミュニケーションを可能にしたという。このイヌの天才ともいえる能力は、イヌを人間の最高の相棒にしている特質として、さらにいえば、イヌと人間のつながりを理解して、よい関係を築くためのカギを握るものとして、広く世間に知られることになった。

イヌには、ほかの動物にはできないやりかたで人間を理解するための認知能力が備わっている。そう主張するこの説は、イヌの行動と知能をビジネスや情熱の対象にしている人たちのあいだで、いまも広く支持されている。最初に耳にしたときには、イヌが人間の支配する惑星でみごとに成功している理由の説明として説得力があるとわたしも思った。ところが、学生たちとともにイヌの行動の調査を独自に進めていくうちに、そのおおいにもてはやされたイヌ固有の認知能力とやらは、手をのばしてつかもうとするたびに蜃気楼《しんきろう》さながらに消えてしまうように思われた。

わたしは疑問を抱きはじめた。イヌに固有の認知能力があるのではなく、まったく違う種類の独特な能力があるのだとしたら？　その才能とは、いったいどんなものなのか？そして、イヌが知能ではない何かの理由で特別なのだとしたら、それは人間とイヌとの関わりかたやイヌの世話のしかたという点で、どんな意味をもつのだろうか？

そんな疑問が、すぐに思い浮かんだわけではない。仕事に勤《いそ》しむたいていの科学者と同じように、わたしも鼻先にある研究のことで頭がいっぱいだった。職業上の専門知識があるばかりに、門外漢《もんがいかん》ならすぐにでも理解できそうなものが見抜きにくくなってしまうことが、ときとしてある。そんなわけで、わたしもはじめのうちは気づけなかった。わたしがイヌを知ってからずっと、彼らがその本質をありのままに見せてくれていたことに。子ども時代の愛犬ベンジーも、数年前にあの陰鬱な駅で幸せそうに吠えていたテリアもそうだ。彼らは尻尾を振り、舌でなめるたびに、何がイヌを特別な存在にしているのかという疑問に答えていた。科学者にその答えが見えるのか？　ほんとうの疑問は、そこにあったのだ。

イヌの研究は、過去一〇年でちょっとした革命をくぐりぬけてきた。研究者たちはイヌ学の豊かな伝統を見直し、長年の実績に裏づけられた心理学の手法を改めてイヌ研究に応用するようになっている。さらに、神経科学、遺伝学といった時代の先端を行く科学分野の最新の手法や技術も採り入れられている。その結果、イヌの思考と感情をめぐる証拠が爆発的に集まってきた。そしてそのデータのおかげで、数年前なら考えてみようともしなかった、ましてや職業人生を長々と費《つい》やして調べてみようなどとは思わなかったかもしれない疑問を、わたしのような科学者が研究できるようになった。

このイヌ学という急成長分野で、わたしを含めたたくさんのなかまたちの研究から明らかになっていることがある――イヌの知能はほかの動物よりずばぬけて優れているわけではないものの、それでもあの「人間の最良の友」には驚くべきものがある、ということだ。わたしたちの研究はきっと、イヌの知能に関するこれまでの研究と同じくらい、議論と驚きを巻き起こすだろう。というのも、イヌと人間の独特な絆を生んでいる、単純でありながら謎めいた「源《みなもと》」を指し示しているからだ。それは人を困惑させ、科学者に葛藤を抱かせるかもしれない。けれど、イヌを愛する人なら誰もがすぐに気づくことだ――わかりきったこと、といってもいいかもしれない。

別種の動物とのあいだに、愛情に満ちた関係を築く。それにかけては、イヌにはあふれんばかりの、過剰といってもいいほどの際立《きわだ》った能力がある。その能力はとてつもなく大きい。わたしたちが同じ人間の誰かにそれを見いだしたとしたら、ものすごく奇妙に感じるほどだ。病的とさえ思うかもしれない。専門用語を使わざるをえない科学論文では、わたしはこの尋常ではない行動を「過度の社交性」と表現する。けれど、動物とその福祉に深い関心をよせる愛犬家の立場からいえば、それを単に愛と呼んではいけない理由はどこにもないと思っている。

　イヌを愛する人の多くはこの「愛」という言葉を何気なく使っているし、わたしもプライベートではずっと同じようにしてきた。けれど、ひとりの科学者としては、その言葉をそれほど簡単に使うわけにはいかなかった。というのも、動物が感情をもっているという見解そのものが、ほとんどの同業者にとって長らく異端だったからだ。なかでも愛という概念は、わたしが属する現実主義の世界ではあまりにも感傷的であいまいなものと見なされている。愛という特性をイヌに与えようとすると、擬人化のリスクもつきまとう。つまり、イヌを独自の種としてではなく、人間のように扱ってしまうおそれがあるというわけだ。当然のことながら、科学者はずっと昔から、科学的な正確さという点でも動物福祉の観点からも、それに抵抗してきた。

　けれど、少なくともこの点に関しては、少しばかりの擬人化が許されるのではないか、それどころか妥当でさえあるのではないか。わたしはそう確信するようになった。愛情を抱くというイヌの性質を認める以外に、彼らを理解するすべはない。もっといえば、愛に対するイヌの欲求——そう、すぐに説明するが、イヌは愛を求めている——を無視するのは、健康な食事や運動を与えないのと同じくらい倫理に反することだ。

わたしをこの結論に押しやったのは、世界中の研究室や動物保護施設から集まった幅広い証拠、イヌがわたしたち人間と同じように愛を感じることをありありと示す証拠だった。調査をはじめてすぐに気づいたのは、人間に向けるイヌの熱い思いがさまざまな現象としてあらわれていることだ。イヌが飼い主を守るために成し遂げた驚くべき偉業の物語は、誰もが耳にした覚えがあるだろう。苦しんでいる人に接したときのイヌの反応の研究では、あなたが実話だと信じているハリウッド映画ほどドラマチックな救いの力を発揮できるわけではないものの、イヌがたしかに飼い主を心配していることが明らかになっている。さらに印象的なのは、イヌと飼い主がいっしょにいるときには両者の心拍《しんぱく》が重なり、愛しあう人間のカップルで見られるものとよく似た同調性を示すことを明らかにした研究だ。イヌが飼い主といっしょにいるときには、オキシトシンなどの脳内化学物質の増加のような、人間が愛を感じているときに起きる変化と同じ神経系の変化も生じる。それどころか、人間に対するイヌの強い愛情をたどっていくと、イヌという存在の最小単位、つまり遺伝子の暗号にまで行きつく。いまやイヌの遺伝子情報は、その心や進化の歴史をめぐる信じられないような新事実を明かしはじめていて、科学者たちが先を競って解析している。

そうしたエキサイティングな最近の発見をまのあたりにしたら、愛こそがイヌを理解するためのカギなのだと認めざるをえなくなった。人間社会でイヌをこれほど繁栄させたものは、なんであれ特殊な知能などではなく、温かな心の絆を結びたいというイヌの欲求なのだ。わたしはそう信じるようになった――この先のページで、その信念を裏づける数々の科学的証拠をあげていくつもりだ。イヌの愛情深い性質は、人を強く惹きつける。だからこそわたしたちの多くは、戸口に現れた野良犬やブリーダーから買った純血種のイヌ、あるいは連れて帰ってと訴えかける地域のシェルター犬に好意を返し、慰めを与えずにはいられないのだ。

イヌの愛は、わたしたちがその重要性に気づいていようがいまいが、まちがいなくイヌと人間の関係の基礎になっている。そして、わたしにいわせれば、わたしたち人間にはそれに気づく責任がある。もっといえば、イヌの愛の大きさを裏づける証拠を踏まえて、自分たちの行動を見直す責任もある。「イヌの愛」理論（わたしが冗談半分に使っている用語にすぎないが）は、あのすばらしい動物をめぐる理解を深めるだけでなく、彼らとの関係をもっとよいものにするためのカギも握っている。愛する能力がイヌを独特な存在にしているとするなら、その能力が彼らに独特な欲求を与えていると考えるのも筋がとおっている。そして、わたしの研究から単純な結論をひとつだけ導き出すのなら、それはこんな結論になるだろう――イヌの愛情に敬意を払って報いるために、わたしたち人間にはもっとするべきことがある。

人間を愛する力をもつイヌは、愛のやりとりを求めている。そして、多くの人間は喜んでその求めに応じる。歴史の長いこの両想いの原動力の裏にある科学を知らなくても、そうするだろう。科学は、人間とイヌとの親しい関係を説明することも、それをよりよいものにすることもできる。もっと触れあう、放っておく時間を短くする。イヌが求めている、温かい感情をともなう強い結びつきのなかで生きる機会を与える。そんな簡単な対応をとるだけで、わたしたちは愛犬をもっと幸せにすることができるのだ。

イヌ学という点で見れば、わたしたちは胸躍《むねおど》る時代に生きている。遺伝学とゲノミクス、脳科学、ホルモンなどの研究がこぞって急速に進歩し、科学者の多くがまだ問いかけてさえいなかった疑問に光があたりつつある。わたしたちの相棒は、いったいどうして、種を越えたたぐいまれな愛情の橋を架けられるのか？　そうした愛情の絆を確実に築くためには、イヌの生活にどんな条件が必要なのか？　イヌはいったいどんな経緯で、比較的短い（進化上の観点からいえば）時間でその能力を発達させたのか？　そうした疑問に答えようと、最近では、現代のイヌ研究を最前線で引っぱる科学者たちがわくわくするような研究を進めている。この本では、わたしの研究とともに、彼らの知見も紹介していく。

けれど、研究して理解するだけではたりない。わたしたちはその知識を活用し、イヌがもっと豊かで満たされた生活を送れるように手を貸さなければならない。イヌたちは人間を信頼しているが、わたしたちはあまりにも多くの面でその信頼を裏切っている。イヌにはもっとよい待遇がふさわしいと人間が気づくきっかけになれば、この本にも少しは価値があったことになるだろう。彼らには、人間にしばしば追いやられている孤独で不幸な生活よりもよいものを手にする権利がある。惜しげなく注いでくれる愛の見返りに、わたしたちの愛を与えられるべきなのだ。

これは、単にイヌを愛する者としての揺るぎない信念というだけではない。科学者として論理的にたどりついた結論でもある。それを裏づけるデータもある。イヌの愛という概念をくだらない感傷主義と退《しりぞ》けた前科をもつ者として、ここでもういちどいわせてほしい。わたしは長年の研究を経て、自分のもっていた考えかたに反して、イヌの愛理論を裏づける大量の証拠を見つけた。そして、その理論を崩す証拠はほとんど見つからなかった。これは感傷ではない——科学なのだ。

ときどき、少しばかり気まずく感じることもある。なにしろ、あれほど長いあいだ、とことん懐疑的な姿勢で動物の知能を研究したすえに、一部の人にはどうあっても甘ったるいと見なされそうなイヌ観を主張するにいたったのだから。けれど、その気まずさには耐えられる。なぜなら、もっと多くの人がその見解を受け入れようという気になれば、それだけでイヌたちはもっと幸せになるはずだとかたく信じているからだ。

それに、ベンジーとともに過ごしたあの年月に経験したものがたしかに実在するのだと思うと、わたしは最高に満ちたりた気もちになる。愛こそが、あの関係の、そしてほぼすべてのイヌと人間の交流の本質なのだ。研究者たちが見当違いの場所をつつき、イヌの特殊性は心ではなく知能にあると主張していたころからずっと、イヌを愛する大勢の人たちは、その真実を知っていた。
科学がいまようやく、それに追いつこうとしている。

第一章　ゼフォス

　はじめて会ったとき、ゼフォスはとても小さく見えた。そう見えたのは、ひとつにはゼフォスのふるまいかたのせいだ。動物愛護団体のシェルターの檻のなか、コンクリートの床の上で、ゼフォスは怯えきって、小さな身体をボールのように丸めていた。まわりのあちらこちらで、彼女よりも大きなイヌがめいめいの檻のなかで跳びはね、わたしの注目を浴びようと吠えたてていた。けれど、かわいそうなゼフォスは床にうずくまり、あまりにも怯えきっていたせいで、見慣れない訪問者をうしろ肢《あし》ごしに覗《のぞ》き見るくらいのことしかできなかった。

　そのシェルターは清潔だったし、わたしを案内して檻を見せてまわったボランティアからは、自分にまかされたイヌたちを気づかう雰囲気が感じられた。それでも、気分を落ちこませずにいるのは難しかった。ゼフォスのすみかは、金属の格子とむきだしの硬い床と壁でできた、がらんとした牢獄のような世界だった。騒々《そうぞう》しくてなんの特徴もない、コンクリートと鋼鉄の空間。ゼフォスの隣近所のなかまがたてる騒音は、心身にこたえた。わたしはとにかくそこから出たかった。ゼフォスとほかのイヌたちもそうだったにちがいない。

わたしが妻のロズと息子のサムといっしょにフロリダ北部にあるこのシェルターを訪れたのは、ふたりがわたしの誕生日の「サプライズ」として、イヌをプレゼントしようと決めたからだった。ここで「サプライズ」と括弧でくくったのは、結局ふたりが秘密を打ち明けたからだ。それは賢明な判断だった。生きた動物を贈って愛する人を本気で驚かせるようなまねは、誰であってもするべきではない。自分とは違う生きものの世話をする責任は、そんな軽いものではないのだ。とはいえ、わたしがその思いつきに同意したあとは、わたしが贈りものをもらった気分を味わえるようにと、ロズとサムはわたしにぴったりのイヌを探す仕事を一手に引き受けていた。

わたしたち一家がようやくイヌを迎えようと決めたのは、二〇一二年のことだ。すでにイヌの能力を科学的に研究するようになって数年が経っていたが、わが家で帰りを待っていてくれるイヌを実際に飼ったことはなかった。国をまたいだ大がかりな引っ越しと子育てに追われる暮らし。そんな生活は、イヌとの触れあいをつけたすには複雑すぎるような気がしていた。イヌと暮らした過去の経験には感謝していたけれど、わたしたちの予測できないスケジュールと留守がちの暮らしにイヌを巻きこむのはよくないだろうと思っていた。すべての人の生活に、子犬がすべりこめるような、イヌのかたちをしたスペースがあるわけではない。わたしはそう考えていたし、それはいまも変わらない。

でもそのうちに、わたしたち家族にイヌを迎える準備ができているような気がしてきた。もっといえば、わたしは心の底からイヌを求めるようになっていた。仕事中、あまりにも長い時間をイヌとその飼い主の近くやシェルターで過ごし、住む家を必要とする愛すべきシェルター犬たちを目にしているうちに、イヌのいない家に帰ることに違和感を覚えるようになっていた。そんなわたしの願望を感じとって、自分たちもイヌを飼いたいと思っていたロズとサムがイヌ探しに乗り出したというわけだ。

ロズとサムはサプライズの要素を守ろうとしていたので、わたしの助けを借りるのを避けていた。そんなわけで、ふたりはわたしにあまりなじみのないシェルターでイヌを探すことになった。わたしはイヌの行動を専門とする研究者として、フロリダのこの地域にあるほうぼうのシェルターで研究をしてきた。けれど、わたしも同僚も、この動物愛護団体のシェルターを研究対象にはしてこなかった。そこで暮らすイヌの多くは行動に深刻な問題があり、実験の助手を務める若い学生たちにとってリスクが大きすぎると考えたからだ。自分のやさしい心根を人間に伝える方法を知ってからこのシェルターに来たイヌは、例外なくとっくにマイホームを見つけていた。そのため、このシェルター——殺処分《ノーキル》なしを掲《かか》げる施設——に残っているのは、人間の望むふるまいかたを知らないイヌばかりだった。ほんとうに危険かどうかはともかく、そこにいたイヌたちはどう見ても、自分はいい相棒になるよ、と人間に伝える方法を知らなかった。

この悲しい状況は、シェルターのなかに入る前からそれとなく伝わってきた。檻が並ぶメイン区画はひどく騒々しく、駐車場からでも耳ざわりな鳴き声が聞こえた。じかに対面した途端、イヌたちは歓迎とはほとんど反対の行動をとった。わたしも同僚たちも、このシェルターの掲げる使命と、その門をくぐった動物はどんなものであれ絶対に安楽死させないという決意には、このうえない敬意を抱いていた。それでも、そこで研究をできるとは思えなかった。それはひとえに、学生たちの安全が心配されるからだ。そんなわけで、わたしがわが家のイヌ探しの責任者だったとしても——そうでなかったのは幸運だった——そのシェルターへは探しに行かなかっただろう。

三人で訪問した日の前日、ロズとサムはこのシェルターの偵察に行っていた——そして、また行きたくてたまらなくなっていた。その理由は、まったくもって単純だ。たまたま、ふたりが訪れた日のすぐ前日に、新しい子犬がそのシェルターに引きとられていたのだ。そのイヌはまだ、シェルターのなかでも比較的静かな(それでもかなりの騒々しさだが)隔離用セクションにいて、メイン区画には入れられていなかった。

ロズとサムは、自分たちの見つけた小さな黒いイヌに興奮しきって帰ってきた。翌日、終身刑に服すイヌたちの倉庫としてしか認識していなかったシェルターで妻と息子がそんなやさしげな動物を見つけたらしいことに戸惑いながら、わたしはふたりといっしょに出かけ、そしてゼフォスに出会った。

ゼフォスはひどく哀れで臆病な、ちっぽけな生きものだった。わたしたちが見つけたときには生後一年だったが、それよりもずっと小さく見えた。わたしたちが部屋に入ると、同室のほかのイヌたちと違って、ゼフォスは吠えるというよりは鼻を鳴らすような声を出した。そして、檻から出されると、背中を床につけ、尿を少し漏らしながら、服従の気持ちを必死に伝えようとした。尻尾をうしろ肢のあいだに、それ以上たくしこむのはイヌには無理だろうと思うほどぎゅっとしまいこんでいた。わたしたちの手をなめ、わたしたちが身をかがめて目線をあわせると、口もなめようとした。わたしたちに敬意を示し、心の絆を結びたいという願いを伝えようと、ゼフォスはそのためにイヌに備わっているありとあらゆる行動をとった。自分の知るかぎりの効果的なやりかたで、こういっているように見えた。「わたしはあなたたちのイヌ。お願いだから連れて帰って。そうしてくれれば、忠実にあなたたちを愛するから」。それは抗いがたい訴えだった。わたしたちはすぐに譲渡契約書にサインした。

あとでわかったことだが、ゼフォスの生後最初の一年はつらいものだった。ゼフォスは同じ街の別のシェルターで生まれた。母親は捨てられて妊娠し、子犬たちは当時流行していた病原体に残らず感染した。やがて、健康をとりもどしたゼフォスは人間の家に引きとられた。ところが、ゼフォスの最初の家族は彼女を飼わないと決めた。結局、別のシェルターに戻されたゼフォスは、ひとりぼっちで怯えながら、二度目のチャンスを必死に求めていた。

そのころにはもう、わたしはシェルター犬のことをよく知っていた。だから、ゼフォスの物語が悲しいほどよくある話だということもわかっていた。シェルター犬の圧倒的大多数が、彼ら自身にはなんの落ち度もないのに家を失ったのだということも。それでも、ゼフォスを家に連れ帰った直後は、いったいどんな耐えがたい悪癖《あくへき》のせいで最初の家族に見捨てられてしまったのか、その理由を知ろうとなりゆきを見守らずにはいられなかった。けれど、そんな悪癖はひとつも見つけられなかった。それは、このすばらしい小さな生きものが運んでくるたくさんの楽しい驚きの——そしてゼフォスがわたしに与えてくれるたくさんの教訓の——最初のひとつだった。

これを書いている時点で、ゼフォスは八歳ほどになっている。いまでも魅力的で、つきあいやすいのは変わらない。はじめて会ったときの印象そのまま——たぶん、それ以上だろう。わたしたちと過ごす最初の数週間で、ゼフォスの内気さは少しずつ消え、大胆でゆかいな性格が顔を出すようになった。真っ黒な色をしているにもかかわらず、ゼフォスがいると、どんな部屋でも明るくなる。ゼフォスはもう、尻尾をぎゅっとたくしこんだ臆病な子犬ではない。最近では、その付属器官はいつも誇らしげにぴんと立っていて、わが家の来客がそれ以外のポジションを目にすることはめったにない。ゼフォスは実際よりも大きく見える。その個性のせいで、身体的にはとても小さいことにしょっちゅう驚かされる。来客を玄関先で真っ先に迎えるのは、いつもゼフォスだ。足音が近づき、ドアベルが鳴るのを聞きつけると、嵐のように吠える。ドアが開いて知っている人が姿を現すと、喜びの声をあげる。大好きな友だちの車の音を覚えていて、彼らがドアに向かって近づいてくると、吠えるかわりにクンクンと鼻を鳴らす。

人間といっしょに何かをするたびに、ゼフォスは愛情をまきちらす。その人なつこさがどこから来ているのか、その源を知ったいまでも、わたしは驚嘆せずにはいられない。でも、わが家に連れ帰った当時は、ゼフォスの愛情深い性質は、わたしの目にはいまよりもはるかに不可解に映った――というか、ほとんど超自然的なものに見えた。

もちろん、以前にもイヌと暮らしたことはあったし、ヒトという種に対して彼らがどれほど温かな反応を見せるのかも知っていた。にもかかわらず、科学者としてイヌの行動を研究してきたわたしは、イヌの生活のなかにあるそうした感情らしき側面をどうとらえればいいのか、まったくわかっていなかった。イヌに愛する能力がある――もっといえば、なんらかの感情がある――という概念は、わたしがゼフォスと出会ったころにはまだ、わたしのようなイヌ心理学者からは忌み嫌われていた。それどころか、イヌをめぐる科学的議論の枠からあまりにも遠くはみだしていたせいで、それについて考えてみようとさえ思わなかった。

そのいっぽうで、それまでの職業人生のなかで、わたしはイヌの認知能力に関する通説のいくつかの点に疑問を抱きはじめていた。その疑いはやがて、イヌの心のうちと本質をめぐる「信仰の危機」へとわたしを導いた。そして、その気づきからはじまった発見の旅は、わたしとイヌの関係を根本から変えることになった。ゼフォスにかぎった話ではない。いまもシェルターに閉じこめられている不幸なイヌたち、さらにいえば、親しみやすいと同時に誤解されやすくもある、あの驚くべき種全体との関係も変えることになったのだ。

ゼフォスが人生に登場したのは、イヌに対するわたしの考えかたが大きな転換点を迎えようとしていたときだった。当時のわたしは、イヌの認知能力を対象にした自分の科学研究と、イヌが人間社会で成功した理由をめぐる学説とのあいだで折りあいをつけるのに苦労していた。ロズとサムとわたしがゼフォスを迎えた二〇一二年には広く世間に受け入れられていたその学説は、わたしたち一家が毛皮をまとった小さな家族の一員とこれから築こうとしている関係の基礎を説明するものと考えられていた。

一九九〇年代後半になるまで、科学者たちは足もとに寝そべる協力的な研究対象のことをすっかり忘れ去ってしまっているようだった。そんな時代に、ふたりの科学者がそれぞれ独自に、イヌという種と、彼らと人間との特別な関係をめぐる新たな視点を提示し、イヌ心理学に対する関心をふたたび燃え上がらせた。ハンガリーのブダペストにあるエトヴェシュ・ロラーンド大学のアーダーム・ミクローシと、当時ジョージア州アトランタのエモリー大学の学生だったブライアン・ヘア（現在はノースカロライナ州のデューク大学の教授）は、まったく違う経歴のもちぬしでありながら、最終的に同じ結論にたどりついた——イヌは特殊なタイプの知能をもち、そのおかげでほかの動物にはできないやりかたで人間と暮らすことができる、という結論だ。

ヘアはもともと、イヌではなくチンパンジーの社会的知性を調べていた。チンパンジーは動物界でいちばん人間に近い現生の親戚で、人間の認知能力とほかの動物との違いを知りたい研究者にとって天然の大黒柱のような種だ。ヘアをとりこにしたのは、人間をほかの動物から際立たせているものは何かという、年季の入った謎だった。少なくともダーウィン以降の科学者たちは、人間の心とそのほかの種の心をわけているものの正体をつきとめようと四苦八苦してきた。この疑問に対しては、たいていこんなアプローチがとられる——人間にしかできないことを見つけたと思ったら、チンパンジーを調べろ。チンパンジーにできなければ、ヒトとの関係がそれよりも遠いほかの動物にもできない可能性が高い、というわけだ。

そのころヘアが調べていたのは、わたしたち人間にとってはごくごく簡単に思える能力だった。あなたのほしいものの隠し場所をわたしだけが知っていて、あなたは知らないと想像してほしい。その場合、わたしは手で指し示してその場所をあなたに伝えることができる。これは人間特有の社会認識方法なのか。それとも、指さしという初歩的なジェスチャーの意味をチンパンジーも理解できるのか。ヘアが知りたいのは、そこだった。

ヘアの実験は単純だった。さかさにしたカップをいくつか用意し、ついたてを使ってチンパンジーからは見えないようにしたうえで、カップの下に食べものを隠す。そのあと、ついたてをどけてから、食べものの隠されているカップをヘアが指さす。チンパンジーが食べものの隠されているカップを選べば、人間のジェスチャーの意味を理解したということになる。

実験の結果、チンパンジーはヘアの指示とは関係なく、ほぼランダムにカップを選んだ。簡単なように思えるこのタスクでも、チンパンジーには難しすぎて理解できなかったのだ。

チンパンジーが理解できないとはおかしな話だ。ヘアはそう思った。というのも、ヘアが実家で飼っていたイヌは、このタスクを簡単にこなすことができたからだ。ところが、それを指導担当のマイケル・トマセロに話したところ、クルミほどの脳しかもたないイヌがチンパンジーのできないことをできるわけがないと断言された。

そこでヘアは、子どものころから飼っている愛犬オレオと会った次の機会に、実家のガレージで実験をした。自分の両脇にひとつずつ、ふたつのカップを伏せて床に置く。オレオが辛抱づよく待っているあいだに、餌を片方のカップの下に隠し、もう片方の下にも隠すふりをする。そのあとで、餌の入っているカップを指さす。すると、オレオはなんのためらいも見せずに、餌の隠されたカップにまっすぐ走りよったのだ。

単に餌の隠し場所のにおいを嗅ぎとったのではないはずだ。ヘアがふたつのカップのあいだに立ち、まだどちらも指さしていなかったときには、オレオはどちらへ行けばいいのかわかっていなかったからだ。オレオはヘアのジェスチャーを理解した――小さな脳しかもたないペットが、それよりもはるかに大きな脳をもち、人間にずっと近いチンパンジーにできなかったことをやってのけたのだ。そうとしか思えなかった。

そこを出発点に、ヘアはマサチューセッツ州のオオカミ保護施設を訪れ、人間に育てられたオオカミを相手に同じ実験をした。すべてのイヌはオオカミの血を引いている。人間のジェスチャーを理解するイヌの能力は祖先から受け継いだものなのか、それともイヌに進化する過程ではじめて生まれたものなのか。親戚にあたるオオカミを調べれば、それをたしかめられるはずだ。

オオカミの実験から、イヌはたしかに、この点にかけてはかなり特殊だということがわかった。イヌと違って、オオカミはヘアのジェスチャーの意味をまったく理解しなかった。

チンパンジーのときと同じように、指をさすジェスチャーはイヌの親戚にとってもちんぷんかんぷんだったのだ。

そのころ、地球の反対側では、ハンガリーの科学者アーダーム・ミクローシがブライアン・ヘアとほとんど同じ実験を独自におこない、ほとんど同じ結果に行きついていた。イヌの研究にたどりつくまでのヘアの道のりは「サルから下る」道といえるかもしれないが、ミクローシのたどった道はいわば「魚から上る」道だ。ミクローシは動物行動学者——自然の生息環境における動物の行動を研究する科学者——としてハンガリーで経験を積んだ。ミクローシの所属する研究室は、もともとは小型の魚類を研究対象にしていた。ところが一九九〇年代なかばになって、研究室の責任者から、そろそろ人類の暮らしにもっとじかに関わる動物を調べろとのお達しが出た。そんなわけで、ミクローシは魚のかわりにイヌを研究することになった。ミクローシの研究グループが関心を向けたのは、イヌと人間がたがいを理解できるように心理や行動を進化させてきた可能性だ。ヘアとオレオがアトランタでしていた実験を知るよしもないミクローシとその教え子たちも、ブダペストでまったく同じ過程を歩んでいた。ミクローシたちはまず、飼い犬が人間の指さしジェスチャーを理解できるかどうかを調べ、イヌがその点でとても優れていることをつきとめた。次に、ブダペストのそれぞれの自宅でオオカミの子を育て、そのオオカミが人間の手の動きにしたがって餌を見つけられないことをたしかめた。

このミクローシたちの研究やほかの研究をくわしく調べたヘアは、ひとつの結論を導き出した。イヌは数千年にわたって人間のなかで暮らすうちに、人間のコミュニケーションの意味を見抜き、人間の社会的知性にもとづく行動を多少なりとも理解する遺伝的な素養を身につけた――それがヘアの結論だった。その能力は生まれたときからすべての子犬に備わっていて、どんなイヌでも、たとえ人間やその行動に接したことのないイヌでさえ、自然に発達する。別の動物でも、長い時間をかけて訓練すれば、イヌの能力をまねさせることはできるかもしれない。その点はヘアも否定していない。けれど、そんなふうに人間を理解するように生まれついているのはイヌだけで、それこそがイヌと人間以外の地球上のあらゆる動物とを隔《へだ》てる大きな違いだとヘアは主張した。

二〇〇二年にヘアの説がはじめて発表されたときには、心の底から興奮した。ちょうどそのころ、わたしの研究者としてのキャリアは、何か新しいものから刺激をもらおうと待ちかまえている時期にあった。その年、わたしはフロリダ大学心理学部のジュニア・プロフェッサーとしてアメリカに来たばかりだった。その前の一〇年間は、西オーストラリア大学の教員として、オブトスミントプシス（かわいい小さなネズミのような動物で、脳組織の重さは三グラムにも満たないが、もの覚えはとてもいい）などの有袋類の行動を研究していた。フロリダへの引っ越しにはわくわくしたが、それはわたしをとりこにした有袋類たちとの縁が切れるということでもあった。当時のわたしはまだ、自分の関心をイヌに向けようと考えていたわけではなかった。けれど、ヘアの研究を読んでいるうちに、すっかり心を奪われた。なにしろ、こと脳に関してはとくに恵まれているわけではないイヌ科の一員が、どういうわけか、知能の高さで知られるわれらが種にしか見られない認知能力を身につけたというのだから。

ヘアの研究が世に出たのと同じころ、イヌのDNAの遺伝子解析結果を示す最初期の論文が科学誌に掲載されはじめた。遺伝学者たちが集めたデータは、イヌの特別なところをめぐる議論をいっそう興味深い、そして複雑なものにした。

遺伝学者が特定の種の生まれた時期を推測するときには、その種の遺伝物質を近縁種と比較する。そして、スウェーデン、中国、アメリカの研究では、イヌを生み出した家畜化のプロセスが進化的な観点からいえば急激に進んだことがわかった。イヌの直近の祖先にあたるオオカミのような比較的大きくて寿命の長い種では、目立った変化が生じるまでには数百万年を要する。ところが、イヌは長くても数万年のうちに登場したという。オオカミは通常、一年に一回繁殖し、生後二歳になるまで性的に成熟しない。人間からすれば二歳は若いように思うかもしれないが、ほとんどの動物に比べると、とてもゆっくりした生活環だ。進化のスピードは、個体が次世代をつくるまでに要する時間にどうしても縛られる。したがって、二年ごとにしか新世代をつくれない動物は、普通に考えれば進化のスピードも遅くなるはずだ。

この二本の平行する研究の糸が、わたしの頭のなかで絡まりあった。ヘアがいうように、人間を理解する固有の能力をイヌがほんとうに生まれつき備えているのなら、進化の尺度で見ればまばたきひとつのあいだにその力を手に入れたことになる。わたしは疑問を抱きはじめた。いったいどういうわけで、その能力をそれほど短期間で身につけられたのだろうか？

　この疑問が頭のなかでかたちをとりはじめたのと同じころ、答えを探す助っ人にぴったりの学生が現れた。モニーク・ユーデルは、心理学と生物学の素養とおそろしいほどのハードワークをこなす途方もない才能をもっていた。しかも、これが肝心な点なのだが、それまでいちども研究したことのない種を調べたがっている指導者のもとで博士論文のための研究をするリスクをおそれなかった。モニークとわたしは一致団結し、イヌの進化と認知能力をめぐる興味深い新発見の裏に隠された意味を探りはじめた。

　まずは、ミクローシとヘアの指さし実験を再現するところからはじめた。対象は飼い犬、場所はそれぞれのイヌが暮らす家だ。これはとても簡単だった。わたしたちの実験結果は、ヘアとミクローシの結果とぴったり一致した。飼い犬はたしかに、人間の行動と意図をするどく感じとっている。床に置いたふたつの容器の片方に餌を隠し、モニークがごちそうの隠れているほうの容器を指さすと、イヌはまちがうことなくそちらに駆けよったのだ。まるでイヌたちも例の科学論文を読んでいたみたいだった。[*1]

へアとミクローシの主張にぴったり一致する結果が得られても、それでわたしたちが抱いていた最大の疑問に答えられるわけではない。人間のジェスチャーを理解するイヌの能力を急激に進化させた原動力があったとするなら、それはいったいどんなものなのか？イヌはどうやってこのスキルを身につけたのか？

モニークとわたしがこの問題に関心をよせるようになってすぐに、それを調べるチャンスが向こうから訪れた。そのチャンスは、インディアナ州の研究施設〈ウルフ・パーク〉の管理者たちからの招待という姿をとって現れた。施設に来て、オオカミたちをテストしてほしいという依頼をもらったのだ。

わたしが大学教授の人生を選んだのは、身体的な危険に立ち向かうあふれんばかりの勇気があったからではない。だから、これを白状するのは別に恥ずかしいことではないのだが、ウルフ・パークの教育棟にキュレーター長のパット・グッドマンとともに座り、訪問者に義務づけられているオオカミとの安全な接しかたに関する講義を受けながら、わたしはかなりの恐怖に震え上がっていた。

ウルフ・パークの居住者たちと接するときのルールは、いたって単純だ。オオカミをまっすぐに見つめてはいけないが、一瞬たりとも目を離してもいけない。いきなり動かないことが肝心だが、それと同じくらい大切なのは、手を両脇にだらりと下げたまま立ちつくさないこと。あまりにもじっとしていると、オオカミがあなたを噛むおもちゃ《チュートイ》とまちがえるかもしれない。パットはそう説明したが、心強いとはいいがたい言葉だった。でも、なによりも大事なのは、丸太やウサギの巣穴につまずかないようにすることだとパットは言い切った。どうやら、転んだ人からオオカミを引きはがすのは至難のわざらしい。

体重九〇キロのハイイロオオカミが、ちっぽけな心理学教授相手にどんなことができるのか。その最悪の可能性を説明する一時間強の講義に心の底からおののきつつも、いよいよわたしの研究対象たちと対面する準備が整った。九月の寒い日に負けないようにしっかり着こんで、オオカミのいる囲いに向かうときが、ついに訪れたのだ。

インディアナ州中央部にあるウルフ・パークは、だだっぴろい平原のなかで心地よく起伏するオアシスだ。パークの入口までは平原のほかに何もないが、パークの広がる土地は

＊1　この実験は、あなたも飼い犬で簡単に試してみることができる。あなたが容器に餌を仕掛けているあいだにイヌの相手をしていてくれる友人がいれば申しぶんない。イヌによっては、さかさになったプラスチック容器を引っくり返して、その下にある餌を探すのをいやがることもあるが、実際に容器のなかに餌を隠さなくても、この実験はうまくいく。あなたが容器を指さし、イヌがどちらかを選んだあとに、指さした容器の上に餌を置くだけでもいい。その方法でも、たいていの場合は、イヌがあなたの指さした容器に向かうことをたしかめられるはずだ。

地形に楽しい息抜きを与えている。小川やちょっとした森の区画、それにオオカミたちが遊べる気もちのいい大きな湖もある。数十平方キロメートルにわたって広がる大豆やトウモロコシの畑のなかにある数少ない森林地帯のひとつとして、鳥たちの隠れ家にもなっている。そのおかげで、美しい風景にゆかいな音楽が加わっている。とてもすばらしい場所だ。とはいえ、正直に打ち明けると、最初に訪れたときに、そのすばらしさにどれだけ気づいていたかはよくわからない。わたしの注意のほとんどは、自分がいままさに足を踏み入れようとしている場所をすみかとする大型肉食獣に向けられていたからだ。

決定的瞬間――そして恐怖の瞬間――がついに訪れた。モニークとわたしはオオカミのいる囲いに入った。鎖でつながれたフェンスの一画にあるゲートから足を踏み入れた途端、レンキという名の年長のオオカミがわたしに向かって跳びかかってきた。わたしがポケットから両手を出す間もなく、レンキは二本の前肢をわたしの両肩にどすんと置いた。わたしがどうにか「さようなら、愛する世界よ」と考えたそのとき、レンキがわたしの左右の頬を力いっぱいなめた。

オオカミの群れに受け入れられると、どんな気もちになるのか。一瞬のうちに、わたしはそれを実感した。そして、これは自信をもっていえるのだが、そのかなりの部分を占めているのは、ああ、よかった、という安堵だ。わたしはしばらくつっ立ったまま、自分の新しい群れのなかま、そして研究対象でもある相手と知りあおうとした。オオカミに囲ま

ウルフ・パークで著者が受けた群れへの加入儀礼。

れていてもそこそこくつろげるようになり、彼らがわたしの存在に腹を立てていないとはっきりわかったところでようやく、そもそもわたしをウルフ・パークに導いた実験にとりかかった。

モニークとわたしがウルフ・パークに招かれたのは、パークのスタッフが例のブライアン・ヘアとアーダーム・ミクローシの最新研究のことを耳にしたからだった。スタッフがとくに注目した――そしておかしいと思った――のは、イヌには人間の行動の意図を理解する特別な能力があるという主張だ。ヘアにいわせれば、イヌのその能力は、オオカミも含めて、ほかの動物にはないという。

ウルフ・パークのスタッフとボランティアほどオオカミの行動の微妙なニュアンス

を知り尽くしている人間は、地球上にほとんどいないだろう。彼らは一九七四年から代理親としてオオカミの子の世話をして、オオカミたちが人間を同じ社会のなかまとして受け入れるように育ててきた。キュレーター長のパット・グッドマンとパーク創設者のエリック・クリングハマーは、オオカミの育てかたを研究し、生後数週間にわたって特定の人間が「母親」として二四時間、一日も離れずいっしょに過ごすという養育テクニックを完成させた。そんなふうに育てると、オオカミの子はまわりの人間を、自分の暮らす社会構造の一部として見るようになる。パットをはじめとするウルフ・パークのスタッフの多くは、自宅でイヌも飼っている。つまり、勤務時間をオオカミと、休みの時間をイヌと過ごしているということだ。そのおかげで、人間に育てられたオオカミとイヌの共通点と相違点を、しっかりした知識をもとに感じとることができる。

最初にわたしに連絡をくれたのは、オオカミとイヌに関して独特で豊富な知識をもつ、そうしたスタッフたちだった。彼らはヘアとミクローシはまちがっていると訴えた。自分たちが昼の時間をともに過ごすオオカミは、夜に自宅で迎えてくれるイヌと同じくらい、人間のすることをすみずみまでよく理解している。ウルフ・パークのスタッフは、そんな疑いようのない印象を抱いていた。

もちろん、ヘアとミクローシはどちらも、まさにその疑問を調べるためにオオカミで実験をおこなった。そして、それぞれ別々に、オオカミには人間のジェスチャーを理解する能力はないという結論にたどりついていた。その結論を疑う理由は、わたしにはとくになかった。なんといっても、ふたりは大西洋を挟んだ、たがいに無関係の研究室に所属しているのだから。でもとりあえず、自分でもオオカミの実験をしてみたらおもしろいだろうとも思った。ウルフ・パークのスタッフの疑問は、わたしの好奇心にも火をつけた。ヘアとミクローシの実験で使われた――それぞれマサチューセッツの保護施設とブダペストのアパートで人間に育てられた――オオカミたちが、種全体を代表するサンプルではないという可能性はあるのだろうか？

それまでオオカミを間近で見たことのなかったわたしは、彼らのおそろしいまでのパワーにも、はっきり目に見える知性にも、これ以上ないほど感動した。わたしの会ったオオカミたちは、最大サイズのイヌくらいの大きさだった。すぐに連想したのは、アイリッシュ・ウルフハウンドのような巨大な犬種だ。ところが、反応がややゆっくりの傾向がある大型犬とは違って、ハイイロオオカミは敏捷《びんしょう》だ。ほんとうにすばやい。ウサギが囲いのなかに現れたら、どすん！――オオカミはたちまちそれをつかまえる。そして、抜け目なく、容赦なく、プロの手際で息の根を止める。

その破壊力と同じくらい驚くのが、オオカミたちの社交性だ。オオカミどうしや慣れ親しんだ人間との触れあいは豊かで、見ていると心を揺さぶられる。触れあった瞬間、琥珀《こはく》のような金色の眼が強烈な存在感を放って輝くように見える。彼らの生活に立ち入る許しをもらえたのはとても大きな特権だ。そんなふうに感じた。

もうひとつ、わたしが実感したのは、科学者にとって、勇気の大部分を占めているのは慎重さだということだ。スタッフとおしゃべりをして、安全に関する講義を受け、囲いに入ってオオカミたちに紹介されたあと、モニークとわたしは欲ばりすぎない道を選んだ。オオカミの囲いを出て、もっとオオカミに慣れている人たちに最初の指さし実験をまかせることにしたのだ。自分たちで餌の入ったカップを仕掛けて指さすのではなく、ウルフ・パークのスタッフ三人に大声で指示を出し、かわりにテストを実施してもらう。そのほうが安全だし、オオカミのほんとうの能力をたしかめられる確率も高いと全員の意見が一致した。いずれ、オオカミにもっと慣れ親しんでもらったら、自分たちで実験作業の一部をできるようになるかもしれない。そんな期待はあったが、最初の訪問のときには、オオカミがなじんだ人間に実験をまかせて、知らない人に対する警戒心が強いオオカミの実験を成功させる可能性を大きくしたいと考えた。

研修生たちに手伝ってもらって、使われていない囲いのがらくたを片づけたあと、テストを受けるオオカミを一頭ずつ囲いに入れた。パット・グッドマンとほかのスタッフふたりが三つの係を順番に務めた。ふたつの容器のあいだに立ち、そのうちの片方を指さす係。三メートルほど離れたところに立ち、テストが終わったらオオカミをおびきよせてスタートポジションに戻す係。そして、全員の安全が確実に守られるように、あたりをうろうろするだけの係だ。モニークとわたしはフェンス越しに指示を出し、ドライソーセージの小さなかたまりを補充する役割を引き受けた。このソーセージは、勇敢な共同研究者たちが正しい選択をしたオオカミにごほうびとして与えるほか、テスト後にスタートポジションに戻るようにオオカミたちをなだめすかすためにも使われる。

　準備が整うまで少し時間がかかったが、すべての物と人が配置につき、実験が進みはじめると、モニークとわたしはすぐに愕然とした。ここのオオカミたちは、同じテストでもっともよい成績を出したイヌに劣らず、タスクを何から何までうまくこなしてみせたのだ。

　この実験の結果、イヌとオオカミの認知能力の単純明快な違いと思われていたものが、一瞬にしてはてしなく複雑になった。わたしのような科学者は、石を裏返してその下に隠れているかもしれないものをたしかめるために生きている。そして、わたしの全世界は、答えを見つけるべき疑問を探すことを中心にまわっている。そんな人間にとって、このときのような一瞬はめったにない快感だ。まったくの偶然だが、ウルフ・パークを最初に訪れた日はわたしの誕生日だった。そしてこの発見は、それまでの人生で最高に忘れがたい誕生日プレゼントになった――もちろん、ゼフォスは別だが。

　この衝撃的な結果が生んだ最初の興奮が収まると、わたしたちはすぐにパークにいるほかのオオカミでも同じ実験をした。何度やっても、同じ行動パターンが見られた。ここのオオカミたちは、どんなイヌにもできるのと同じように、人間の指さしジェスチャーを理解できたのだ。

イヌに生まれながらの「天才」が備わっているという、ブライアン・ヘアの説と自分たちの実験結果が食い違っているのはなぜなのか。モニークとわたしはフロリダへ戻る道すがら、その理由として考えられる可能性をあれこれと話しあった。イヌのその天才――どう呼んでもいいが、要するに、人間に対する驚くほど敏感な反応――は、イヌが進化をつうじて受け継いできた形質（生物のもつ性質や特徴）だけでは説明できない。それはわかっていた。たしかに、進化（そして家畜化と呼ばれる特殊なケースの進化）が重要な因子であるのは否定しようがない。けれど、動物のあらゆる行動の基礎には、別の決定的な要素も絡んでいる。そして、イヌが（その点でいえばオオカミも）人間のジェスチャーの意図を読めるかどうかを決めるうえで、その要素は進化と同じくらい重要な役割を担っている。その要素とは、「生まれ」ならぬ「育ち」だ。

進化は自然選択の結果だ。進化のプロセスでは、さまざまな遺伝形質の組みあわせをもって生まれた個々の生物のうち、ほかの個体よりもうまく生き延びられた者が次世代をよりたくさんつくることで、同じ特徴をもつ子孫が増え、種全体が変化する。数えきれないほどの世代を経るあいだに、特定の形質が選ばれて受け継がれ、色とりどりの固有の特徴が種全体の特色を決めていく。たとえば、種の典型的な行動の基礎になる身体特性や認知特性（知能など）も、進化によって生じる種固有の特徴だ。

家畜化は進化の特殊な一形態で、そのメカニズムはちょっとした議論の的になってきた。進化という概念を世に広めたダーウィンは、動物の家畜化とは、人間が自分たちにもっとも役立つ個体を選んで繁殖させたケースだと考えていた。そのうちに、やがてまったく新しい種が生まれる――そんな理論を立てたダーウィンは、自然選択と対比させて、家畜化のプロセスを人為選択と呼んだ（自然選択もダーウィンが編み出した用語で、自然の力によって生き残るものと死ぬものが決められるプロセスを表している）。現在では、家畜化のすべてが人間の営みから生じたとはいいきれなくなっている。家畜化のかなりの部分は実際には自然選択だった可能性が高いからだ。とはいえ、その原因が自然選択でも人為選択でも、家畜化が進化の一形態であることに変わりはない。つまり、生き延び、繁栄し、遺伝子を次世代に伝える個体が選択された結果、いくつもの世代を経るうちに動物が変化していくということだ。

しかし、進化だけでは、人間の家庭で暮らす人なつこいコンパニオンアニマルをつくりだすことはできない。自然選択と人為選択が動物の典型的な行動と知能の基礎に作用するのはまちがいないが、進化だけでは、個々のイヌがもつ独自の認知能力や行動のパッケージ（一般に「個性」と見なされるもの）を残らず説明することは絶対にできない。なぜなら、進化は生物の設計図を描きはするものの、その設計図がどう読みとられるかをコントロールすることはできないからだ。個々の動物は、発達の過程で特定の経験をくぐりぬけ、その経験をつうじて読み出された遺伝情報からかたちづくられる。進化だけで人なつこいイヌをつくれるわけではないのだ。

わたしたちに歩く能力を与えている脚は、人間の進化的遺産のひとつだ。それと同じように、脳の構造も進化の賜物《たまもの》だが、その構造はわたしたちひとりひとりの個性も生んでいる。そして、人間にいえることはイヌにもいえる。イヌは人間との関係を築く下地になる脳の構造を受け継いでいる。けれど、わたしの飼い犬がわたしと関係を築き、ともに暮らす人間たちの行動に敏感に反応するという事実は、イヌという種の進化だけから生まれたわけではない。そこには、どんな世界で育ってきたかも影響している。その世界でどんな機会を与えられ、それによりどんな性質が発達するかによって、個性が左右されるのだ。

つまり、経験はイヌの行動と心をかたちづくるもうひとつの要素というわけだ。考えてみればあたりまえの話だ。なにしろ、子犬にしても子猫にしても、ほかの家畜化された種の子どもにしても、生まれつき人に慣れた動物などいないのだから。人なつこさは、それぞれが生きていくあいだに身につけなければ得られない性質だ。どんなに愛くるしい子犬でも、生後すぐに人間に接する機会がないまま育てば、野生動物のようになるだろう（一九六〇年代に、まさにそれを裏づける実験がおこなわれた。メイン州バーハーバーの研究室が実施したその実験では、ジョン・ポール・スコットとジョン・L・フラーのふたりが、子犬を生後一四週まで人間といっさい接触させずに育てた。その後、若い成犬になった時点でテストしたイヌたちは、研究者たちの言葉を借りれば「野生動物のよう」で、近づくこともできなかったと報告されている)。

生物学者は種全体の進化の歴史を系統発生、個体それぞれの生活史を個体発生と呼ぶ。わたしたちひとりひとりは、系統発生と個体発生の組みあわせの産物だ。それは生物学でも心理学でも当然のこととされている。人間は誰しも美しく、賢く、魅力的で――そしてもちろん、まちがいなく謙虚だ。けれど、進化の歴史が人生経験のお膳立てをして、さらにその人生経験がひとりひとりの性格をすばらしいものにしていなければ、誰ひとりとしてそれほど優れた存在にはなっていなかっただろう。同じことは、イヌにもいえる。それぞれのイヌが自分なりの個性――幸運なケースでいえば、人間の相棒としての最高の適性とそれにともなうあらゆる利点を生む個性――をもっているのは、遺伝的な資質と育った環境との豊かな相互作用があったからだ。

そうした基本的な科学原理を踏まえれば、イヌの行動と知能が家畜化と経験の両方から生まれたとする考えかたは、モニークとわたしにはまったく議論の余地のないものに思えた。ところが、イヌの認知というまだ新しい分野では、その考えかたはちょっとした紛争の種《たね》になっていた。そして、モニークとわたしは、心ならずもその紛争に巻きこまれることになった。論争の一方の陣営にいるヘアやミクローシなどの科学者は、人間を理解するイヌの能力は独自に進化した認知能力であり、あらゆるイヌに生まれつき備わっていて、特定の経験には左右されないと主張していた。それに対して、もう一方の陣営に属するモニークやわたしのような科学者は、生まれもった正常な遺伝的特性だけでなく、生活のなかでそれなりの経験をすることも、人間のよい相棒になるためのイヌの能力の決め手になると考えていた。

　家畜化という進化プロセスの直接の結果として、イヌは人間の行動の意味を理解する先天的な能力を生まれもつようになった――その考えかたを受け入れるのを拒んだばかりに、わたしたちは場をしらけさせる動物行動学者の役まわりを演じるはめになった。ウルフ・パークの実験結果が発表されたあと、あるジャーナリストはわたしをイヌ認知研究のデビー・ダウナー（コメディ番組『サタデー・ナイト・ライブ』に登場する、なにかと否定的な発言をして場をしらけさせるキャラクター）と呼んだ。あれはこたえた。どうしてこうなったのだろうと考えずにはいられなかった。このわたしが、動物の心に深い関心をよせ、その研究に人生を捧げてきた人間がいったいどうして、彼らの認知能力を疑う者という悪評を買ってしまったのか？　誤解されていると感じた。そして、イヌに親近感をもつあまり、当のイヌたちを貶《おとし》めているように見える立場に追いやられてしまったことに、ちょっとした心の痛みどころではないものを覚えていた。

　わたしを知らない人からすれば、わたしの主張は、イヌには非凡なところなんて何もないといっているように見えるだろう。それはわかる。でもわたしは、イヌに特別な何かがあることを否定しようとしていたわけではない。それどころか、まったく逆だ。イヌが人間と結ぶ特別な絆。それこそが、そもそもわたしをイヌの研究に引きよせたものだった。イヌを愛するウルフ・パークのスタッフたちと同じように、わたしもわざわざ自宅の居間を出るまでもなかった。最新論文や大衆紙の記事にじっくり目をとおし、モニークと自分の研究をめぐる騒動の波紋をたどるわたしの隣のカウチには、たいていゼフォスがよりそうように陣どっている。日々の研究の発想と意欲の源は、そんなわが家の居間にあったからだ。

イヌは独特だ。それはまったく疑っていない。わたしはただ、イヌをそれほど特別な存在にしたものをめぐる有力説に疑問をもっているだけだ。科学者としてのわたしは、デビー・ダウナーのレッテルをプライドのあかしとして喜んで背負うつもりだった。自分がどうしても受け入れられないイヌ観に身を委《ゆだ》ねるつもりはない。そのいっぽうで、わたしは愛犬家として、何がイヌを特別な存在にしているのか、その真相を探ってみようと心に決めた。この分野で延々と続いている論争は、単なる学問上の議論ではない。イヌの認知と人間社会での暮らしを深く知るようになるにつれて、わたしはそれに気づきはじめていた。そこには多くのことが絡んでいる――なによりも、当のイヌたちの運命がかかっているのだ。

人間のジェスチャーを理解する能力について、オオカミと飼い犬を調べたモニークとわたしは、よい友人でもある共同研究者のニコール・ドーリーとともに、わたしたちの本拠地に近いフロリダ州ゲインズヴィルのシェルターでも同じ実験をしてみた。その結果は、ゆかいなものではなかった。

実験をしたシェルター犬は、床に置いた容器を指さすジェスチャーの意味を一頭たりとも理解できなかったのだ。モニークがふたつの容器のあいだに立ち、イヌがどちらかを選ぶのを待つあいだ、どのイヌもぽかんとしたようすでモニークを見ていた。近づいてきて、モニークの前に行儀よく座るイヌもいた。モニークがごちそうをもっているのを知っていて、できるだけかわいらしく、それをくださいとお願いしているような姿だった。その場を離れて、もっとおもしろいことを探しに行くイヌもいた。

シェルター犬の多くは、過去の人間との触れあいによるトラウマを抱えている。そのせいで、モニークのしようとしていることが自分にとっていいことだとは信じられないのかもしれない。はじめのうち、わたしたちはそう考えた。たしかに、シェルターには、人間に見捨てられ、人間に対する信頼を裏切られたイヌがたくさんいる。でも、わたしたちの実験では、人間と過ごす時間をどう見ても楽しんでいるイヌを注意深く選んでいた。檻から出し、いっしょに遊び、いつもの分けまえよりもはるかに豪華なごちそうを与えてもいなかった。だから、モニークの調べたイヌたちはジェスチャーの意味を理解できないとしか思えなかった。

ジェスチャーを理解できないシェルター犬にとって、イヌの特性をめぐる有力説にはおそろしい意味が隠されている。ブライアン・ヘアたちがいうように、どんなイヌも人間の行動と意図を理解する先天的な能力をもって生まれるとする説を信じるのなら、人間の意図を理解できないように見えるイヌの認知機能にはなんらかの深刻な欠陥があり、イヌが進化させてきた潜在能力を、その欠陥のせいで完全に発揮できていないのだと考えなければならなくなる。人間のジェスチャーを理解する能力が生まれつきのものなら、それを理解できないのも先天的な欠陥ということになる。だとすれば、シェルターでわたしたちがテストしたイヌは、そもそも人間の相棒としての適性が低いのだ――そんな結論が導き出されてしまうかもしれない。

モニークとニコールが地元のシェルターで調べたイヌたちは、一頭たりともジェスチャーを理解できなかった。その実験結果は、多くのイヌにおそろしい結末をもたらしかねない。そのシェルターでは当時まだ、行き先の見つからないペットの殺処分がごく普通におこなわれていた。けれど、このシェルターにかぎった話ではなく、全米の同じようなシェルターや、もっといえば世界中のシェルターにいるイヌにも、残酷な結末をもたらすおそれがある。現状では、毎年数百万頭のイヌが、飼い主が見つからないからという理由で命を落としている。シェルターに残るのか、新しい家族のもとに引きとられるのか。それを左右するかもしれない特性は、文字どおり生死をわける差になる。モニークやニコールやわたしのような愛犬家も兼ねるイヌ学者にとって、イヌが人間の家庭で満ちたりた暮らしをする方法を探る以上に大切なことなどあるはずがなかった。

シェルターにいるこのかわいそうなイヌたちの問題がどこにあり、彼らのハンディキャップが何を意味しているのか。わたしたちはそれをつきとめようと決めた。人間を理解する遺伝子をもたない——つまり、系統発生上のなにかしらの問題のせいで、人間のジェスチャーを理解できないのか？ それとも、モニークの指さしを理解できないのは、個体発生上の問題——つまり、個体としての経験にともなう要因のせいなのか？ それがわかれば、このイヌたちにたりないものを説明できるはずだ。うまくいけば、問題を解消する方法も見えてくるかもしれない。

このシェルター犬たちが人間のジェスチャーの裏にある意味を学習する能力をもっているのなら、初歩的なドッグトレーニングでそれを教えられるはずだ。イヌが興味を向けるもの——ちょっとした餌でもボールでもなんでもいい——を指さして、イヌがその貴重なアイテムを見つけるのを手伝い、うまく見つけるたびにごほうびを与えればいい。そうすると、ごほうびの直前にイヌのとった行動が、科学用語でいえば強化される。そして、強化された行動がそのあとも繰り返される可能性が高いことは、動物心理学のあらゆる知見が物語っている。

この単純な行動メカニズムを利用するだけでも、イヌは人間の指さしジェスチャーにしたがうことを学習できるかもしれない。わたしたちはそう考えた。モニークがごちそうを指さし、実験対象のシェルター犬がそのごちそうを見つけたら、たとえ最初は偶然の結果だったとしても、そのうちにジェスチャーを理解する傾向が身につくかもしれない。そうなれば、シェルター犬に先天的な欠陥があるわけではないといえるのではないだろうか。シェルター犬が人間のジェスチャーを理解できないのは、単に何かを指さす人間に接した経験が少ないからかもしれない。人間のジェスチャーの意味を学習する機会がなかったか、忘れてしまったとも考えられる。

もういちどシェルターを訪ねて、イヌたちを訓練し、人間の指さしジェスチャーを理解できるようになるかどうかをたしかめる。必要なのは、それだけだ。餌の入った容器を指さし、それを選ぶとどうなるかをイヌに教えるだけでいい。その訓練がうまくいかなければ、イヌは人間のジェスチャーを理解する生まれつきの能力を進化させたというヘアの主張が正しいことになる――イヌに受け継がれるその性質を、特定のイヌがなんらかの理由で欠いているということだ。いっぽう、訓練がうまくいけば、イヌは学習をつうじて人間のジェスチャーを理解するようになると考えられる。指さされた場所に行動を強化するものが置かれていた経験から、個々のイヌがその能力を身につけるのだ。つまり、人間のジェスチャーを理解するイヌの能力は、生来のものではなく後天的に獲得するもので、したがってその能力に関しては、イヌとほかの動物に違いはないということになる。イヌが人間と結ぶ特別な絆の源は、どこか別のところにあるはずだ。

丸一日かけてシェルター犬を訓練すれば、人間が何かを指さす意味を学習できるかどうかをたしかめられるかもしれない。わたしはモニークとニコールにそう助言した。ところが、モニークとニコールは三〇分でじゅうぶんだと感じた。そして、その直感は正しかった。テストした一四頭のイヌのうち一二頭は、三〇分もしないうちに人間の指さしジェスチャーにしたがうことを覚えたのだ。それどころか、うまくいった一二頭のイヌが人間の指さす場所へ行くようになるまでの平均時間は、わずか一〇分だった。一〇分のうちに、人間ののばした腕の意味をまったく理解できなかったイヌが、そのジェスチャーに忠実にしたがうイヌに変身したのだ。

ぞくぞくするような結果だった。このイヌたちは救いようがないわけではないのだ！そしてこの結果は、イヌの行動と認知の研究にもっと力を入れなければいけないことも示していた。イヌを人間の最高の相棒にしているものは何か。それについて、知らなければいけないことが山ほどあるのはまちがいない。そして、いったい何がイヌを特別な存在にしているのか、その真相をつきとめさえすれば、イヌをもっと幸せにするためにするべきことも見えてくるはずだ。

もちろん、指さしは人間とイヌの数あるコミュニケーション方法のひとつにすぎない。そして、ブライアン・ヘアやアーダーム・ミクローシなどの科学者がイヌ固有の能力だと主張しているたぐいの社会的な認知能力は、人間にとってイヌを特別な存在にしている要素のひとつでしかない。モニークとニコールとわたしの実験から、人間のジェスチャーを理解するイヌの能力が生まれつきのものではなく、学習で身につけられるものであることがわかった。とはいえ、別のタイプの知能がイヌに備わっていて、ジェスチャーの認知では説明できなかったイヌと人間の独特な絆をそれで説明できる可能性は残っていた。そんなわけで、研究を先へ進める前に、別のタイプの知能もイヌの特別なところの候補から除外しておく必要があった。

どんな愛犬家でも、格別に頭のいいイヌを知っているかと訊かれたら、少なくとも一頭は自分の知るイヌの名前をあげられるはずだ。わたしが選ぶなら、そのサンプルはゼフォスではなく（ごめんね、かわいこちゃん！）、一九七〇年代にイングランドで子ども時代をともに過ごしたベンジーだろう。

ベンジーはみんなに「賢いイヌ」といわれるイヌだった。ここでいう「賢い」はおもに、家や裏庭をまんまと抜け出して、外の世界への興味を知らしめる能力をもつことを意味していた。ベンジーとわたしはだいたい同じ時期に青春時代を過ごしたが、にきびだらけで口ごもりがちの野暮《やぼ》な男に育ったわたしと違って、ベンジーは女性のそばでも自然体でいられるタイプだった（ベンジーの首輪のタグには「やあ、ぼく、ベンジー。連絡先はシャンクリン２３７１」と書かれていたが、わたしたちはそれをよくジョークのネタにして、ベンジーがそのタグに一枚噛んでいたら、裏側には「ハロー、ダーリン、きみの名前と電話番号は？」と書かれていただろうね、といいあっていた。わたしたちの想像のなかのベンジーは、いつもロンドンなまりでそのセリフを話していた。それが想像上のベンジーの姿だったからだ）。愛されるけれどいかがわしいキャラクター。それが想像上のベンジーの姿だったからだ）。

　ベンジーはとても小柄でおそろしくしなやかという、よく見るタイプのイヌだった。生け垣のごくごく小さなすきまに身体を押しこんで通り抜けられるいっぽうで、驚くほど高い壁も跳び越えられる。ベンジーの課外遠足好きには、まちがいなくもうひとつの大きな要素が関係していた。わたしたち家族がベンジーを去勢しなかったことだ。母は去勢を好まず、父はベンジーのあれこれは自分が口を出すことではないと考えていた。そんなわけで、オスを受け入れる気になった近所のメスのにおいを嗅ぎとると、ベンジーは決まって抜け出してはトラブルを探し歩き、数時間後に疲れはてた、でも幸せそうな顔で帰ってきた。

ガールフレンドを訪ねるベンジーのちょっとした外出は、生物学者が知的行動と見なすものにだいたいあてはまるだろう。生物学者から見れば、生殖の衝動は生物に絶対に欠かせない衝動で、その目標を達成しやすくするために個体が編み出す方法は、どんなものでも価値がある。とはいえ、門外漢のほとんどの人にとって、生殖の衝動は、「知能」と聞いて思い浮かべるものではないだろう。

もちろん、だいたいの動物、とくにイヌは、それ以外にもさまざまな才覚をもっている。そのなかには、家を抜け出して交尾するという根元的な衝動よりも、標準的な辞書で定義される「知能」に近いものもある。個人的に気に入っている例のひとつが、探知犬だ。人間には感じとれないものを嗅ぎとる探知犬の能力は、ほとんど魔法のように見えることがある。空気のにおいを嗅いだだけでがんや手製爆弾を検知できるイヌたちには、心の底から畏敬の念を抱いている。わたしが個人的に選ぶ世界一賢いイヌは探知犬ではないが、それはひとえに、わたしを驚嘆させている探知犬の能力の大部分が実は知覚能力――人間には感じとれないにおいを嗅ぎとる能力――から生まれたもので、学習スキルや知能によるものではないからだ。

わたしがこれまでに出会ったイヌのうち、もっとも賢く、人間の意図を理解するという点でもっとも驚異的な能力をもっていたのは、どう考えてもチェイサーだろう。これは、わたし個人の評価というだけではない。ＢＢＣから「世界一賢いイヌ」の称号を賜《たまわ》ったチェイサーは、典型的な白黒のボーダー・コリーで、一二〇〇種類を超えるおもちゃの名前を識別していた。チェイサーは、牧羊犬として実際にはたらいていたボーダー・コリーの一族の末裔だ。忙しくはたらかせておかないと、家具をぼろぼろにしてしまうタイプのイヌだ。飼い主のジョン・ピリーは元心理学教授で、退職後の趣味を探していた。ジョンは以前、三〇〇種類を超える物の名前を記憶しているボーダー・コリーを扱ったドイツの研究論文を読んだことがあった。そこで、チェイサー——何かを追《チェイス》いかけるのが生まれつき大好きだったことからついた名前だ——を引きとったあと、イヌが人間の言語をどこまで理解できるのか、その限界を自分でも調べてみようと思いたった。

わたしがサウスカロライナ州の美しいアップカントリー地域にあるジョンとチェイサーの家を訪ねた二〇〇九年の時点で、ひとりと一頭が共同研究をはじめてから、もう三年以上が経っていた。ジョン宅の裏のテラスには、大量のおもちゃが入った大きなプラスチックの保管容器がいくつも置かれていた。テラスにわたしを案内したジョンは、一〇個のおもちゃを無作為に選ぶように指示した。イヌや小さな子に与えるようなおもちゃで、ジョンはそのひとつひとつに油性マーカーで名前を書いていた。ジョンが説明した実験の手順はこうだ。選んだおもちゃの名前をメモ帳に書いたら、おもちゃを家のなかに運んで、居間のソファとそのうしろの壁のあいだのスペースに置く。そのあいだ、ジョンとチェイサーは外の表側のテラスで待っているので、彼らにはわたしがどのおもちゃを選んだかはわからない。

用意ができたところで、わたしはジョンとチェイサーを家のなかに呼び戻した。ジョンはわたしがおもちゃを置いたスペースに背を向け、ソファに座った。ソファの前の床に大きな空《から》のプラスチック容器を置くと、その隣に座るようにチェイサーに指示した。すべての準備が整うと、ジョンはわたしが書いたリストにある最初のおもちゃの名を読み上げた。「よし、チェイサー、ゴールドフィッシュをとってこい」。チェイサーはきょろきょろとあたりを見た。わたしがどこにおもちゃを置いたのか、知らなかったからだ。「ゴールドフィッシュ。ほら、チェイサー。ゴールドフィッシュをもってきて」

そう促されたチェイサーは、あたりを歩きまわり、おもちゃ探しに乗り出した。すぐに、ソファのうしろに山積みにされたいろいろな物を見つけると、鼻づらを床に近づけ、ゴールドフィッシュを探しはじめた。やや近視気味なのを除けば――ひとつひとつのおもちゃのすぐ近くまで顔をよせてから、それがゴールドフィッシュかそうでないかを判断する――同じ状況に置かれたらどんな人間でもするだろうことをしているように見えた。チェイサーはすぐにおもちゃのひとつをくわえると、ジョンのもとに走ってきた。

「バケツに入れて」とジョンは指示し、自分の前にあるプラスチックの容器を指さした。この部分は難所のようだった。チェイサーはためらった。どうやら、自分の見つけたものを放したくないようだ。「バケツに入れて」とジョンが繰り返した。ようやく、チェイサーは渋々《しぶしぶ》ながら指示にしたがい、おもちゃをプラスチック容器に入れた。

「よし、見てみよう」。ジョンはそういうと、おもちゃを手にとって容器から出し、そこに書かれた名前を読んだ。そして、喜びをほとんど爆発させながら、チェイサーが正しく選んだことをたしかめた。「見て。ゴールドフィッシュだ！　金色の、魚。ゴールドフィッシュだよ！」

ジョンがそういいながらゴールドフィッシュを部屋の反対側に投げると、チェイサーは大喜びで弾むようにそのあとを追った。チェイサーがおもちゃをもって戻ってくると、ジョンはまたそれを投げた。戻ってくると、また投げる。このちょっとしたダンスをジョンとチェイサーのどちらがより楽しんでいるかは判定しがたいが、数回のやりとりのあと、ジョンはまた「バケツに入れて」と指示し、チェイサーの首のあたりを愛情たっぷりにごしごしとなでてから、次のおもちゃに移った。

そんなふうに、ジョンとチェイサーはわたしの書いたリストをこなしていった。ゴールドフィッシュからはじまり、レーダー、賢いフクロウ、宝石、フュージーズ、シャーリー、宝箱、シマリス、スイートポテト、そして最後がミッキーマウス。たいていは、チェイサーが「バケツに入れ」たあと、ジョンがごほうびとしてそのおもちゃを追いかける機会を与えたが、ときどきはおもちゃで綱引きをして、ちょっとした変化をつけることもあった。チェイサーが正しいおもちゃをもってくるたびに、ジョンは喜びを爆発させた。そして毎回、愛情をこめて頭や首まわりの毛をぐしゃぐしゃとかきまぜてゲームを終えた。彼らの共同作業と遊びの観察ほど、やさしく楽しい気もちになる科学研究はそうそうないだろう。

チェイサーとジョンがあまりにも楽しんでいたので、わたしは裏のテラスへ出て、さらに一〇個のおもちゃを選んで同じ手順を繰り返した。チェイサーがひとつ残らず正しいものを選んだので、もういちどやってみた。そしてもういちど。この名前あてゲームを何回繰り返したかは忘れてしまったが、チェイサーが少なくとも一〇〇個のおもちゃを、名前だけを頼りに選んでみせたのはたしかだ。いちどだけ、チェイサーはミスをした――というか、そう見えた。よくよく調べたところ、ジョンがわたしのひどい手書き文字を読みまちがえていたことがわかった。そのせいで、求められたおもちゃを見つけられなかったチェイサーが、ジョンをがっかりさせないようにと、別のおもちゃをもってきたのだ。

おもちゃの種類が一二〇〇ほどに達したところで、ジョンはチェイサーに新しいおもちゃの名前を覚えさせる訓練をやめた。というのも、すでにあるおもちゃの種類をジョンが覚えきれず、同じものを重複して手に入れてしまうようになっていたからだ。新しいはずのおもちゃにつける新しい名前をうきうきとひねりだし、チェイサーに教えた（その点でチェイサーはとにかく優秀で、一回教えるだけで新しい名前を記憶できた）はいいが、あとになって何かの偶然から、まったく同じおもちゃにふたつの違う名前をつけていたと気づくはめになる、ということがたびたびあった。一二〇〇個目のおもちゃにいたるまで、新しいおもちゃの名前を覚えるチェイサーの記憶のスピードはまったく衰えなかった。

わたしはジョンに、当時わたしが編集をしていた科学誌『ビヘイビュラル・プロセシーズ』で研究結果を発表してはどうかとすすめた。ジョンの研究報告は、同誌で発表されたもののなかでもとくに広く読まれる論文になった。ジョンは著書も書きはじめ、ベストセラーになったその本は、ジョンのすばらしい愛犬に不朽の名誉をもたらした。ジョンとチェイサーは全国ネットのテレビにまで出演したが、二〇一八年六月、ジョンは白血病で世を去った。九〇歳の誕生日を迎える数週間前のことだった。

もちろん、チェイサーの話はひとつの例にすぎない。でも、あれほど多くの言葉を覚えたチェイサーの驚異的な成功と、彼女がジョンの実験対象になった唯一のイヌだという事実から考えれば、言語を理解する能力はどんなボーダー・コリーにも潜在的に備わっていると見ていいだろう。その点は、数十や数百にのぼる物の名前のボキャブラリーをもつドイツのイヌたち――そのなかには、ジョンとチェイサーの長年にわたる実験のそもそものきっかけになったイヌもいる――がすべてボーダー・コリーであることからも裏づけられている。

表面だけ見ると、それはたしかに、チェイサーの属する犬種がとくに優れた知能を受け継いでいる証拠のように思える。けれど、ボーダー・コリーはそれとは別の優れた性質も備えている――仕事に対する並外れたモチベーションだ。ジョンは三年にわたって一日三時間前後を訓練に費やし、人間の言葉を驚くほどやすやすと理解できる域にまでチェイサーを導いた。そして、成功の秘訣の少なくとも一部は、チェイサーにとって、何かを追いかける機会が途方もなく大きな報酬だったことにある。チェイサーがジョンとの言語学習作業に並々ならぬやる気を見せたのは、ひとつひとつのおもちゃを探すという行動が、そもそも強化の効果をもっていたからだ。

たいていのイヌでは餌を報酬にできるが、一頭のイヌに与えても問題のないごちそうの量にはかぎりがある。餌を報酬にすると、一日に数時間連続でイヌを訓練することはできない。満腹になるだけでなく、すぐに太りすぎになってしまうだろう。けれど、チェイサーのような、動く物体を追いかける機会を与えられるだけでやる気になるイヌなら、毎日それよりもはるかに長い時間を訓練に費やすことができる。ボーダー・コリーを扱う人なら知っていることだが、そうしたイヌでは、イヌの福祉によりいっそう注意を払わなければいけない。人間が注意していなければ、文字どおりへとへとになるまで、ケガをしてもおかまいなしにはたらいてしまうからだ。実をいえば、ボーダー・コリーをこの手の実験にうってつけの被験者にしているのは、まさにそのはてしないエネルギー、その熱狂的な意欲なのだ。仕事に対してそれほどの熱意を見せる犬種は、ボーダー・コリーのほかにはほとんどいない。

さらに、チェイサーのスキルは――驚異的であることはまちがいないが――どちらかといえば単純なもので、自身がイヌとして備えている知能の賜物というよりは、おそらくジョン・ピリーの名人芸的な訓練によるところが大きいだろう。時が経つにつれて、チェイサーの訓練はスムーズで楽になり、新しいおもちゃの名前を伝えるだけで覚えてしまうかのような域にまで達した。親が子に見慣れない物の名前を教えるのと同じだろうと思うかもしれないが、そこではたらいている原理には、重要な点で違いがある。

たとえば、こんなシナリオを考えてみよう。ジョンが新しいおもちゃを手に入れる。ジョンはそのおもちゃを使って、チェイサーに大きなごほうびを与えることができる。おもちゃを投げてもいいし（チェイサーはそれを追いかけてもってくる機会を得られる）、チェイサーと引っぱりあってもいい。後者のゲームも、チェイサーは前者と同じくらい大好きだ。ジョンは「さあ、チェイサー、ナンタラカンタラをとってきて」――ナンタラカンタラはこの新しいおもちゃの名前としてこれからチェイサーに教える言葉だ――とかなんとかいいながら、ナンタラカンタラをできるだけ遠くに投げる。何かを追いかけて走り、飼い主のもとにもってくるという大きなごほうびをもらえる機会にわくわくしながら、チェイサーは勢いよく駆け出してナンタラカンタラを追いかけ、ジョンのもとに運んでくる。ジョンは「ナンタラカンタラをパッパに渡して」（パッパは、ジョンがチェイサーと話すときに自分を指すのに使っている名前だ）という。

すると、チェイサーのなかでは、楽しいながらも相反《あいはん》する感情がせめぎあう。おもちゃを追いかけるのが好きなイヌが、貴重な戦利品を渡せといわれたときによく見せる状態だ。おもちゃを渡して、もういちどそれを追いかける機会という魅力的なごほうびを手に入れるべきか？　それとも、これは自分の戦利品で、自分のほしいものなのだから、手放さずにいるほうがいいのか？（最初の選択肢には少しばかりリスクがある。というのも、パッパがおもちゃをとりあげ、それでゲームがお開きになって、しばらくのあいだ再開されない可能性もあることを、チェイサーは経験から知っているからだ）そこで、ジョンはチェイサーを何度もなだめすかし――「ナンタラカンタラをパッパにちょうだい」――ようやくチェイサーはおもちゃをジョンに渡す。そうしたら、ジョンはまたそれを投げる。「行け、ナンタラカンタラをとってこい」。そして、同じサイクルが何度も繰り返される。

このシナリオのように、ひとつのおもちゃしか扱わない状況なら、たいていのイヌは、人間がその物体を指すのに使っている固有の音声表現にはあまり注意を払わないだろう。でも、わたしが訪ねたときには、チェイサーとジョンはこのゲームですでに三年の経験を積んでいた。チェイサーがとってくる物の候補として、ジョンは名前のついたいくつものおもちゃを用意して、ゲームを複雑なものにした。追いかけっこの機会が与えられるのは、チェイサーが正しいおもちゃ、ジョンが名指しした物をもってきたときだけ。チェイサーはジョンとの「とってこい」遊びを何百万回も繰り返したにちがいない。そのうちに、特定の新しい単語がもつ重要な性質――何かを追いかけてとってくる貴重な機会を生み出すという性質が、注意力のするどいチェイサーの頭に刻みこまれていったのだ。

何かを追いかけたがるイヌを飼っていて、ひまな時間がたっぷりある人なら、読者のみなさんもこの訓練パターンをまねて、飼い犬のボキャブラリーがどこまで広がるかをたしかめてみることができる。残念ながら、わたしの愛犬ゼフォスは、誰かにとってこいと追いたてられないかぎり、おもちゃを追いかけることにはまったく興味を示さない――それにわたしは、そこそこのボキャブラリーを教えこむために一日に三時間も裏庭でゼフォスを追いかけまわしてみようと思うほど運動好きのタイプではない。

では、チェイサーの訓練はいったい何を証明しているのだろうか？　そこからわかるのは、チェイサーが「ナンタラカンタラ」などの音声を物体と結びつけられること、そしてその物体をジョンのもとへもっていけばごほうびをもらえると知っていることだ。この手の関連づけは、知的行動のごく基本的な構成要素であることがわかっていて、その点に関して調べられたことのあるどんな動物でも見られる。それは何を隠そう、ロシアの偉大な科学者イワン・ペトローヴィチ・パヴロフが一二〇年前に――イヌを実験対象にして――発見した、パヴロフの条件づけと呼ばれる仕組みだ。

チェイサーを際立たせているのは、膨大な数の音声を特定の物体と結びつけられる能力だ。ボキャブラリーに加わる物体の数が増えれば、長期記憶能力の高さは証明される。けれど、ほんとうの意味での「知性」という点で、行動の複雑さが増すわけではない。チェイサーの膨大なボキャブラリーがもっぱら証明しているのは、愛犬を訓練したジョンの忍耐と、何時間、何日、何年にもわたって訓練を続けるチェイサーの意欲だ。

　チェイサーの偉業を軽く見ているわけではない。本質的なことを指摘しているだけだ。関連づけの能力はさまざまな動物で証明されているし、そのなかには、単に特定の音声と特定の物体を結びつけるよりも（いうまでもなく、指さしジェスチャーと餌を結びつけるよりも）はるかに難しい認知的な偉業をやってのける動物もいることがわかっている。たとえばハトは、絵に描かれているのが椅子なのか、花なのか、車なのか、人なのかを識別できる。イルカは文法を理解することがわかっている。ミツバチは、餌探しの途中で見つけた食物源の距離、方向、質を巣のなかまに自発的に伝える。わたしの知るかぎり、そのどれをとっても、これまでにイヌがやってのけたことはない。

　さらに、イヌ以外の多くの動物でも、人間の行動と結果を関連づける訓練をすれば、一見すると人間の行動の意図を「読める」かのようになる。なかでも驚くべき――そして個人的に断然気に入っている――事例は、おそらくコウモリだろう。わたしの教え子のネイサン・ホール（現在はテキサス工科大学の教授）は、人間の指さしジャスチャーを理解するイヌの能力をめぐるモニーク・ユーデルとわたしの実験を再現した。ただし、ネイサンが研究対象にしたのは、フロリダ州の保護施設に暮らすコウモリたちだ。実験手順は、わたしたちがイヌとオオカミ相手にしたものと原則としては同じだが――大きな違いは、コウモリが地面を歩くかわりに、檻の天井として使われている金網沿いに飛びまわることにある。そんなわけで、ネイサンは地面に置いた下方の容器ではなく、天井の金網に吊るした上方の容器を指さした。

動物が人間のジェスチャーを理解できるのは、遺伝（系統発生）と経験（個体発生）のどちらのおかげなのか。ネイサンの実験は、その解明に大きく貢献した。というのも、実験対象のコウモリのうち、ほぼ半分は保護施設で生まれて母コウモリに育てられたのに対して、残りの半分は、めずらしいペットを飼いたいと思った人間に育てられたあとで保護施設に捨てられたコウモリだったからだ（家畜化されていないほとんどの種がそうだが、コウモリもペットとして楽に飼える動物ではない）。ネイサンの研究結果は、モニークとわたしが立てた説を強力に裏づけるものだった。母コウモリに育てられたコウモリは人間の指さしジェスチャーにしたがわなかったが、人間に育てられた――その結果、人間の四肢の動きが自分にとって重要な意味をもつと認識するようになった――コウモリたちは、人間のジェスチャーにしたがったのだ。

ネイサンやジョンのような科学者の実験を分析し、自分たちでも研究を進めていくうちに、わたしたちの研究チームはしだいに、ヘアが「イヌの天才」と呼ぶものは、実のところ、生後まもない時期から人間に育てられたどんな動物にも備わっているのだと考えるようになっていった。だとすれば、人間の意図を理解する能力が、家畜化の過程で起きた遺伝的変化から生まれているはずはない。以来、オオカミをはじめ、家畜化されていないたくさんの動物でわたしたちはその能力を目にしてきた。それどころか、いまとなっては、人間のそばで育ち、日々のニーズを人間に頼っているのなら、どんな動物でもその能力を身につけられると確信している。

　公平を期すためにいっておくと、人間の行動と自分にとって重要な意味をもつ結果の関連性を見つけ出すイヌの能力は、たいていはおそろしいほど研ぎ澄まされていて、心を読んでいるのではないかと思うこともあるほどだ。ある地域団体で講演をしたとき、講演後に近づいてきた老紳士に、こう話しかけられたことがある。「もしかしたら、ご興味をおもちかもしれないと思いまして」と老紳士はいった。「わたしの愛犬は、超能力者なんですよ」。もちろん、わたしは興味をもったが、少し警戒もしていた。かいつまんでいえば、愛犬に超能力があるのではないかとその男性が思うようになったのは、こういうわけだ。彼の愛犬のウェスト・ハイランド・ホワイト・テリアは、飼い主が椅子から立ち上がるのを見ると、靴を履いたりリードに手をのばしたりする前から、散歩に行くつもりかどうかを百発百中で見わけられるのだという。そのイヌを調べるチャンスには恵まれなかったので、老紳士の愛犬がほんとうに超能力をもっていた可能性もわずかながら残されているのはたしかだ。でも、わたしが思うに、椅子から立ち上がったあとに何をするつもりかによって、飼い主の身体の動きが違うことにイヌが気づいていた可能性のほうがずっと大きいだろう。その点では、うちのゼフォスも同じだ。ゼフォスも、自宅のデスクの椅子から立ち上がったわたしを見て、コーヒーを淹《い》れにいくつもりなのか、近所の散歩に連れていってくれるのかを見わけられるふしがある。自分でも気づかないうちに、身体の動かしかたや、ゼフォスを見ているかどうかによって意図が伝わっているのだろう。

人間には感じとれないもの――たいていは爆弾、薬物、がん、行方不明者などの重大なもの――を感じとる神秘的な能力をもつ探知犬も、「連合学習」と呼ばれる関連づけを使った学習メカニズムにより、驚くべき偉業を成し遂げている。訓練士は何か月にもわたる苦労と忍耐を経て、重要なにおいに気づいたときに特定の行動（たいていは座るか吠えるか、もしくはその両方）をとればごほうびをもらえるとイヌに教えこむ。ごほうびは、ボールを追いかける機会でも、おもちゃを使った綱引きでもいいし、ちょっとしたごちそうでもいい。

飼い主が次にとる行動を感じとっているように見えるウェスト・ハイランド・ホワイト・テリアにしても、たくさんのおもちゃのなかから命じられたものをどれでも選び出せるチェイサーにしても、わたしたちの安全を守るために日々はたらいている、名前も知らない多くの探知犬にしても、イヌが驚くほどすごいことをやってのける例は山ほどある。けれど、それがイヌの知能に並外れたところがある確《かく》たる証拠だとは、わたしには思えない。チェイサーの並外れたところは、仕事への意欲とジョン・ピリーとの強い結びつきにあった。心を読めるように見えるイヌを飼っているあの老紳士も、愛犬との強い心のつながりのなかで暮らしていたにちがいない。たいていの場合、そうしたイヌの知的な離れわざを可能にしているのは、イヌと飼い主との関係、そして飼い主の教えを喜んで受けるイヌの意欲と熱意だ。実をいえば、この手の知能はイヌにしかないものではない。ほかの動物でも、その動物を訓練するだけの我慢強さをもってさえいれば、同じようなこと――場合によってはさらに驚くべき芸当――をさせることができるのだ。

イヌはある種の才能をもっているという点では、ブライアン・ヘアはたしかにいいところをついている。温かな人間の家庭でペットとして暮らし、必要なもののすべて――食べもの、水、すみか、体罰を受けずにトイレ休憩を楽しめる機会――をいつも人間に頼っているイヌは、人間の行動の意味をことのほか敏感に、そして喜んで感じとる。その点は否定しようがない。たいていの人は、毎日の生活のなかでそれを目にしている。たとえば、自分が立ち上がったのはコーヒーを淹れるためなのか、それとも散歩に連れていくつもりなのかを愛犬が見極めているような気がするときに。イヌにはたしかにその能力がある。そしてそれは、人間とイヌの共同生活をこれほど成功させ、これほど満ちたりたものにしている大きな要素だ。

けれど、わたしと教え子たちの研究では、イヌが人間の行動の意味を理解できるのは人間といっしょに暮らすうちに学習するからであり、人間を理解する生まれつきの「天才」があるからではないことがわかっている。動きや行動から、イヌは人間が次に何をしようとしているかを予測し、行動のなかにある意味を読めるようになっていく。その能力が生まれつき備わっているわけではない。その証拠に、シェルターで暮らすイヌたちは、人間の意図を正確に読むことはできない（ただし、すぐに身につけられる）。さらに、その能力は、ほかの動物でも学習できる。人間の意図を理解できる動物のリストには、いまやウマやヤギなどのイヌ以外の家畜化された種ばかりか、家畜化されたことのないイルカなどの動物も含まれている。最近、ダマジカを育てているスウェーデンの研究者たちと話をした。このテーマにわたしが興味をもっているのを知っている彼らは、ダマジカたちが人間の指さしジェスチャーを理解するようになったと興奮まじりに教えてくれた。

そうした数々の事実を考えれば、答えははっきりしている。わたしたちが愛犬のなかに見ているものは、優れた知能ではなく、人間とイヌの驚異的な絆の結果なのだ。その強い絆があるからこそ、イヌと飼い主ががっちり協力できる。そして、とても我慢強い人間とやる気に満ちたイヌのコンビなら、驚きとしかいいようのない偉業を達成できるのだ。

では、その人間とイヌの驚異的な絆は、そもそもどこから生まれているのだろうか？

ウルフ・パークや地元のシェルターでの研究を経たあとのわたしは、イヌが並外れた知能をもっているという説をもはや信じられなくなっていた。それでも、イヌには何か特別なものがあるという思いを振り切ることはできなかった。それが知能ではないのなら、いったい何か？

それまでの研究から、その疑問の答えこそが何よりも重要なのだとわたしは確信するようになっていた——イヌにとっても、イヌを研究し、愛する人間にとっても。

わたしたちが最初にシェルターに足を踏み入れたのは、家のないイヌたちの人間社会での扱いに懸念を抱いていたからではなかった。正直に打ち明ければ、わたしはその時点まで、誰かのペットではないイヌの暮らしについてはおそろしく無知だった。シェルターへ行ったのは、知的好奇心——人間の意図を理解するイヌの能力の起源を探りたいという欲求に背中を押されたからにすぎない。けれど、シェルターで研究をしたあとは、そんな悠長なことをいっていられなくなった。

わたしはシェルター犬のみじめな暮らしにショックを受けた。たくさんのイヌが、しばしば何か月にもわたって、一時的な滞在だけを念頭に置いてつくられた施設で苦しい生活を送っている。その事実に、わたしはそれまで気づいていなかった。シェルター犬はコンクリートの床でその日その日を過ごしている。毎日の人間との交流は最小限で、その数少ない貴重な機会も、ボールを追いかけるか、別の遊びをするだけだ。なかには、ひっきりなしに響く同居者たちの鳴き声のせいで文字どおり耳が聞こえなくなるイヌや、不快な生活環境のせいで慢性的な睡眠不足に苦しむイヌもいる。それ以外の苦しみもある。わたしがいちばんよく知っているアメリカのふたつの州、フロリダとアリゾナの夏はどちらもとても厳しい。フロリダは蒸し暑い亜熱帯、アリゾナはオーブンのような砂漠の気候だ。にもかかわらず、その二州で暮らすほとんどのシェルター犬には、夏の酷暑から少しのあいだだけでも解放してくれる空調設備は与えられていない。そして、冬の暖房も必要最小限だ。

イヌの認知能力を探るわたしたちの研究は、まだはじまったばかりだった。けれど、イヌの心をめぐる重要なヒントがすでに得られていた。そしてそれは、イヌの暮らしをもっとよくする可能性、さらには命を救う可能性をも秘めている。わたしはそう確信していた。たとえば、わたしたちの研究では、シェルター犬ははじめのうちは人間のジェスチャーに反応しないが、教えられればすぐに反応するようになることがわかった。あなたが次に飼うイヌがシェルター出身だとしても（それを心からおすすめするが）、訓練しなければ人間の意図を理解できるようにならないのではないかと心配する必要はない。人間とイヌがいろいろなかたちで複雑に触れあう普通の暮らしを送るだけでも、イヌが人間の行動（ジェスチャーでも言葉をともなうものでも）の意味を覚えるにはじゅうぶんすぎるほどの体験だ。普通の暮らしのなかでは、わたしたちがそれ専用の訓練をしたシェルター犬ほどどすぐには身につかないかもしれない。イヌたちは新しい家に来てから数週間をかけて、指さしジェスチャーの意味を学んでいくことになるだろう。それといっしょに、ベッドやソファに跳び乗ってもいいかどうかや、食卓のまわりでネコを追いかけまわしてはいけないことも覚えていくはずだ。

研究をはじめたばかりのころのシェルター訪問は、わたしたちの研究が何に役立つかを垣間見せてくれた。だが同時に、イヌ認知研究の中心にぽっかり開いた穴に目を向け、イヌの行動の原理をめぐるたしかな情報をすぐにも集めなければいけないと気づくきっかけにもなった。イヌを特別な存在にしているものをただ探るだけでなく、イヌにふさわしい世話のしかたを見つけるために、その特別なところがどんな意味をもつかを知らなければならない。シェルターでの最初の研究以来、それが自分の使命なのだと考えるようになった。イヌを特別な存在にしているものをつきとめ、その情報を使って彼らの暮らしをもっと豊かにしなければならない。ベンジーへの、ゼフォスへの、そしてわたしの人生を豊かにしてくれたすべてのイヌへの恩返しに、そうする責任が自分にはあると感じていた。

第二章　イヌの特別なところとは？

　ゼフォスがわたしの人生に現れたとき、わたしの目にはもう、イヌの特別なところは知能にあるという有力説に走るいくつかの亀裂が見えていた。ゼフォスはあっというまに、その亀裂をぽっかり開いたひとつの大きな穴に変えてしまった。

　ゼフォスに対するわたしの愛情は、彼女をうちに迎えるのとほぼ同時に生まれた——が、この愛らしい小さなイヌは（前章でもほのめかしたように）ものすごく賢いわけではないこともすぐにわかった。たとえば、階段はかなりのハードルだった。ゼフォスがわたしたち一家と暮らした最初の家には二階があった。どうやらそれは、この小さな元シェルター犬にはそうとう目新しいものだったようだ。はじめてのとき、ゼフォスはわたしを追いかけておそるおそる階段をのぼったが、わたしが階段の下に戻ると、てっぺんに立ったまま鳴き声をあげた。それからようやく、勇気を振り絞って下りに挑んだ。最初はあまりうまくいかなかった。最後の何段かは丸まって転がり落ちた。でも、だいじょうぶだった。ゼフォスは少しずつ、そのおかしな人間の構築物を理解していった。

ゼフォスを引きとってから一年後の二〇一三年、わたしはフロリダからアリゾナへ移り、アリゾナ州立大学でイヌ科学共同研究室を立ち上げた。この研究センターのおもな目的は、行動科学の手法を使ってイヌに対する理解を深め、イヌだけでなく、ともに生きる人間の暮らしもよりよいものにすることにある。ロズとサムとわたしは、アリゾナ州テンピにある家に引っ越した。ゼフォスも新居を気に入ってくれるだろうと思っていた。その家には階段がないばかりか、小さなイヌ用のドアがあった。いちいち許可をもらわなくても、自由に外へ行けるのだ。ところが、彼女はここでもちまえの個性を発揮し、ドアの使いかたを理解するのに何週間もかけた――わたしが仕組みを説明しようとドアを開いてみたり、ごちそうを置いてみたり、フラップをもちあげて外の世界を見せたりしてもだめだった。その仕組みを、ゼフォスはすぐにはのみこめなかった。

リードも厄介だった。たぶん、以前の家族には、リードをつけて散歩に連れていってもらったことがなかったのだろう。というのも、ゼフォスはひっきりなしにその珍妙な仕掛けに絡まっていたからだ。散歩中に出くわすありとあらゆるものに夢中になるあまり、わたしのまわりをぐるぐる動きまわってばかりいた。そのせいで、リードがわたしの脚を一周してしまうのだ。あるいは、わたしとのあいだに街灯を挟んで歩こうとすることもあった。そうなるとなぜ前へ進めなくなってしまうのか、わかっていないようだった。まともな足どりで近所をひとまわりできるようになるまでに、たっぷり二か月はかかった。

でも、とりたてて頭の回転が速いようには見えなかったいっぽうで、ゼフォスはびっくりするほど愛情深かった（それはいまも変わらない）。その愛くるしい性格は、シェルターでわたしたちが見つけたときにはもうはっきり表れていたけれど、わが家に引きとった途端、ゼフォスは出会う人のほとんど全員に、わけへだてなく温かな態度で接するようになった（唯一の例外は、ひげを生やした男性だ——その手の人を相手にすると、ちょっと腰が引ける）。

さらに驚いたのは、わたしたち家族がゼフォスにとって特別な存在なのだと、すぐに確信させたことだ。ゼフォスが家族の誰かから数メートル以上の距離を置くことはめったにない。帰宅した家族を出迎えるチャンスは絶対に逃さないし、わたしたちがくつろぐソファの足もとやベッドのすぐ隣で寝そべるのを何よりも愛している。さいわい、ほかの多くのイヌとは違って、ひとりきりで家に残されてもあからさまにとりみだすことはなかったが、それでもわたしたちが帰宅したときの喜びようには際限《さいげん》がなかった。出かけていたのがほんの数時間でも、いつもきまってかなりの大騒ぎをした。めったにないケースだが、数週間ずっと留守にしなければならなかったときには、わたしたちが戻ってくると、ゼフォスはどこかが痛いのかと思うほど激しく鳴いた。その痛ましいほどほっとしているようすを見ると、それほど長く留守にしていたことをうしろめたく思わずにはいられなかった。

知能が特別に優れているわけではなくても、イヌにはたしかに特別な何かがある。その確信は変わらなかった。そして、それが揺るぎないものになったのには、ゼフォスの貢献が大きかった。わたしは一日じゅうオフィスにこもって、イヌの行動に関する科学論文を読んだり書いたり、イヌ固有の認知能力とやらを主張する科学文献の穴をつついたりして過ごせるタイプの人間だが、それでもゼフォスの待つ家へ帰り、再会を熱烈に喜ぶようす――口をなめようとして跳びついてくるせいで家に入るのが難しいほどで、一度か二度は眼鏡を吹っとばされたこともある――を見ると、この動物にはごくごく特別な何か、ほかの生きものとは一線を画す何かがあるのだと気づかずにいるのは無理な話だった。

その特別な何かとは、知能ではなく感情にあるのではないか。考えれば考えるほど、そんな思いが強くなっていった。ハトからラット、有袋類からオオカミまで、過去にわたしが研究し、ともに時間を過ごしたイヌ以外のすべての動物とゼフォスとの違い。それは、身近な人間たちとの途方もなく強い結びつきだ。わたしたち家族の存在が呼び起こしているように見える愛情と興奮、そして家族のそばにいられないときの苦しみ。それが、ともに生きる人間に対する行動をかたちづくっている特性のような気がした。

わたしたちの生活に加わってからそれほど時間が経たないうちに、ゼフォスは早くも、わたしが行動科学者としてもっていたごく基本的な信念を揺るがすようになっていた。ゼフォスのほとんどの行動は、人間との強い心の結びつきとしかいいようのないものに突き動かされているようだった。けれど、わたしが経験を積み、訓練を受けてきた科学分野——行動主義の常識と基本原理からすれば、そんなことは絶対にありえなかった。

行動主義は、実をいえば、科学の基本原理のひとつを心理学に応用したものにすぎない。「思考節約の法則」や「オッカムの剃刀《かみそり》」など、さまざまな名前をもつこの基本原理の起源は、オッカムのウィリアムと呼ばれる一四世紀の学者にさかのぼる。わたしは以前、ロンドンの南西に位置するオッカム（Occam）の村（現在はOckhamと綴《つづ》られる）を訪ねたことがある。そこで剃刀をひとつ買って、講義のときに掲げてみせれば、抽象的な概念を少しは具体化できるのではないかと思ったからだ。残念ながら、その村は節約をとことん極めていたので、剃刀を買える店さえなかった——とはいえ、すてきなパブが一軒あり、贅沢なランチを楽しめたが。いずれにしても、オッカムの剃刀はひとつの原理であって、実体のある物ではない。オッカムの剃刀とは、ある現象をもっともシンプルにいいあらわせる説明のほうが、余分な説明プロセスが入りこむ隙のあるものよりもつねに好ましいとする考えかただ。これは発見を導くには欠かせない考えかたで、そのはかりしれない価値は、過去六世紀にわたって天文学から動物学までのさまざまな分野で証明されてきた。

わたしは行動主義心理学者として、愛情から生まれているように見えるゼフォスの行動をもっともシンプルに、そしてもっとも節約的にいいあらわせる説明を見つけようと心に決めた。それまでのわたしは、動物の感情について話すのを避ける傾向にあった。なくてもどうにかなってきたものを、動物心理学の説明にわざわざ混ぜたくなかったからだ。たしかに、大学で長い一日を過ごして帰宅したわたしに跳びつくゼフォスは、まちがいなく喜んでいるように見える。でも、わたしのなかにいる節約思考の科学者は、ゼフォスがそんな行動をとるのは、わたしが帰宅するといいもの（散歩や食事）が現れるという関連性がすでにできあがっているからだと考えたがる。そこに、感情のようなとりとめのないものをもちこんだりしたら、科学者として身につけてきた整然とした方程式が乱されてしまう。それはオッカムの剃刀の戒律を犯す行為のように思えた。

イヌの心理の解明に感情をもちこむことに疑問をもっていたのは、わたしだけではない。動物の行動に関心をよせる科学者の多くは、感情を手がかりになる概念とは見なしていない。たとえば、人間動物関係学者のジョン・ブラッドショーとイヌ認知学者のアレクサンドラ・ホロウィッツはどちらも、罪悪感などの複雑な感情をイヌに投影すると混乱が生まれ、愛するイヌたちに害を与えるおそれさえあると主張している。ひとつ例をあげてみよう。人間はよく、申し訳なさそうな顔をしているイヌを厳しく叱る。哀れな顔が罪を認めているような印象を与えるからだ。でも現実には、良心の呵責《かしゃく》を感じているかに見えるイヌの表情は、怒りをあらわにしている人間に対する不安が表に出たものでしかない――自分の責任を認めていると考えるのは大まちがいだ。申し訳なさそうな顔をしたイヌは、自分が悪いことをしたと理解しているわけではない。だとすれば、そこで悪事を罰するのは見当違いだし、無意味で残酷でさえある。

神経学者で心理学者のリサ・フェルドマン・バレットはさらに踏みこんだ主張を展開している。それによれば、感情という概念そのもの――そして、わたしたちがいろいろな感情を分類するのに使っている言葉――が、そもそも人間固有の言語に根ざした人間の創造物であるという。したがって、感情は言葉の意味を理解する能力のうえに成り立っている。そして、その能力をイヌがもつはずがない。人間の脳は、そのときその体内の物理的状態と人生経験（体内の物理的状態を表すために、自分以外の人間が使った特定の言葉を聞くことも含まれる）をもとに感情を組み立てている。動物も、ポジティブなものであれネガティブなものであれ、さまざまなパターンの情緒的反応を体験するかもしれない。その点はバレットも認めている。怒り、恐怖、幸福感、悲しみといった基本的な「感情」のようなものだ。けれど、動物はそうした言葉による分類を理解できない。したがって、動物がそうした特定の感情そのものを体験しているとはいえない、というのがバレットの主張だ。

誰の説を支持するにしても、専門家たちの意見がひとつの点で一致しているのはまちがいなさそうだった――動物の感情は科学界のブラックボックスであり、とうてい踏破できそうにない未開拓領域なのだ。けれど、わたしのなかに忍びこんだひとつの疑念が、しだいに大きくなっていった。イヌを感情のある生きものと見なし、人間と強い心の絆を結ぶ能力をもっていると考えないかぎり、ゼフォスのことを、そして彼女と人間との関係をうまく説明できないのではないか。その能力こそが、動物界でほかに例のないものなのではないか――そんな疑いを、わたしはもちはじめていた。

イヌに特別な知能があるというほかの研究者たちの主張に公然と疑いを差し挟むのなら、イヌの特別なところに関する自分なりの説を立て、はてしなく重い証明の責任を引き受けなければいけない。それはわたしにもよくわかっていた。人間と心の絆を結ぶ特殊な能力がイヌにあると主張するには、おそらくかなり厳しい精査に耐えられる証拠が必要だ。科学者のなかには、わたしがほかの研究者の結論に対して抱いた疑念に劣らず、こちらの意見に深い疑いをもつ人もいるだろう（それは理不尽とはいえない）。

そんなわけで、わたしは自分の仮説を裏づけてくれるかもしれないデータを探しはじめた。そして、すぐにわかることだが、それほど遠くへ探しにいくまでもなかった。

現代の行動主義心理学者が動物の感情という話題を避けているのはたしかだが、ある意味で行動主義の生みの親ともいえるロシアの有名な科学者は、そんなためらいとは無縁だった。その科学者は、イヌが人間と結ぶ強い心の絆に目をとめた。そして、そこから目をそらすのではなく、その観察を研究の中心に据えた。

イワン・ペトローヴィチ・パヴロフは、心理学入門クラスをくぐりぬけた人なら誰でも知っているだろう。イヌがよだれをたらすのは餌を期待しているときだと証明した科学者だ（その発見に対して、アイルランドの劇作家ジョージ・バーナード・ショーは「どんな警官でも、イヌに関してそれくらいのことはいえる」と皮肉を残している）。パヴロフがその証明に使ったのが、ベルを鳴らした直後に飼い犬に餌を与えるという方法だ。それを続けるうちに、イヌはベルの音を聞いただけでよだれをたらすようになった――と学校では教えられる。この現象を生んでいるのは、「古典的条件づけ」または「パヴロフの条件づけ」と呼ばれるものだ。古典的条件づけとは、簡単にいえば、特別な意味をもたない合図とその動物にとって重要な意味をもつ結果の関連性を学習することで、ジョン・ピリーがチェイサーに一二〇〇種類のおもちゃの名前を覚えさせるときに使ったのと同じ手だ。これはドッグトレーナーには欠かせない手法で、イヌと人間の関係をかたちづくる基本的な要素でもある。

有名なイヌのよだれ実験の話がさんざん繰り返されてきたおかげで、パヴロフの評価はとても一面的なものになっている。けれど、パヴロフ本人は一筋縄ではいかない性格のもちぬしだった。死後八〇年のあいだ、パヴロフの人柄についてはまったく知られていなかったが、最近になって、ダニエル・P・トーデスの書いた優れた伝記により、偉大な科学者の人生と研究があざやかに照らし出された。トーデスによる数々の新発見は、一世紀にわたって語り継がれてきたパヴロフをめぐる神話を粉々に吹き飛ばした。たとえば、パヴロフは実験でいちどもベルを使わなかったことが明らかになった（「ベル」はブザーを意味するロシア語が誤訳されたものだった）。それだけでなく、トーデスによれば、パヴロフは飼い犬一頭一頭が感情と個性をもっていると信じ、それぞれの性格にあった名前をつけていたという。

パヴロフがイヌに感情があると認めていたことは、かの有名な実験のかたちにも影響を与えた。パヴロフが研究のために特別設計の実験棟をサンクトペテルブルクに建てたことは、教科書にたびたび登場する。このみごとな建物はいまもまだ残っていて、「沈黙の塔」と呼びならわされている。実験室のなかにいるイヌを外の世界の騒音から隔離するためにつくられたことからついた名だ。この建物の写真には、特別な防音設備を備えた区画でテストを受けるイヌと、二重ガラスで隔てられた隣室にいる実験者がうつっている。冷たくて殺風景な環境に見えるかもしれない。けれど、その雰囲気を和らげていたのが、パヴロフと飼い犬の強い心の結びつきだった。トーデスの伝記によれば、そんなふうにイヌと少し離れた環境で研究するように学生たちを指導していたことはたしかだが、本人はイヌといっしょに実験室に入っていたという。自分がよりそって、リラックスさせる必要があることを知っていたのだ。

パヴロフ本人もよりそってくれる誰かを必要としていた。一九一四年から一九三六年に亡くなるまで、パヴロフにとって誰よりも大切な共同研究者だったのが、マリア・カピトノヴナ・ペトロワだ。ペトロワはもともと学生のひとりだったが、やがてパヴロフの重要な共同研究者となり、パヴロフの名声を確立した条件づけ実験の多くに深く関わるようになった。いまではほとんど忘れ去られてしまっているかもしれないが、ペトロワの存在の大きさは、彼女が生きていた当時にはまちがいなく周知のことだった。パヴロフが引退した一九三五年から自身が六六歳で引退するまで、ペトロワはパヴロフが設立した研究所の所長をつとめていた。一九四六年にはスターリン科学賞も受賞した。

科学の面でいちばん重要な支持者だったというだけでなく、ペトロワはパヴロフの恋人でもあった。ふたりはイヌの実験室に腰を下ろし、科学のことやそのほかのことを小声でささやきあっていた。ときには、実験がはじまるのを待っているうちにイヌが眠りこんでしまったり、進行しているはずの実験がまだはじまっていないことに気づかなかった学生が、パヴロフとペトロワが親密な会話を交わしている部屋にうっかり入ってしまうという災難に見舞われたりすることもあった。

根っからの生物学者だったパヴロフは、あらゆる行動を反射として説明していた。そんなわけで、イヌのなかに（そして自分自身のなかに）見いだした、よりそう相手を求める欲求を「社会的反射」と呼んでいた。パヴロフと研究をともにしたアメリカ人はふたりだけだが、そのうちのひとり、W・ホースリー・ガントはパヴロフの指導のもとでこの現象を研究した。ガントはイヌの胸部にセンサーをとりつけ、心拍数を測定した。人間が部屋に入ってくると、イヌの心拍数は不安のせいで急上昇したが、その人がイヌをなでると、イヌはリラックスして、心拍数も下がった。

この忘れ去られていたパヴロフの研究にわたしが行きあたったのは、イヌの特別なところをめぐる説がかたちをとりはじめ、その裏づけになる証拠を探しはじめたばかりのころだった。人間がそばにいるとき、イヌは明らかな身体的反応を見せる。パヴロフたちのこの発見は、科学の歴史でいえばかなり古いものだ。けれど、わたしが興味をもち、調べたいと思っている種類の感情的な反応をよく表している例でもある。そこで、元教え子でいまはヴァージニア工科大学教授になっているエリカ・フォイヤーバッカーとともに、長らく忘れ去られていたパヴロフとガントの研究を再現し、人間がそばにいるときにイヌが受ける影響を調べるべく、一連の研究の設計にとりかかった。わたしたちが知りたかったのは、大切な人がそばにいる状況がイヌにとってどれくらい重要なのかということだ。いってみれば、わたしたちの研究の狙いは、パヴロフとガントが何十年も前の研究で観察した、人間がそばにいるときにイヌが見せる感情的な反応の強さを測定することにあった。

わたしたちはパヴロフとガントの研究よりも単純なやりかたでいくことにした。心拍数の変化を測定するかわりに、イヌの行動をじかに評価することにしたのだ。具体的には、人間のそばにいる時間と、それ以上とはいわないまでも、それと同じくらい価値がありそうなもの――餌のどちらかをイヌに選ばせる。はじめのころの実験では、単純な選択肢をイヌに与えた。鼻先で人間の手に触れるというごくわずかな労力を払いたくなるのは、ちょっとしたごちそうをもらえるときと、首まわりをやさしくなでられながら「いい子」だといってもらえるときのどちらか？　やりかたはごく単純だ。イヌが鼻先でエリカの右手に触れたら、エリカは左手でちょっとした餌をやるか、両手でイヌの首をなでながら「いい子」だとほめる。ある実験では、ごちそうをあげる時間とほめる時間を二分ずつ交互に繰り返した。別の実験では、ふたりの人間のうち、餌をくれる人と首をなでてくれる人のどちらかをイヌに選ばせた。

まず、シェルターで暮らすイヌたちからはじめた。シェルター犬は愛情たっぷりの訪問者と接する機会が少ないから、ほめられたり首をなでられたりすることをすごく喜ぶのではないか。わたしたちはそんなふうに予想していた。ところが、予想どおりにはならなかった。そこで、飼い犬をテストすることにした。このときは、わたしたちのかわりに飼い主に実験をしてもらった。そのイヌを心から愛している人にやさしく話しかけられれば、なでられるというごほうびの価値がもっと大きくなるかもしれないと考えたからだ。ところが、何度やっても結果は同じだった。イヌたちは、なでられてほめられるよりも、ごちそうのほうを好んでいるように見えた。シェルター犬でも、特定の人間の家庭で蝶よ花よとかわいがられているイヌでも、テストしたすべてのイヌが、例外なく人間の関心よりもごちそうのほうを選んだのだ。

あとから振り返ってみると、このはじめのころの実験が妥当だったかどうかはわからない。エリカとわたしはどちらも、イヌのそばにいるのをすごく楽しんでいて、イヌたちも同じ気もちになってくれると確信していた。そのせいで、すでに人間と触れあっているイヌからすれば、いつも手に入るとはかぎらないおいしいごちそうに比べたら、ついでにもう少し首をなでてもらうことにそれほど価値はないという点を見落としていたかもしれない。

でもそのうちに、わたしたちの実験はもっと巧妙になった。その結果、ごちそうがすぐに大盤振る舞いされず、おいしい〈ナチュラルバランス〉のかけらをもらうには数秒待たなければいけないが、首をなでてもらうごほうびならすぐにもらえる状況では、イヌの好みがたちまち変わることがわかった。ごちそうをくれるのがちょっと遅い人よりも、首をなでてほめてくれる人と過ごす時間のほうが長くなったのだ。この実験では、人間にほめられるというごほうびがイヌにとってたしかに大きな価値をもつことが見てとれた。一五秒待ってからごちそうをくれる人と、すぐに首をなでてやさしい言葉をかけてくれる人のどちらかを選ばせると、イヌたちはごちそうを出すのに少し時間がかかる人よりも、首をなでてくれる人のそばにいたがったのだ。

よくよく考えてみたら、この一連の実験では、人間のそばにいる喜びがもともとイヌに与えられているケースが多いことに気づいた。首をなでるかなでないかに関係なく、人間はもうその場にいるのだから。それに対して、餌は小出しにされる。最初は袋に入っていて、実験の特定の段階で人間がいちどにひとつずつイヌに与える。人間のそばにいるのを好むイヌにすれば、近くにいるだけでもうじゅうぶんで、首をなでられたりやさしい言葉をかけてもらったりしたところで、状況が大きく変わるわけではないのかもしれない。絶えずごちそうをもらえるわけではないのと同じように、人間がその場にいない状況をつくれば、もっと意味のある実験ができるかもしれない。人間からも餌からも離れていたあとに大好きな人に近づく機会を与えたら、イヌはどんな行動をとるのか。エリカとわたしは、それを正確に調べられる実験方法を考えることにした。

実験のあるべきかたちがわかれば、組み立てるのはそれほど難しくなかった。エリカは何人かの協力者を集めた。イヌを飼っているが、昼のあいだはイヌを置いて仕事に出ている人たちだ。その手の人を見つけるのは簡単だ――悲しいことだが。そのほかの基準はひとつだけ。実験参加者の自宅に、屋内に直接つながるガレージがあることだ。

エリカは平日の一日の終わり、イヌが何時間もひとりきりで過ごしたあとに、そのさみしいイヌが飼い主と暮らす家のガレージで実験をしようと考えた。まず、屋内につながるドアの近くの床にふたつのマークを描いた。どちらもドアからは同じ距離で、家のなかから戸口ごしにガレージを見たときに同じ角度になるようにした。その後、ドアの取っ手にロープをつなぎ、ロープを使ってドアを開ける係を助手にまかせた。そうすれば、助手はイヌの視界には入らない。

助手がドアを開ける前に、エリカは床の片方のスポットにおいしいドッグフードの入ったボウルを置き、もう片方には飼い主を立たせた。飼い主は仕事でまるまる八時間留守にしていた。そのあいだ、家のなかに食べるものはない。つまり、イヌは大切なものふたつのどちらについても、同じくらい飢えた状態にあるということだ。

これで、楽しい実験の準備が整った。助手がドアを開けたら、イヌは飼い主と餌の入ったボウルを目にする――どちらも自分の立っているところからは同じ距離にあり、それまでの八時間は手に入らなかった。どちらを選ぶのだろうか？　自分にとって特別な人か、おいしい食べものか？

助手がドアを開けた。

結果はいつも同じだった。飼い主の車が帰ってきた音を聞きつけていたイヌは、助手がドアを開けた途端、ほとんど跳びかかる勢いで飼い主に駆けよったのだ。一瞬だけ、ドアのすぐ向こうに誰もいないと気づいたイヌの顔に、混乱の表情がよぎるのが見えた。けれど、イヌはたちまち飼い主を見つけ、尻尾を振りながら、跳びついて顔をなめる気満々の低い姿勢で走りよった。たいていは、ひとりきりで過ごした一日の終わりに親しい人間にあいさつできる機会に大喜びしているようだった。

とはいえ、実験のこの段階では、イヌが不運にも餌のボウルに気づかなかっただけという可能性もおおいに考えられた。純粋な技術的観点からいえば、この実験には欠陥がある。というのも、この実験に登場する人間は、餌のボウルよりもずっと大きいからだ。でも、飼い主にまとわりついていたイヌは、すぐにもうひとつのごほうびに気づいた。はじめのうちは餌のほうをちらりと見るだけだった——飼い主を出迎えることに比べれば、餌はたいした重大事ではなかったからだ。そのあと、遅かれ早かれ、小走りでボウルに近より、中身のにおいを嗅ぐ——それでも、またすぐに飼い主のもとに戻った。飼い主に比べたら、餌にはまったく価値がないということだ。

わたしたちの実験では、飼い主と餌のどちらかを選ぶ時間として、イヌに二分間を与えた。実験をはじめておこなうイヌでは、餌に本気の関心を示すケースはいちども見られなかった。

もちろん、この実験を一週間にわたって毎日繰り返すうちに、イヌはわたしたちのたくらみに気づき、餌を食べるようになった。毎日、飼い主が帰宅すると、エリカと助手はガレージの床にふたつのスポットを設け、片方に餌のボウルを、もう片方に飼い主を置いてから（左右の位置はランダムに変えた。イヌがどちらか一方に向かう癖をつけないようにするためだ)、助手がドアを開け、イヌにどちらかを選ばせた。それを二日ほど続けると、イヌは次に起きることをはっきり認識するようになる。真っ先に飼い主にあいさつするのは変わらないが、そのうちに、餌のボウルに駆けよって、ひと口でほおばれるだけの量をほおばってから、また飼い主のもとに戻って歓迎を続けるパターンができあがる。

飼い主を歓迎しながら餌を食べるパターンに少しずつ変わっていったとはいえ、この一連の実験は、大切な人間と触れあうチャンスが、イヌにとって餌と同じくらい価値があることをはっきり示している。実際、絶対にどちらかを選ばなければならないのなら、ほとんどは餌よりも飼い主を選ぶ。もちろん、そのうちにイヌは飼い主がそばにいることに安心し、餌を食べるようになる——そうしてはいけない理由がどこにある? だからといって、飼い主が大切でないというわけではない。そうするのは、飼い主が突然いなくなったりしないと予想しているからにすぎない。

全体として見ると、この一週間の実験でイヌがとった行動は、飼い主との絆の強さを裏づける強力な証拠になる。そして、わたし自身と愛犬との関係を新しい観点から考えさせるものでもあった。職場で長い一日を送ったあとに、喜びをほとばしらせるゼフォスの出迎えを幾度となく受けていたにもかかわらず、わたしのなかではまだ、ゼフォスはほんとうにわたしに会えて喜んでいるのだろうか、夕食をもらえる期待に興奮しているだけなのではないか、という疑問がくすぶっていた。エリカのガレージ・ドア実験は、その疑問にきっぱりとした答えを出していた。ゼフォスはほんとうに、わたしに会えて大喜びしている。隠れた動機（少なくともそれだけ）から行動しているわけではないのだ。

でも、いったい何がゼフォスの喜びを引き起こしているのだろうか？　エリカの実験は明快ですっきりしているが、それでわかるのは、ゼフォスが関心を向ける対象だけで――その理由、もっといえば、その対象のどんなところに関心を引かれているかまではわからない。この疑問の答えを見つけるためには、まったく違う種類の実験が必要だった。

エリカの実験は、イヌと人間がわかちあうつながりを理解したいという思いから生まれたものだった。でも、その次にした研究は、本人もはじめは予想していなかったかたちでそのつながりを実証することになった。今度の実験では、飼い犬にふたりの人間のどちらかを選ばせた――飼い主とまったく知らない人だ。あなたの愛犬に、あなたと知らない人のどちらかを選ばせたら、愛犬はどちらと長い時間を過ごしたがるだろうか？　あなたの答えが「わたし」なら、エリカの発見には驚くにちがいない。エリカはまさにそれをイヌに選ばせた。そしてわかったのは、慣れ親しんだ環境にいるのであれば、イヌは飼い主よりも知らない人のそばで長い時間を過ごすということだった。

この結果は意外に思えるかもしれない。あなたの愛犬は、道を歩いている通りすがりの人よりもあなたのほうを大切に思っているはずでは？　でも実をいうと、この結果は、乳幼児を研究する心理学者が「安全基地効果」と呼ぶ現象によく似ている。安全基地効果は、親や主要な養育者に対する子どもの強い愛着から生まれる効果だ。

一九六〇年代から七〇年代にかけて、乳幼児心理学者のパイオニアとして有名なメアリー・エインズワースは、幼児（たいていは二歳未満）と主要な養育者（たいていは母親）の結びつきを調べる、自然でありながら実に効果的な実験方法を編み出した。このエインズワースの「ストレンジ・シチュエーション法」の狙いは、幼児をちょっとした困難のともなう状況に置き、幼児と母親の関係を探ることにあった。

この実験で、エインズワースは母親と子どもをいっしょになじみのない部屋に入れた。はじめのうち、子どもは母親に見守られながら、室内を自由に探索する。ところが、しばらくすると母親がとつぜん部屋を出て、子どもは知らない人とふたりきりで部屋に残されてしまう。ほとんどの幼児は、知らない場所で知らない人と置き去りにされて大きく動揺する。母親はすぐに戻ってくるが、またしばらくすると、子どもを残して部屋を出てしまう。今度はその知らない人も連れて出ていく。つまり、子どもは完全にひとりきりで部屋に残されることになる。その後、先ほどと同じ知らない人がまた部屋に入ってきたあとに、ようやく母親が戻ってくる。この段階で、実験が終わる。

エインズワースのこの実験では、部屋に残されたときと、そのあとに母親と再会したときの幼児の反応が、それぞれの母子の絆の強さによって変わることがわかった。母親に対して「安定型」の愛着をもつとエインズワースが分類した子どもは、まわりの世界を探りにいくための安全な基地として母親を利用し、母親がいるあいだは自由に部屋を探索する傾向があった。このタイプの子どもたちは、母親がいなくなると目に見えて動揺したが、母親が戻ってくると満足し、再会後すぐに落ちつきをとりもどした。それに対して、エインズワースが「不安定型」と呼ぶ子どもたちは、母親が部屋を出ても気にしていないように見えることが多く、母親が戻ってきてもほとんど感情を表に出さなかった。このタイプのなかには、母親が実験室を出る前から極度の不安を見せる子や、戻ってきた母親にくっつき、なかなかなだめられない子もいた。

エインズワースのストレンジ・シチュエーション法を使えば、子どもと主要な養育者との結びつきの強さを系統だてて評価できる。そうした結びつきが子どもの生活にとって重要なのは昔から認識されていたが、それを定量化する方法を考え出した人は、エインズワース以前にはいなかった。この実験はこれまでに大勢の子どもで実施され、子どもとその愛着の対象になる人とのとらえがたい関係について、途方もなく大きな発見をもたらしてきた。

エインズワースの実験の基本的な構造は、イヌとその大切な人間との関係を調べる研究にも簡単に転用できる。イヌと人間の関係を探る研究の新たな波が生まれたばかりのころにおこなわれた実験では、ブダペストにあるエトヴェシュ・ロラーンド大学のファミリー・ドッグ・プロジェクトでアーダーム・ミクローシと研究をともにしたヨージェフ・トパール率いるチームが、エインズワースのストレンジ・シチュエーション法を使ってイヌの反応を調べた。このハンガリーの研究チームの実験結果は、イヌが人間とのあいだに築くつながりの性質を明らかにした。そして、エリカの実験でイヌが飼い主よりも知らない人と長い時間を過ごすことを選んだ理由を説明するものでもある。

トパールの研究チームが調べたのは二〇犬種のイヌ五一頭で、オスとメスはほぼ均等だった。年齢は一歳から一〇歳までなので、研究の時点ではみな成犬だったということになる。しかし、実験対象の動物と成熟度の違いを別にすれば、ほとんどすべての点でエインズワースのオリジナルの実験をそのままなぞっていた。トパールの研究チームは、人間の子どもを対象にする場合と同じようにストレンジ・シチュエーション実験をおこない、実験手順のそれぞれの段階を二分間とした。

トパールの実験では、人間の子どもを念頭に置いて設計されたストレンジ・シチュエーション法が、イヌと飼い主の関係を評価する効果的な手法にもなることがわかった。実験対象になったすべてのイヌが、親に対して安定型の愛着をもつ子どもと同じように、飼い主を安全基地として利用しているようすを見せたのだ。どのイヌも、飼い主がそばにいるときには、飼い主が部屋を出ているときよりもさかんに探索し、遊びまわった。飼い主がいなくなると、大きな不安をはっきり見せ、ドアのそばに立って飼い主が戻ってくるのを待った。飼い主が部屋に戻ってくると、再会できたことを明らかに喜び、すぐに身体を触れあわせ、再会からしばらくは、その大好きな人のそばで過ごす時間が長くなった。人間の幼児とよく似たこの行動パターンからすれば、イヌが飼い主に「愛着」をもっていると考えてもさしつかえないだろう。研究チームはそう結論づけた。

この結論は、エリカの発見とぴったり一致している。エリカがフロリダでおこなった実験では、なじみのある環境にいるイヌは、飼い主よりも知らない人と長い時間を過ごす傾向にあった。そして、このふたつの実験の結果をまとめると、イヌと飼い主の関係は、人間の子どもと親のあいだに見られる安定した愛着の絆と同じと考えられる。親に対して安定型の愛着をもつ子どもと同じように、イヌが飼い主の存在をかなりの重大事ととらえているのは明らかだ。実際、飼い主としばらく離れていたり、知らない場所にいたりすると、なじみのある人間との触れあいが餌よりもはるかに大きな行動の動機になることもある。

イヌと人間の関係の本質に考えをめぐらせていたわたしは、この実験結果が重要な証拠のひとつになると確信するようになった。そこから垣間見えていたのは、ふたつの異なる種のメンバーのあいだにある、愛着によく似た絆だ。これらの実験で見られた行動パターンが人間の子どもと親のあいだで観察されたのなら、心理学者はまちがいなくそれを愛着と呼ぶだろう。

でも、その愛着は、何を意味しているのだろうか？　結論はわかりきっていると思うかもしれない。けれど、わたしは動物の行動を科学的に観察する者として、その結論に抗えと教えられてきた。とはいえ、わたしの抱いた疑いとそれまでの仮説構築の道のりが、すでにその地盤を揺るがしていた。自分の仮説を裏づけるかに見えるこの初期段階の証拠を否定することは、わたしにはできなかった。これらの実験で見られた行動は、イヌが人間との心のつながりに突き動かされていることを意味しているのだ。

その発見に大喜びしたいところだったが、わたしはそれに身をまかせて大興奮したい衝動を抑えこんだ。イヌが人間に心をよせている証拠はたしかにあるように思えた。けれど、これまでに集まった証拠は、まだ手はじめにすぎない。疑う余地のないほどはっきり証明したいのなら――節約の法則を打ち破りたいのなら――もっと多くの証拠が必要だった。


パヴロフ、トパール、エリカ・フォイヤーバッカー、そしてなによりも、ゼフォス。その全員が、イヌと飼い主のあいだに心の結びつきがあるとわたしに伝えようとしているかに見えた。けれど、わたしはそのメッセージを額面どおりに受けとるのをためらっていた。

愛犬家としての本能はその仮説に引きよせられていたが、研究者としてのわたしはまだ疑いをもっていた。イヌと人間の関係の本質をめぐる自分の仮説の正しさが証明されることを願いながらも、わたしはその仮説を慎重に、そして徹底的に検証しようとしていた。

その理由のひとつは、人間の家での暮らしが世界のイヌのごく一部にしか与えられていない選択肢だと知っていたことにある。もしかしたら、かわいがられて大切にされているイヌの行動は、イヌという種全体を代表するものではないかもしれない。人間の家で、ほとんど人間の子どものように暮らしているせいで、何かの仕組みがはたらいて、そうした行動が生まれているのでは？

全世界のイヌの総数の推定（それしかできないからだ）は、一〇億頭をわずかに下まわるくらいの数で推移している。その一〇億頭のうち、ペットとして人間の家で暮らしているイヌは三億頭くらいだろう。北米、北欧や西欧、オーストラレーシアといった地域で暮らす人にすれば、人間の家の外で暮らすイヌはほとんど存在しないに等しい（かならずしもそうではないのだが）。しかし、それ以外の全世界の広い地域――中南米、アフリカ、東欧や南欧、アジアなど――では、人間の家のなかで暮らすイヌよりも屋外で生きるイヌのほうがずっと多い。

特定の環境で生きる特定のイヌだけでなく、種全体について何かを主張しようとするなら、人間に飼われていないイヌの行動も調べる必要がある。それだけでも難しい仕事なのに、この疑問を探るためには、単に自分にとって得になるから人間に反応しているだけのイヌと、人間とのあいだに本物の絆を築いているイヌとを区別しなければいけない。この微妙だが重要な違いは、少し前にロシアへ旅行したときに、ひと目でわかるかたちでわたしの目の前に現れた。

二〇一〇年、研究のための出張でモスクワに立ちよったわたしは、モスクワのA・N・セヴェルツォフ記念生態・進化学研究所のアンドレイ・ポヤルコフ教授と、その教え子でいまは共同研究者のアレクセイ・ヴェレシャーギン、それに何人かの学生たちと楽しい一日を過ごす機会に恵まれた。ポヤルコフは英語の論文をほとんど発表していないので欧米ではあまり知られていないが、本来ならもっと知られていてしかるべき研究者だ。イヌについておそろしく博識なだけでなく、モスクワでのイヌの暮らしに深い関心をよせる心温かい人でもある。モスクワの野良犬を相手にした長年の精力的な研究でわかったことを、ポヤルコフはわたしに熱心に教えてくれた。

三〇年近く前のソヴィエト連邦崩壊ごろから、モスクワの街路に無数の野良犬が現れはじめた。ポヤルコフはそのころからモスクワの野良犬を研究している。モスクワ動物園にある研究施設でポヤルコフや学生たちと楽しい議論をしていたときに、その分岐点の前後にかわいそうな野良犬たちが置かれていた苦境について、たくさんのことを教えてもらった。ついでに、ソヴィエト時代のモスクワに暮らす人間が耐えしのんでいた苦難もちらりと顔をのぞかせた（わたし――ソヴィエト時代の迷い犬はどうなったんですか？　ポヤルコフ――あっというまに捕獲されて、四八時間以内に飼い主が名乗り出なければ射殺されました。小生意気な学生――迷い人の運命とだいたい同じですね）。

モスクワの街にいる野良犬の話を少しでも聞いたことがある人なら、イヌたちが地下鉄に乗ることも知っているのではないだろうか。モスクワの野良犬に関して、実際に現地へ行く前にわたしがもっていた知識もそのていどのものだった。けれど、ニュースの見出しを飾るそうした野良犬は、モスクワのイヌのごくごく一部にすぎない。

野良犬が地下鉄の駅に集まるのにはしごくもっともな理由があるが、列車そのものに乗る理由はない。駅内の地上階なら、忙しなく人間の行き交う空間が暖を提供してくれるし、仕事からの帰宅途中にキオスクでケバブやホットドッグを買った人が捨てたおいしい残りものをあさったり、列車のホームに下りていく人に分けまえをもらったりする可能性もある。それに、イヌが列車乗り場まで行くのは難しい（モスクワの地下鉄はものすごく深い）。はるか地下にあるホームまで下りていき、そのうえやかましくてがたがた揺れる列車に乗る（モスクワの地下鉄はものすごく速い）――そんなことをイヌがするメリットはほとんどない。ポヤルコフの推計によれば、モスクワには三万五〇〇〇頭ほどの野良犬がいるという。そのうち、列車に乗るのはほんの「ひと握り」だとポヤルコフは考えている。ロシアの別のイヌ研究者アンドレイ・ニューロノフは、地下鉄に日常的に乗っているのは二〇頭ほどにすぎないと見積もっている。どちらにしても、その数字を見れば、イヌがモスクワの地下鉄に乗る動機が、街路や地上の駅舎をうろつく動機ほどには大きくないことは明らかだ。

ポヤルコフと動物園で過ごした日の夜、わたしは彼の共同研究者のヴェレシャーギンといっしょに、イヌを探してモスクワ中心部の街路を歩きまわった。ヴェレシャーギンは典型的な新世代のロシア人科学者だ。祖国の科学的伝統を知り抜いているが、欧米から入ってくる最新研究にも通じている。暖かい地域の屋外で暮らす野良犬のイメージになじんでいたわたしの目には、九月でさえひどく冷えこむ街路で暮らすイヌの姿はちょっと奇妙に映った。モスクワのイヌたちは、ほかの場所では見たことがないほど大きく、たいていはぶあつくて毛足の長い毛皮をまとっている。毛皮はもつれて絡まり、あちらこちらに汚れがこびりついていた。

通勤列車の停まる駅で、わたしたちは三人の男性と一頭のイヌとのおもしろいやりとりを目にした。男性はそれぞれ片手にビール、もう片方の手にホットドッグをもっている。身体を揺らしながら言い争うようすからすると、どうやらそのビールは今晩の一本目ではなさそうだ。彼らの足もとには、身体のかなり大きな汚れたイヌがいた。毛はぼさぼさで長く、色はおもに白。生まれつき黒っぽい色が少し混ざっているか、でなければ土で汚れているのかもしれない。それをたしかめられるほど近づいてみようとは思わなかった。少し離れたところから、三人の男性がイヌとどんなやりとりをするかを観察したかったからだ。

すぐにわかったことだが、男性たちのイヌに対する態度はそれぞれまったく違っていた。ひとりはすごく興味をもっているようだった。ときどきイヌのほうを向いて、ホットドッグのかけらをやろうとしているように見えた。いっぽう、別のひとりは敵対的で、足の届く範囲まで近づいてくると、かならずイヌに蹴りを見舞った。三人目の男性はまったくの無関心。ひたすら飲んでは食べていて、イヌに気づいてさえいないようだった。

その状況を眺めていて気づいたことがある。おそらく野良犬は、飼い犬以上に人間に注意を払わなければならないだろう。たしかに、飼い犬は人間やその行動に敏感に反応する。それでも、たいていの家庭、たいていの場面では、飼い犬は襲われる心配などしなくてもいい。それに対して、野良犬は自分にひどいことをするかもしれない人間に絶えず目を光らせていないといけない。地球上にいるイヌの約七〇パーセントが、そんな困難で不確実な状況に日々直面しているのだ。モスクワの駅の光景は、その現実を改めて、痛切につきつけるものだった。

モスクワ中心部の別の地区では、軽食の屋台が立ち並ぶエリアの近くに寝そべる二頭のイヌに出くわした。イヌに気づいたわたしたちがしばらく眺めていると、イヌたちはうなり声をあげはじめ、こちらが立ち去らないのを見ると、立ち上がってその場をあとにした。

かなり遠くに行くまで、わたしたちから目を離さなかった。彼らにとって、食べられるものをもっていない人間や近づきすぎる人間は、避ける価値のある潜在的な危険なのだ。

モスクワの野良犬が食べものという理由から人間に関心をもっていることは、わたしにもわかった——でも、人間はイヌにとって、食券以上の意味があるのだろうか？　残念ながら、わたしのモスクワ滞在は、この疑問をアンドレイやアレクセイのチームと調べられるほど長くなかった。それに、わたしの知るかぎり、この疑問を扱った研究がロシアでおこなわれたことはない。でもさいわい、別の国の研究チームがその穴を埋めはじめていた。

インドも野良犬がたくさんいる国だ。そして、アニンディタ・バードラ率いるインド科学教育研究大学コルカタ校の研究グループは、野良犬を対象にした興味深い研究を続けている。バードラの研究グループの指摘によれば、インドでは、多くの人が野放しのイヌをひどい厄介者だと思っているという。野良犬はごみをあさってめちゃくちゃに荒らし、人間が歩く場所に糞をする——たとえイヌが健康でも、それはひどく不潔な状況をつくりだす。しかも、野良犬のほとんどは健康ではない。野良犬が深刻な病気を媒介することもある。たとえば、インドではいまでも、狂犬病による死者が年間二万人前後にのぼる。ほとんどの犠牲者は、このおそろしい病気にイヌから感染する。そのうえに人々の眠りを妨げる夜中の鳴き声を加えれば、人間の大きないらだちのもとになる動物のできあがり、というわけだ。

悲しい話だが、インドでは人間が野良犬を殺すのはめずらしいことではない。わざわざ毒を仕掛ける人や、なかには殴り殺す人もいる。そして、故意ではないものの、多くのイヌが交通事故で命を落とす。とはいえ、野良犬を大切に扱い、餌や身を守る場所を与える人も多い。つまり、イヌの立場からすれば、人間は役に立つが予測のとても難しい存在であるにちがいない。母犬は人間の家のそばで出産することが多く、なかには人間の家のなかで産むイヌもいる。人間がもたらす危険を相殺するほどの利点を人間から得られると感じているからだろう。インドの野良犬は、人間のジェスチャーにしたがうのも得意で、一章で登場した指さしテストもみごとにこなす。

インドの野良犬はときに残酷な扱いを受けることがある。それを考えれば、野良犬たちが人間に対して、よくてもどっちつかずの態度をとっていたとしても意外ではない。では、野良犬は実際のところ、人間にどんな感情をもっているのだろうか？　人間を怖がっているのか、それとも惹かれているのか？　そして、人間が重要な存在なら、大切にされながら生きているイヌに見られた愛着のようなものを、野良犬ももっているのだろうか？

野良犬を相手に実験するのは、飼い犬やシェルター犬を相手にするよりもずっと難しい。だから、バードラの研究グループのデボッタム・バッタチャルジーという学生が中心になって実施した、まさに目からうろこが落ちる研究の報告を見つけたときには、とても驚いた。その研究は、野良犬が人間をどう感じているのかという疑問に迫るものだった。

研究チームは西ベンガル州コルカタとその周辺の三地区へ足を運び、単独生活を送る野良犬を探した。野良犬は集団をつくっていることもあるが（群れと呼ばれることも多いが、オオカミがつくる安定した群れよりも出入りが激しいため、わたしはその言葉を使わないようにしている）、一頭だけで暮らしている野良犬もいる。バッタチャルジーが単身の野良犬に注目しようと決めたのは、いちどに一頭ずつ実験して結果を見たかったからだ。研究チームは、地面に置いた餌と人間がもっているまったく同じ餌のどちらかを野良犬に選ばせた。意外でもなんでもないが、イヌたちは知らない人間を警戒し、地面に置いた餌を食べる傾向を見せた。ところが、その傾向はそれほどはっきりしたものではなかった。野良犬の四〇パーセント近くは、初対面の人間に近づき、その手から餌を食べたのだ。

この結果にもそこそこ驚いたが、バッタチャルジーのチームが次におこなった実験では、それよりもはるかに予想外の結果が出た。研究チームは追跡調査として、一頭一頭の野良犬に対して、餌を与えるか頭を三回なでるか、そのどちらかの行動をとった。イヌ一頭につき、いずれかの行動を二週間の期間で合計六回おこなった。単純に聞こえるかもしれないが、実際に単純な話だ。要は、一部のイヌは繰り返し餌をもらい、一部のイヌは繰り返し頭をなでてもらうというわけだ。最後に、研究チームはそれぞれのイヌに餌を与え、ふたつのグループのイヌが人間に近づいて餌をとる速さを測定した。

その実験結果は、誰もが驚くものだった。二週間にわたって繰り返し頭をなでてもらっていたイヌのほうが、繰り返し餌をもらっていたイヌよりも速く実験者に近づき、しかも積極的に人間の手から餌をとるようになったのだ。この劇的で予想外の結果から、研究チームはこんな結論をまとめた。「野良犬となじみのない人間との信頼構築において、社会的報酬は餌の報酬よりも効果がある」。エリカの実験で飼い主にあいさつするか、ボウルに入った餌を楽しむかを選ばせたイヌたちと同じように、バッタチャルジーの実験の対象になった野良犬たちも、どうやら人間との触れあいを大切にしているようなのだ。

控えめにいっても、わたしはこの結果を予想していなかった。たしかに、ゼフォスを見ていると、彼女にとってわたしたち人間が大切な存在だということが伝わってくる。でも、モスクワなどで見たようすから考えれば、同じことが野良犬にもいえるとは期待できなかった。人間がイヌを積極的に駆除しようとするほど歓迎されていない都市の街路で、文字どおりのけ者として生きている彼らにとって、人間との社会的接触がそれほど価値のあるものだとは思ってもみなかった。インドの野良犬が、おとなしく人間になでられる。それ自体が、わたしにとってはかなりの驚きだった。しかも、そうやってなでるほうが、繰り返し餌を与えるよりも信頼を築ける――それはまさに爆弾級だった。この結果からすれば、人間とのポジティブな社会的接触は、イヌにとって、特定の人間に安定型の愛着をもっていないイヌにとってさえ、信じられないほど大きな威力をもっていると考えられる。さらに、野良犬たちの――パヴロフの言葉を借りれば――「社会的反射」が、餌に対する欲求以上に行動を左右する大きな要素になっている可能性もある。

イヌにとって、餌は行動の大きなきっかけになる（その点は、どんなイヌの飼い主でも保証してくれるだろう）。それを考えると、この実験結果はなおさら驚きだ。とりわけ、街でその日暮らしをしているがりがりに痩せたイヌにとって、食べものは行動を決める大きな動機だ。どんな立場にいるイヌにとっても人間は大切な存在だと裏づけたいのなら、これ以上の証拠はないだろう。

とはいえ、アニンディタ・バードラ率いるインドの研究グループはイヌが「社会的報酬」を強く求めていると証明したものの、なぜそうなのかを追求したわけではなかった。とくに、人間との触れあいの何がそれほど強くイヌを引きつけているのか、その点についてはあえて主張を展開しようとはしていなかった。人間との触れあいは、まちがいなく、イヌにとって一種の支えになる。けれど、イヌたちは人間の存在のいったいどのあたりに、それほど大きな支えを見いだしているのか？　そして、そんなふうに人間に強く惹きつけられるのは、ほんとうにイヌ固有の性質なのだろうか？

すでに話したと思うが、行動学者（の少なくとも一部）は動物の感情を無視することに定評がある。そんなわけで、イヌが人間と結ぶ独特な絆の本質を証明しようと、そのための研究に日に日に夢中になっていったわたしの背中を押し、正しい方向へさらに進ませてくれた人が行動学者だったのは、皮肉といってもいいのではないだろうか。

マリアナ・ベントセラはブエノスアイレスにあるアルゼンチン国立科学技術研究会議の研究者で、フロリダ大学のわたしたちのもとを訪れて数週間滞在した。そもそもの目的は、わたしたちの研究テクニックを学ぶことだった。でも結局のところ、わたしたちがマリアナに教えたことよりも、彼女から教わったことのほうがずっと多かったとわたしは思っている。

マリアナはわたしたちと同じように、イヌの特別な行動特性を分析する方法に興味をもっていた。わたしたちは夜遅くまで、イヌの特別なところや、それぞれが研究でぶつかっている難問を語りあった。当時のわたしは、人間に対するイヌの関心の大きさを手早く簡単に、そして確実に評価する方法を考え出そうとしていた。人間との触れあいと餌のどちらかを選ばせ、飼い犬とシェルター犬の反応を調べたエリカの実験は、イヌが人間をどう思っているかを知る手がかりになった。バッタチャルジーの実験は、なでてくれる人間と餌をくれる人間に対して、インドの野良犬がどう反応するかを明らかにした。けれど、そうした実験は、とても手間がかかる。もっと簡単に、人間に対するイヌの親近感を測る方法はないだろうか？　その手の実験がもっとも必要とされる場所で、簡単に採用できる方法は？

イヌ独特の性質をめぐる学問上の関心のほかに、マリアナとわたしは、シェルターで暮らすイヌたちの福祉を心配する気もちも共有していた。シェルター犬は、人間とイヌの関係の裏側にある暗部だ。簡単に引きとり手が見つかるイヌと、何か月、ときには（シェルターが安楽死の方針をとっていなければ）何年もシェルターでみじめな生活を送るイヌとでは、どこが違うのだろうか。わたしたちはそんな疑問を抱いていた。

シェルターのスタッフやドッグレスキューを支援する人たちは、いろいろなテスト方法を使ってイヌの性格を分類している。特定のイヌが譲渡にふさわしいかどうかを決めるためにそうしている場合もあれば、どんなタイプのイヌが特定の種類の人間の家庭にもっとも適しているのか、その全般的な傾向を知るためにしているケースもある。でも、そうしたテストは、エリカやバッタチャルジーの実験と同じように、とても複雑だ。その手のテストを残らず調べたマリアナは、もっと簡単な方法があれば、ペットとしてうまくやっていける可能性の高いイヌを見極めるのに役立つのではないかと考えた。

マリアナとその教え子たちは、ブエノスアイレスで驚くほどシンプルなテスト方法を考え出した。まず、ほかに何もない広い場所に一脚の椅子を置く。その椅子を中心に一メートルの円を描く。椅子に誰かを座らせて二分間観察し、その二分のあいだに、イヌがどれくらいの時間を円のなかで過ごすかを記録する。アルゼンチンですでに複数のイヌを相手

愛犬ゼフォスを相手にイヌの社交性テストを再現する著者。

に試していたマリアナは、この方法を使えば、社交的なイヌ――ペットにしやすいイヌ――と人間の家に引きとるのが難しいかもしれないイヌをわける要素をうまく測定できると考えていた。フロリダでマリアナが実際にやってみせてくれた数回のテストでは、社交的なイヌは二分間の大部分を人間といっしょに円のなかで過ごすのに対して、社交的でないイヌは円の外にとどまる時間がほとんどだった。

わたしはシンプルなテストが大好きだ。シンプルなテストは評価するのがとても簡単で、まちがいも起こりにくい。椅子に座るという役割を誤解するのは至難のわざだし、イヌが円内で過ごす時間を測るのは難しいことではない。マリアナのテストが、シェルター犬にとって大きな可能性を秘めているのはわかっていた。そして、インディアナ州のウルフ・パークのオオカミを相手にそのシンプルなテストが試されるのを目にしたときに、イヌと人間の絆をめぐるわたし自身の研究にとっても、信じられないほど大きな可能性を秘めているのだと気づいた。

マリアナはイヌを対象にした研究では経験豊富だが、わたしたちのもとを訪ねるまで、オオカミを間近で見たことはなかった。そこで、モニーク・ユーデルとわたしは、その次にウルフ・パークを訪ねるときにマリアナも連れていった。滞在の最終日には、予定していた調査がすべて終わっていたので、何か試してみたいことはないかとマリアナに尋ねた。単なるお遊びだけど、とマリアナは答えた。「あのシンプルな社交性テストを試してみるのはどう?」

わたしはそのときまで、イヌの特別なところの検証という点では、マリアナの簡単なテストに何か意味があるとは思っていなかった。けれど、オオカミで試してみようとマリアナに提案された途端、このテストを使えば、イヌ科の猛獣とその家畜化された親戚の社交性の違いを興味深いかたちで調べられることに気づいた。ウルフ・パークのスタッフとボランティアは、イヌとオオカミの違いを知るのにうってつけの境遇にいる。その彼らはよく、オオカミは――よく知っている人にはすごく甘えるし、大好きな人にはキスすることさえあるものの――ほぼ誰にでもあけっぴろげに関心を向けるようには見えないと口にしていた。それに対して、イヌはたいていどんな人にも関心を向ける。マリアナのテストを使えば、このふたつの種が人間に向ける関心の大きさの違いを実際に測定できるのではないか――それはまさにわくわくするような可能性だった。

わたしたちはオオカミの囲いのなかで引っくり返したバケツに人間を座らせ、マリアナがイヌを相手にしてみせてくれたように、二分間観察して、オオカミがその人に関心を示して周囲一メートル以内に近づく時間を測った。イヌを相手にしたときと同じように、オオカミがなじんでいる人だけでなく、知らない人でも同じテストを試してみた。

その結果は、これ以上ないほどあざやかだった。すでに話したとおり、ウルフ・パークのオオカミほど人間との触れあいに慣れたオオカミにはそうそうお目にかかれない。その多くは、はじめて対面する人間にも安全に会わせられる。わたしたちがテストしたのも、そうしたオオカミたちだ。彼らはたしかに友好的だが、同時にとても気高い。マリアナのテストでは、知らない人間から逃げようとはしなかったし、ありがたいことに、研究者たちに敵意を見せたりもしなかった。でも、なじみのない人間に近よりたがるそぶりはほとんど見せなかった。バケツに座る知らない人のいる円内に入ることはめったになかった。

それに対して、よく知っている人が囲いに入ると、オオカミたちの関心はかなり大きくなった。生まれたときからなじんでいるパーク管理者のダナ・ドレンゼックが相手だと、オオカミたちは彼女に近づき、二分間の四分の一ほどを円内で過ごした。それ以外の時間は、円の外にとどまり、うるさくまとわりつこうとはしなかった。

オオカミ相手に社交性テストをするウルフ・パーク管理者のダナ・ドレンゼック。

イヌを相手にした実験結果とは、驚くほど違っていた。マリアナの指揮のもとでわたしたちがおこなったテストでは、イヌたちが知らない人といっしょに円内で過ごす時間は、オオカミが生まれたときから知っている人を相手にしたときよりも長かった。そして、飼い主が椅子に座っているときには、イヌは一秒残らず飼い主のそばで過ごしたのだ。

このときまでに、モニークとわたしは何度もウルフ・パークを訪ねていた。そして、イヌとオオカミは違うと主張するほかの科学者たちの証拠を再現しようと試みては、その証拠が崩れていくのを目にしていた。彼らの実験結果を再現することは、どうしてもできなかった。そのせいで、わたしたちはイヌとオオカミに重要な違いはないと主張する研究者と見なされるようになっていた。もちろん、それはわたしたちの考えとは違う。けれど、ほかの研究者たちが発見したというイヌとオオカミの違いを調べてみるたびに、それを見つけられずに終わっていたことは否定できない。

ところが今回は、イヌとオオカミの違いをたしかに見つけた。しかも、大きな違いだ。そしてそれは、認知の違いでも知能の違いでもなく、もっとずっと基本的な違い――人間に近づこうとする関心の違いだった。何かがイヌを人間に引きよせているのはまちがいない。問題は、それは何か、だ。


わたしに職業上のモットーがあるとすれば、それは「慎重に進め」だろう。どんなに説得力がありそうな主張だとしても、批評的な目を向けなければ、信頼にたる科学的知識は得られない。自分が心から大切に思っているものが研究対象になっているときには、なおさらだ。そして、わたしにとってイヌよりも大切なものはあまり多くない。なにしろ、あのすばらしい動物たちを相手に仕事をして、そのうちの一頭と家庭生活をともにしているのだから。

ラットやハトを研究していたとき――そして有袋類のときでさえ――には、そうした種はどれも魅力的で、ときには愛嬌を見せてくれることもあったものの、自分の個人的な気もちが科学者として訓練されてきたことをねじふせてしまうのでは、と本気で心配したことはなかった。けれど、イヌはわたしの感情に強力に訴えてくる。なかには、いつまでも心から離れないイヌもいる。そんなイヌたちを相手にしていると、自分の気もちが科学的な客観性を打ち負かしてしまうのではないかと不安になった。

一歩さがって、自分がどうやってこの地点までたどりついたのかを考えてみる必要があった。イヌと人間の強力で特別な結びつきは、人間に対する感情的な反応で説明できるかもしれない。わたしはまず、そう考えた。そして、イヌにイヌらしい行動をとらせているのは、具体的にいえば、愛情なのではないかと疑いをもった。さらに、その説は有望かもしれないと思わせるたしかな科学的証拠が見つかった。けれど、それだけではまだ、科学で明らかにできる真実の表面を引っかいているにすぎないこともわかっていた。もっと深く掘り進めていけば、結局はすべてが無駄足だったということになるかもしれない。その公算はじゅうぶんにあった。

そのいっぽうで、そもそもこの道を進むきっかけになった可能性を、いつでも受け入れられるようにしておく必要もあった。イヌとその野生の親戚とを──おそらくは地球上にいるほかのすべての種とも──わけているものは、人間と心の絆を結び、人間を愛する能力なのではないか、という可能性だ。

この研究は、わたしたちをどこへ導こうとしているのか。それを思うと、好奇心を強く刺激されるいっぽうで、落ちつかない気もちになるのもたしかだった。自分にとってタブーとはいわないまでも、行動学者として身につけてきた常識とはまちがいなく相容れない立場にじりじりと押しやられているような気がした。わたしはそれまで、科学的な疑問にはシンプルで節約的な答えを見つけるように訓練されてきた。行動を客観的に説明する冷たい科学的解釈と、温かでやわらかいが、動物を毛皮につつまれた感情のかたまりと見なすような、誤った結論に行きつきかねない分析。そのふたつのあいだに明確な線を引くことが、この地点にいたるまでの職業人生のすべてだった。けれど、イヌを特別な動物にしているもの――人間のまたとない相棒にしているもの――に関して続々と集まる証拠が指し示す道は、甘ったるいたわごとと見なせとそれまで教えられてきたものに危険なほど近づいているように見えた。

どうやら、感情こそがふたつの種の関係の核心にあり、なかでも人間に向けるイヌの愛情が重要なカギを握っているようだ。その可能性は、わたしのような行動学者（そして疑り深さで名をはせる人間）をひどく困惑させた。

そんなわけで、わたしは自分にできる唯一のことをした――ひたすら掘り進めたのだ。

第三章　イヌは人間を大切に思っている？

　イヌは人間に強く引きつけられている。それを示す行動は山ほどある。モスクワからテルアヴィヴまで、あちらこちらの公園でわたしはそれを目にしてきたし、これまでにおこなったり検証したりした研究にも表れていた。そしてそれは、ペットを溺愛する飼い主にかわいがられている飼い犬だけにあてはまるのではなく、野良犬にさえ見られる特徴だ。野良犬も人間を求め、ときには餌という別の大切なごほうびを犠牲にしてでも人間と触れあおうとする。

　けれど、わたしがこれまでに考え出したテストは、実をいえば、人間に近づきたいという欲求を測るものでしかなかった。飼い主がそばにいるときのイヌの行動は、彼らが人間に向ける愛着のいったい何を物語っているのか。これまでのテストは、それを深くつきつめるためのものではなかった。人間に対する愛着は、テストで浮かび上がった行動にどう表れているのだろうか？　そして、人間のそばにいるときのふるまいをもっと調べれば、いったい何がイヌをあれほど強く人間に引きよせているのか、その本質が見えてくるのだろうか？　わたしが知りたいのは、そんな疑問の答えだった。

それが次に向かうべき謎だ。人間の近くにいるときのイヌの行動をもっと詳しく調べて、そのパズルを解かなければいけない。うれしいことに、調査をはじめてすぐに、わたしがその疑問にたどりつくずっと前から、同じ疑問に頭を悩ませてきたらしい思索家たちが見つかった。

イヌと人類の関係にいち早く考えをめぐらせて文章を残した科学者のひとりが、チャールズ・ダーウィンだ。多くの人間と同じように、ダーウィンも愛犬たちのかたわらにいるのが大好きで、そのそばを離れることはめったになかった。エマ・タウンゼンドが興味深い著書『ダーウィンが愛した犬たち――進化論を支えた陰の主役』に書いているところによれば、成人後のダーウィンの人生で、忠実な愛犬が一頭もそばにいなかった時期は、地球を一周するかの有名な航海に出ていた五年間だけだったという。しかも、そのとき乗っていた船は、偶然にもビーグル号という名前だった（それだけではたりないとでもいうように、英国海軍はビーグル号を――聞いて驚くなかれ――バーク型帆船（barkには吠えるという意味もある）と分類していた）。

ダーウィンがイヌを感情のある生きものと見なし、相棒である人間に強く思いをよせる傾向があると考えていたことはまちがいない。ダーウィンは後期の著作『人及び動物の表情について』のなかで、イヌが感情をどんなふうに見せるかを詳しく論じている。この本のはじめのほうでは、感情を人間だけのものとする人たちの説を退け、心の結びつきを見せることにかけてはイヌにまさる生きものはいないと指摘している。「だが、人間にしたところで、耳をぺたりと倒し、口を大きく開け、身をくねらせ、尾を振りながら愛する主人と接しているときのイヌほどはっきりと、外から見てわかるそぶりで愛情や謙虚さを表現することはできない」

さらにダーウィンは、イヌがどんなふうに愛情を示すかをことこまかに解説し、尾の動き（「いっぱいにのばして左右に振る」）、耳（「倒してやや後方に引く」）、頭と全身を低くする姿勢について書いている。飼い主の手や顔をなめたがる性質にも触れている。イヌどうしでも顔をなめあうことを指摘し、イヌが「仲よくしている」ネコをなめているのを見たこともあると報告している（うちのゼフォスも、わが家のネコ、ペパーミントの顔をできればなめたいと思っているようだが、ペパーミントのほうは、それほど大胆な異種間交友を許すことは絶対になさそうだ）。

ダーウィンはイヌの愛情の示しかたをめぐる記述のなかで、人間がそばにいるときにイヌが行動で見せる幸せのサインと、その裏にあるイヌの人間に対する愛情とのあいだに深いつながりがあるとはっきり認めている。ダーウィンはもうひとつ、重要なポイントを見抜いていた。イヌが幸せを表す手段は尾を振るだけではないということだ。実際には、満足していることを全身で表現する。その手はじめが、顔だ。

わたしの知るかぎり、ダーウィンはイヌの感情が顔の表情にどう出るかを考え、文章にした最初の人物だ。具体的にいえば、幸せを感じているときのイヌの口のかたちに注目した。とくにダーウィンの興味を引いたのは、幸せなときの表情が怒っているときの表情に驚くほど似る場合があることだ。そのため、幸せなときのイヌの顔では、「上唇がうなっているときと同じように後退し、犬歯がむきだしになる。耳はうしろに引き倒される」とダーウィンは書いている。対極にある感情を伝える表情がたがいに似かようことがあるとするダーウィンの説は、かの有名な自然選択説ほどには時の試練に耐えられなかったが、動物の感情をめぐる研究にとっては大きな刺激になった。

ダーウィンはイヌの顔の表情という話題豊富なテーマを研究した最初の科学者だったが、ありがたいことに、けっして最後ではなかった。有名なドッグトレーナーで動物行動学者のパトリシア・マコーネルは、名著『イヌの愛のために（*For the Love of a Dog*）』のなかで、この興味深い現象をさらに掘り下げている。マコーネルによれば、「幸せなイヌは、幸せな人と同じように、リラックスした開放的な顔をする」という。人間とイヌの写真を検証したマコーネルは、「幸せなイヌを選び出すのは、幸せな人を選び出すのと同じくらい簡単だ」と書いている。この指摘は、いいところをついている。イヌといっしょにしばらく暮らしたことのある人ならきっと、イヌが幸せかどうかを顔の表情で判断するのは簡単だと思うだろう。

わたしが帰宅してゼフォスが駆けよってくるときはいつも、たしかにゼフォスの顔全体に愛情が塗りたくられているような気がする。わたしが玄関のドアを開けると、ゼフォスはいつもにやりと笑うような顔をする。口角が上がって嬉しそうな表情になり、唇がめくれて歯が見えるようになる（ダーウィンには申し訳ないが、うなっているときとはかならずしも同じとはいえない）。

でも、わたしがゼフォスの顔に見ているものがほんとうに感情を表していると、どうすれば断言できるのだろうか？　ダーウィンやマコーネルのような優れた導き手が味方についていても、わたしはまだ、実体のないものをイヌの顔の表情のなかに読みとるのを少しばかりためらっていた。たとえば、イルカの口角が上がっているのは、うれしくて笑っているからではないことはよく知られている。イルカの口がもともとそんなかたちをしているだけだ。それがわかるのは、イルカの口は人間の口と違って、日々の暮らしのできごとに反応してかたちを変えたりはしないからだ。イルカの顔が、人間の顔と同じように、感情を見せる窓になっていると考える根拠は何もない。それに対して、イヌの顔の表情は、日々の暮らしのなかでたしかに変化しているように見える。でも、口角の上がった表情がほんとうに幸せを表しているといいきれるのだろうか？　イルカのような顔の解剖学的特徴や、でなければイヌの生物学的特性の別の要素から否応《いやおう》なくそうなっているだけでは？

それについて考えはじめたばかりの段階では、イヌの顔に浮かぶ表情の意味をどうすれば科学的に研究できるのか、わたしにはさっぱりわからなかった。人間がどうやって感情を表し、認識しているのかを調べる研究では、俳優が特定の感情を表現し、別の人が俳優の表情を評価する。いうまでもなく、俳優は実際に自分で体験しているわけではない感情を表現する訓練を受けている。けれど、イヌをどう訓練すればそれができるようになるのか、わたしには想像もつかなかった。

ところが驚いたことに、ある科学研究で、この問題をうまくすりぬける方法が編み出されていた。ペンシルヴェニア州更生局のティナ・ブルームとウォルデン大学のハリス・フリードマンは、イヌの顔に浮かぶいろいろな表情を人間がどれくらい正確に特定できるかを調べる実験をおこなった。ふたりはまず、プロの写真家に依頼し、ブルームの飼っているマルという名の警察犬の写真を撮った。マルは五歳になるベルジアン・シェパード・ドッグ・マリノアだ。撮影のあいだ、マルはたいていのイヌが（そして人間も！）腹を立てそうな状況におとなしく耐えていた。たとえば、不快なときの表情を引き出すために、ブルームたちはマルを座らせ、そのままの姿勢でいるように命じた。いつもなら、そのあとに餌のごほうびをもらえるはずの命令だ。ところが、この実験で与えられたのは、まずい薬だった。悲しい顔の写真を撮るときには、マルに「ダメ」といった。トレーニングで悪いことをしたと教えるときにかける言葉だ。怯えた表情を引き出すときには、爪切りを見せた。幸せな顔の写真を撮るときには、お座りを命じてから、「いい子だね。もうすぐ遊ぶからね」と声をかけた。マルはそれまでに、ボール遊びのチャンスをもらえる前触れとしてその言葉を何度となく聞いているから、同じ言葉をまた耳にすれば幸せな気もちになるだろうというわけだ。写真を撮り終わったら、すぐにマルをお座りから解放し、ボールを投げた。そんなふうにして、ブルームとフリードマンは、驚き、怒り、ニュートラルも加えた七種類の顔の表情について、それぞれ三枚の写真を撮影した。

その後、ブルームとフリードマンはその二一枚の写真を、イヌのトレーニング経験が豊富な二五人と、イヌを飼ったことがなく、イヌと触れあった経験がごくわずかしかない別のグループの二五人に見せた。ひとりひとりにそれぞれの写真を評価してもらい、特定の感情なし（ニュートラル）か六つの基本的な感情（幸せ、悲しみ、不快、驚き、怯え、怒り）のどれかを答えてもらった。

全体として、実験に参加した人たちはマルの感情をとても正確に特定した。ただし、分類のしやすさは写真によって異なっていた。もっとも認識しにくかった感情は「不快」だ。

ブルームとフリードマンの実験対象になったベルジアン・シェパード・ドッグ・マリノアのマル。左上から時計まわりに、幸せ、悲しみ、怯え、怒りの表情。

正確に答えられた人はわずか一三パーセントで、マルの不快の表情を悲しみと認識する人が多かった。「驚き」も正しく認識されないことが多かった。マルの驚きの表情を驚きと正しく認識できた人は、回答者の五分の一にとどまった。でも、それ以外の写真については、回答者の多くが正しい感情を選んだ。一〇人に四人は、マルの悲しい顔を正しく特定した。半分近くの人は、怯えた顔を見て正しい答えを選んだ。そして、一〇人に七人は、マルの怒った顔をまちがえずに認識した（回答者たちの身の安全にとってはいいことだ——マルはとても大きくて強いイヌだから）。

もっとも特定しやすかった感情は？「幸せ」だ。一〇人に九人という驚くべき割合の回答者が、マルの幸せなときの顔を幸せと判断したのだ。正答率は、イヌと触れあった経験が少ないグループ（八〇パーセントを少し上まわる）よりも、イヌと触れあう経験が豊富なグループのほうがやや高かった（九〇パーセントを上まわる）。とはいえ、正答率の低いほうのグループでも、正しく答えられた人は四分の三を超えている。つまり、人間がイヌの幸せを見抜くのを大の得意としているのはまちがいないようだ。そして、その幸せな顔とはどんな顔か？　リラックスしてゆるく開いた口の端を、後方に向かって軽く引き上げた表情――ダーウィンとマコーネルが説明し、ゼフォスがわたしによく見せてくれる顔とまったく同じだった。

ブルームとフリードマンの研究は、イヌは感情を顔に表すというダーウィンとマコーネルの説をさらに掘り下げたものだ。そしてこの実験で得られた揺るぎない証拠は、ダーウィンとマコーネルの注意深い観察が――とくに、イヌのほほえみが幸せを表しているという見解がまったく正しかったことを裏づけている。この実験には高価で複雑な装置は必要ない。それでも、イヌの顔がそのときどきの感情を正確に映し出す窓になっていることがたしかめられた。幸せそうな顔でわたしたちを見ている愛犬は、わたしたちとの強い心の絆を感じている。その確信を裏づける一連の証拠が、この実験のおかげでいっそう強力なものになったのだ。この結果は、愛犬は自分といっしょにいると幸せそうだと感じている人にとって嬉しいニュースだ。そして、イヌが飼い主に対して心の結びつきを感じているという主張に説得力を与えるものでもある。

もちろん、顔の表情は、イヌがわたしたちに幸せを伝える唯一の方法ではない。尻尾も、人間のそばにいる喜びを表現する大切な手段だ。イヌが尻尾を振りまわすのを見れば、たいていの人は喜んでいるのだと認識できる――イヌが幸せなときに見せる、ほほえみの表情と同じだ。実をいえば、それにはまったく感心する。なにしろ、わたしたちには振りまわす尻尾がないのに、イヌが尻尾を振りまわすのは幸せの表現だとすぐにわかるのだから。とはいえ、尻尾については、顔の表情よりも少しばかり秘密が多いこともわかっていて、人間が思っているよりも解釈が難しいケースもある。

最近、イタリアの研究グループがイヌの尻尾の振りかたを詳しく調べたところ、尻尾には思いもよらない表現の幅があることがわかった。イタリア・トリエステ大学のジョルジオ・ヴァローティガラを中心とするグループによるこの研究では、イヌとほぼ同じ大きさの黒い箱を用意し、そのなかに立たせても問題のないイヌ三〇頭を対象に実験をおこなった。箱の片側には、イヌが外を覗ける窓がある。それぞれのイヌが窓の外を見ているときに、研究チームは四つのものをいちどにひとつずつ見せた。イヌの飼い主、知らない人間、知らないイヌ、そしてネコだ。箱のなかのイヌが提示されたものを見ているあいだ、ビデオカメラで尻尾の動きを記録した。

この研究でわかったのは、驚くような傾向だった。イヌは近づきたいもの――つまり、幸せな気もちにしてくれるものを見ると、尻尾を右方向に振りがちだったのだ。この右方向の振りは飼い主に反応したときにもっとも強くなったが、知らない人間のときにも見られた。イヌの尻尾がこれほどはっきりと人間に対する愛情を伝えられることに、わたしは強く興味を引かれた。しかもその合図は、何世紀にもわたる観察でなんとなくわかっていた以上に精密なものだった。この結果は、人間に対するイヌの愛情が、イヌの全身にあらかじめ組みこまれていることを示している。

もちろん、イヌが近づきたがるのは人間だけではない。ネコを見せたときにはイヌはほんの少ししか尻尾を振らなかったが、おもしろいことに、そのときの振りも右方向だった。何も見せていないときやほかのイヌを見せたときは、尻尾を左方向に振る傾向が強かった。

この研究論文を読んで以来、わたしはゼフォスの尻尾の動きを観察し、このイタリア発の実験結果がアリゾナの現状と一致するかどうかをたしかめようとしている——さらに、複数の友人にも同じことをしてもらった。残念ながら、現実には、イヌの尻尾がどちらの方向に振られているのかを判断するのは至難のわざだ。というのも、現実の生活のあれこれがまわりで進行しているからだ。わたしの知るほとんどのイヌの例に漏れず、ゼフォスもじっと立ったまま尻尾だけを振りまわすことはめったにない。たいていは、ひっきりなしに動きながら振る。そのため、ヴァローティガラの研究チームの実験結果をゼフォスの尻尾で確認するにはいたっていない。

とはいえ、このイタリア発の研究結果は、これまでに数かぎりない人たちが目にしてきたにちがいない現象に客観性を与えている——あなたの愛犬はあなたを見ると幸せになり、尻尾を振ってそれを伝えるという現象だ。でも、それだけではない。この研究チームは、尻尾を使ったイヌのコミュニケーションには、わたしたちがそれとなく理解している以上の意味があることも明らかにした。それが科学的手法の威力だ。科学者のおこなうすべての研究が、イヌについて一般の人たちが信じていることを裏づける（そして、ときどきは否定する）だけのものだったとしても、それなりの役には立つだろう。けれど、それまで人間の目から隠されていた事実（このケースでいえば、イヌの尻尾は右に振るか左に振るかで違う意味になること）が明らかになることもある——そこにこそ、科学のおもしろさがある。

　幸せなときのイヌは、どんなふうに見えるのか。それを知れば、イヌが人間に親しみをもっていることを裏づける証拠がいっそう強力になるのはまちがいない。なぜなら、顔や尻尾で幸せを振りまきながらそばにいるイヌの姿を、わたしたちはしょっちゅう目にしているからだ。でも、イヌの特別なところは人間と心の絆を結ぶ能力にあるという説を世に訴えるつもりなら、もっと確固たる証拠が必要だ。

たしかに、ここにいたるまでに、かなりの研究成果が集まっていた。古くは二〇世紀はじめのサンクトペテルブルクでのパヴロフとガントの実験から、現代のコルカタ、モスクワ、ブダペスト、フロリダ北中部まで、どの研究も、イヌが人間とのあいだになんらかの根本的なつながりを感じていることを示していた。わたしたちがウルフ・パークでした実験でも、イヌが人間に引きつけられる強さは、もっとも近い親戚であるオオカミをはるかに凌駕《りょうが》していることがわかった。

そうした証拠はどれも、ひとつの結論を指し示していた。けれど、ほかの解釈ができないわけではない。なんといっても、イヌたちは必要なもののすべて――食べもの、身を守る場所、暖かさ、そしてトイレのニーズまで――を人間に頼っている。だとすれば、イヌの人間に対する関心は、単にイヌの生活で人間が重要な役割を果たしているから生まれているだけとも考えられる。

イヌは人間に強い関心をもっている。だが、それを証明するだけではたりない。証明しなければならないのは、イヌにとって人間そのものが大切な存在だということだ。人間が苦境にあるときに、その人を助けるためにイヌが何かをしてくれる証拠が必要だった。それがあれば、人間とイヌの心のつながりが、たがいに与えあう双方向的なものだと証明できる。イヌは人間に引きつけられるだけでなく、人間を大切に思ってもいるという主張の強力な裏づけになるはずだ。その手の証拠があれば、イヌの感情の営みを新たな視点から眺め、人間との関係にイヌの側から光をあてられるにちがいない。

イヌが飼い主のためにたしかに何かしてくれる証拠が手に入らないだろうか。その可能性を考えはじめたわたしは、ひどく沈んだ気分になった。ある学会のことをありありと思い出したからだ。過去に出席した学会のなかでも、あれほど鮮明に記憶に残っているものはそうそうない。話題はまさにこの疑問で、悲しいほど散々な結果に終わった。

イヌの行動に科学的な興味を向けはじめたばかりのころの話だ。二〇〇四年か二〇〇五年だったと思う。わたしはフロリダ州メルボルンで開かれた比較認知科学会に出席していた。わたしは学会にはめったに出ないし、正直にいえば、人でいっぱいの部屋で進行する長いセッションでは、最初から最後まで興味を保っていられないときもある。ここだけの話だが、昼食後のセッションでは居眠りをすることもめずらしくない。けれど、そのときは、幸運にも目を覚ましていた。そして、信じられないことを耳にした。

その日の午後の登壇者は、ウェスタン・オンタリオ大学のビル・ロバーツだった。この手の学会によくいる、もっと芝居がかった登壇者とは違って、ビルの講演スタイルは簡潔であっさりしている。彼の科学研究はいつも一流だが、その話しかたのせいで地味に見られることもあるかもしれない。ところが、昼食後の昼寝に入ろうとしていたわたしは、ビルの話している内容が、いつものハトを対象にした慎重な実験とはちょっと違うことに気づいた。そのとき話題に出ていたテーマは、イヌ独特の性質をめぐるわたしの研究にとって、明らかな、そして衝撃的な意味をもつものだった。

ビルは最近おこなったある実験を説明していた。その実験では、複数の有志の参加者に飼い犬と散歩してもらい、凍えるように寒い一一月のカナダの公園を歩いている途中で心臓発作を起こしたふりをしてもらった。ビルが当時指導していた学生のクリスタ・マクファーソンがビデオカメラをもって木のうしろに隠れ、別の協力者が公園のベンチに座って新聞を読むふりをした。ビルはクリスタの撮影したビデオを一本ずつ見せていった。実験参加者がひとり、またひとりと画面のなかに入ってきては、ベンチに座った「知らない人」の近くでとつぜん立ち止まり、苦しそうな叫び声をあげて胸をぎゅっとつかみ、地面に倒れる。イヌは横たわる飼い主のにおいを丹念に嗅ぐと、ふたつにひとつの反応を見せた。まず、飼い主のとなりに伏せる。でなければ、（いちばんおもしろかったケースでいえば）飼い主のまわりをゆっくり二周して、誰もリードを握っていないことに気づき、夕陽のなかに走り去る。ベンチに座った人間、つまり助けを呼んでくれそうな人に近づくイヌは一頭もいなかった。

いまだかつて、あれほど大きな笑いが起きた学会に出席したことはない。走り去るイヌたちの姿には、ビルの素っ気ない概要説明のあとではなおさら、まさに爆笑もののインパクトがあった。

その後、この実験にはいくつかの批判が出た。もしかしたら、飼い主が心臓発作のふりをしているだけでほんとうには苦しんでいないことに、イヌが勘づいていたのかもしれない。あるいは、助けを求めなかったのは、ベンチに座っている人を知らなかったからかもしれない。そんな批判を受け、マクファーソンとロバーツは実験の設計を練り直し、今度は本棚が飼い主の上に倒れてくる形式にした。また、その「事故」が起きる前に、助けてくれそうな「知らない人」をイヌに会わせておいた。さらに、本棚の下敷きになっている飼い主が「助けを呼べ」とイヌにはっきり指示してもいいことにした。そうした改良を加えても、結果はまったく同じだった。心臓発作実験と同じように、倒れた本棚の下から飼い主を引き出すのに役立ちそうな行動を起こすイヌは、一頭たりともいなかったのだ。

その数年後、イヌはあまり人間を助けようとしないとする説を裏づける、さらに強力な実験結果が発表された。ドイツ・ライプツィヒにあるマックス・プランク進化人類学研究所のジュリアン・ブロイアーの研究チームは、広さ約二・五メートル×一・四メートルの小部屋をつくった。部屋は全体がアクリル樹脂でできている。アクリル樹脂製のドアもあり、小部屋の外の床にあるボタンを押せば、いつでも開けられる。ブロイアーの研究グループは一二頭のイヌを訓練し、肢で床のボタンを押して部屋のドアを開けられるように教えこんだ。イヌが確実にドアを開けられるようになったら、小部屋のなかにイヌの餌か大きな鍵のどちらかを置いた。小部屋は全体が透明なので、ボタンを押す前から、イヌにはほぼかなら部屋のなかがはっきり見えている。小部屋のなかに餌があるときには、イヌはほぼかならずボタンを押してドアを開けた――つまり、ドアを開ける仕組みを理解しているということだ。小部屋の床に大きな鍵を置いたときには、ドアを開けたイヌは三頭に一頭ほどしかいなかった。その割合は、人間が鍵とイヌを交互に見ながら、「鍵をもってきて」と頼んでも、ドアを引いて開けようとするようすを見せても変わらなかった。厳しい命令口調で「開けろ！」といったときでさえそうだった。

その後の追跡実験でボタンそのものを指さしたところ、イヌがドアを開ける確率は五〇パーセントまで上がった。とはいえ、イヌはその指さしジェスチャーを、ボタンを押せという指示と解釈したのではないだろうか（ブロイアーの研究チームもその考えを支持している）。したがって、この結果はイヌが人間を助けたいと思っている証拠にはならない。

マクファーソンとロバーツの実験とライプツィヒの研究グループの実験はどちらも、イヌが助けになりたいと思うほど人間を大切にしているという主張を否定するまぎれもない証拠だ。それに、どちらの実験もごく慎重におこなわれたように見える。このふたつの実験だけをもとに判断するなら、イヌはそれほど人間を大切に思っていないと結論づけなければならないだろう。

さいわい、別のいくつかの研究では、人間の身に起きることをイヌがたしかにあるていどは気にかけているととれる結果が得られている。ニュージーランドのふたつの大学に所属するテッド・ラフマンとザラ・モリス゠トレイナーは、イヌが極度の精神的苦痛を抱えた人間（少なくとも、人間の声）に接する状況をつくるみごとなアイデアを思いついた。その方法なら、イヌに特定の行動をさせなくても、感情を激しく乱している人間に対してなんらかの感情的な反応を見せるかどうかをたしかめられる。

ラフマンとモリス＝トレイナーは、人生でもっとも自由奔放な時期——つまり乳幼児期の人間の声の録音を手に入れた。この実験にあたって何かの危害を加えられた赤ん坊はいない。録音されたのは、完全に自然な状態で発せられた赤ん坊の泣き声と笑い声だけだ。ラフマンとモリス＝トレイナーは一組の拡声器を用意し、それぞれの拡声器から赤ん坊の泣き声と笑い声の録音を交互に再生した。どちらの拡声器からも同じ距離のところにイヌを立たせ、一回につき二〇秒ずつ録音を再生する。その後、イヌが拡声器のどちらに近づく（またはどちらにも近づかない）傾向があるかを測定した。その結果、テストしたどのイヌにも、泣き声を再生している拡声器に近づく傾向があることがわかった。

この実験結果には興味をそそられるが、実のところ、そこからいえることはあまり多くない。イヌが赤ん坊の苦痛を心配していると解釈できなくもないが、単に泣き声のほうが笑い声よりも聞き慣れない音、大きい音、もしくはおもしろい音だったからとも考えられる。同情や心配ではなく、好奇心を刺激しただけなのかもしれない。だが、ロンドン大学ゴールドスミス・カレッジのデボラ・カスタンスとジェニファー・メイヤーは、ラフマンとモリス＝トレイナーの実験をさらに発展させ、人間に対するイヌの気づかいをもっとはっきり実証する方法を考え出した。

　カスタンスとメイヤーは実験の設計にあたって、どちらも同情や共感を意味する「エンパシー」と「シンパシー」の興味深い違いをはっきり定義した。それによれば、エンパシーは伝染のようなものだという。あなたが悲しんでいるのを見ると、わたしも悲しい気もちになる。それがエンパシーだ。そのとき感じているものがエンパシーだけなら、わたしはそれに対する反応として、自分の悲しみから解放されようとする。小さな子だったら、母親を探すかもしれない（わたしは小さな子ではないので、自分でウイスキーを注《つ》ぐかもしれないが）。それに対して、シンパシーはもう少し複雑だ。あなたが悲しんでいるのを目にして、わたしがあなたにシンパシーを感じるとき、わたし自身はかならずしも悲しい気もちにはならないけれど、あなたの悲しみを慰めたいと思う。もしあなたの親なら、あなたを抱きしめるかもしれない（わたしはあなたの親ではないので、あなたにウイスキーを注ぐかもしれないが）。わたしたちの愛犬が人間の悲しみにエンパシーを感じていることがわかれば、それはたしかに興味をそそる事実だ。けれど、イヌがほんとうに飼い主を大切にしているのなら、その証拠として探すべきは、エンパシーではなくシンパシーだろう。

　ラフマンとモリス＝トレイナーの実験を踏襲したカスタンスとメイヤーも、イヌが苦しんでいる人間に接する状況をつくったが、いくつかの点で実験設計を改良した。苦しんでいる人間に対してイヌが普段どおりの反応を示す可能性をできるだけ大きくするために、それぞれのイヌを自宅でテストし、悲しんでいるところを演じる人間のひとりを飼い主にした。一回の実験につき二〇秒間、飼い主はできるかぎり自然に、泣いている姿を愛犬に見せる。イヌが泣いている人にどんな反応を見せるにせよ、それが単に人間の発した耳慣れない音に反応したわけではないことを確認するために、対照実験として、飼い主は二〇秒間ハミングもしてみせた。実験対象のイヌとはまったく面識のないメイヤーも、飼い主と交代でそのふたつの行動を演じた。泣く回とハミングする回のあいだに、飼い主とメイヤーが二分間おだやかにおしゃべりをして、泣き声とハミングが引き起こした反応からイヌを解放して落ちつかせる時間をつくった。飼い主とメイヤーは、どちらも実験の最初から最後までその場にいた。実験の各段階で違うのは、声を出しているのが飼い主か知らない人か、その声が泣き声かハミングかという二点だけだ。ふたりが声を出す順番やふたつの行動の順番も、テストをするイヌごとに無作為に変えた。

イヌが泣いている人に近づくのが聞き慣れない音に興味を引かれたせいなら、ハミングをしている人にも同じように近づくはずだ。というのも、ハミングも人間がイヌの近くであまり出す声ではないからだ。ところが、カスタンスとメイヤーの実験では、そうはならなかった。ハミングをしている人よりも、泣いている人に近づくケースのほうがはるかに多かったのだ。

イヌがエンパシーを感じている――つまり、悲しんでいる人を見たりその声を聞いたりして、自分も悲しい気もちになっている――のなら、泣いている人に出くわした幼い子が母親のそばに行くのと同じように、泣いている人間を目にしたイヌは、その人が飼い主でないときには、心の支えになってくれる飼い主のほうに近づくはずだ。カスタンスとメイヤーの実験では、そうもならなかった。

カスタンスとメイヤーの報告によれば、実験対象のイヌたちは、飼い主が泣いているときには飼い主のそばに行ったが、知らない人が泣いていても泣いている当人に近づいたという。この行動は、シンパシーを感じる能力から生まれるはずの反応――別の生きものの幸せに対する気づかいと、誰かが苦しんでいれば心の支えになりたいという気もち――に沿っている。

ここではっきりさせておくと、わたしがこの実験から引き出した結論は、カスタンスとメイヤーの解釈とは異なっている。カスタンスたちはこの結果について、ずっと人間の近くで暮らしてきたイヌには、過去に悲しそうな人に近づいて報酬をもらった経験があると考えるのがもっとも妥当だろうと説明している。

すでに話したように、わたしはこの手の科学実験の結果に関しては、シンプルで節約的な説明を高く評価している。オッカムの村で剃刀を買うことはできなかったが、それでも、節約の原則――できるだけ少ない数の説明原理に頼って説明すること――こそが科学的解釈の核心だと信じている。でも、このケースにかぎっていえば、カスタンスとメイヤーの単純化された仮説が正しいとは確信できない。イヌが悲しんでいる人から報酬をもらう機会は、幸せな人からもらう機会よりもほんとうに多いのだろうか？　この疑問を探るテストをしたことはないが、個人的な傾向をいえば、わたしが愛犬のゼフォスにごちそうをやるのは、落ちこんでいるときよりも機嫌のいいときのほうが多い。その点で自分が特殊だとは思えないし、幸せは悲しみよりも人を気前よくするといってもいいすぎではないと思う。

さらに、イヌが泣いている人に近づくのはごほうびを期待しているからだとしたら、飼い主ではなく泣いている知らない人に近づいたのはどうしてなのか？　思い出してほしい。飼い主も知らない人も、テストの最初から最後までその場にいたはずだ。わたしだったら、泣き声が餌の期待を生むのだとしたら、その期待は当然、飼い主に向かうと考えるだろう――過去にいちども餌をくれたことのない知らない人ではなく、よく餌をくれる人に注意を向けるはずだ。それなのに、実験で知らない人が泣いているときにイヌが近づいたのは、飼い主ではなく、その知らない人のほうだった。

いや、この興味深い実験結果の説明としていちばん納得のいく解釈は、悲しんでいる人に何かをもらえるとイヌが期待しているから、というものではない。心を乱している人をイヌがほんとうに心配しているから、と考えるほうがしっくりくるはずだ。イヌが泣いている人――飼い主でも知らない人でも――に近づくのは、エンパシーかシンパシーを感じたからだ。苦しんでいる人を見て、心配になったのだ。人間の身に起きることを、イヌは気にかけている。この実験の結果は、それを裏づける説得力のある証拠になる。

カスタンスとメイヤーの実験は、わたしの大好きなタイプの実験だ。マリアナ・ベントセラのイヌの社交性テストと同じように、実施するのはとても簡単なのに、実に興味深い結果が得られる。イヌを飼っている人なら、自分で試そうと思えばできるほど簡単だ。装置は何も必要ない――あなたのイヌが会ったことのない人と、飼い主のあなたがいればいい。それから、ソファか二脚の椅子――あなたが柔軟で軽やかな身体のもちぬしなら、床に座ってもかまわない。イヌの気を散らすものがない場所も必要だ。準備ができたら、ふたりで順番に二〇秒ずつ、二分の間隔をおきながら、泣いたりハミングしたりする。そうすれば、カスタンスとメイヤーが実験したイヌたちと同じような反応をあなたのイヌも見せるかどうかをたしかめられるはずだ。あなたの愛犬はあなただけでなく、知らない人が悲しんでいても心配するだろうか？　カスタンスとメイヤーがテストしたイヌのすべてが同じ行動をとったわけではないので、あなたの愛犬がここで説明した実験結果とは違う反応パターンを見せる可能性はおおいにある。もしかしたら、愛犬について驚くようなことがわかるかもしれない――それが嬉しい驚きであることを願っている。

ここで紹介してきたように、人間の苦しみに対する反応を探る多くの研究では、イヌが人間を気にかけているのではないかと思わせる結果が得られている。少なくとも、人間が苦しんでいるように見えるときに、イヌ自身も感情的な反応を示すくらいには大切に思っているようだ。しかし、心臓発作のふりをしたり本棚の下敷きになったりした人をイヌが助けないことを実証した実験は、一見すると、この結論と矛盾しているように思える。この相反する実験結果に、どうやって折りあいをつければいいのだろうか？

この表面上の矛盾を解消する方法のひとつが、実験室の外に目を向け、人間を助けたイヌの例を探すことだ。もちろん、ある種のイヌは、日常的に人間の手助けをしている。わかりやすい例が、目の見えない人を助ける盲導犬や、アルプスの雪に埋もれた人を探す救助犬のセントバーナードだ。でも、そうしたイヌは人間を助けるように訓練されているので、その行動は自分の意思ではなく、トレーナーの考えを反映しているともいえる。したがって、イヌという種全体が人間を助けたいと思っているかという疑問の答えにはならない。

それでも、ごく普通のイヌが驚くような行動で苦境にいる人間を助けた例は、数かぎりなくある。もちろん、誰かが自分の愛犬について話す内容を解釈するときには慎重にならなければ

なければいけないのは、わたしにもよくわかっている。飼い犬への愛が判断を曇らせたり、記憶を歪めたりすることがあるからだ。でも、そのいっぽうで、正真正銘の苦境にいる人を助けようとするイヌの逸話がこれほど多いことを考えれば、そうした数々の実例にもとづく証拠を真剣に受け止める必要もあるだろう。

人間を助けたと確実にいえるイヌの実例のいくつかは、二〇世紀でもとくに暗い時代に記録されたものだ。第二次世界大戦中のイギリスの新聞には、爆撃を受けた家のがれきから、誰に指示されたわけでもないのに飼い主を掘り出したイヌの話がたびたび掲載された。たとえば、一九四〇年一二月には、「デイリー・メール」紙が次のように伝えている。「マージョリー・フレンチさんを助け出したのは、チャムという名の一二歳のエアデール・テリアだ。自宅が崩壊し、シェルターに閉じこめられたフレンチさんの目に飛びこんできたのは、飼い主を助けようと猛然とがれきを掘るチャムの足だった。チャムはフレンチさんの髪を引っぱり、無事にがれきから救い出した」

この状況では、飼い主の苦しみは演技ではなく本物だ。飼い主の苦しみの叫びがほんとうに苦しんでいるとしか思えないものだったことは疑いようがない。イヌに求められている行動もわかりやすかった。そして、実際にとった行動（掘る）は、チャムのような犬種のイヌならごく自然にできることだ。この状況に置かれれば、イヌはたしかに飼い主を助けにきてくれるのだ（ちなみに、チャムはその後、イギリスを代表する動物福祉慈善団体

〈われらがものいわぬ友たちの連盟《アワー・ダム・フレンズ・リーグ》〉から、勇敢な行為を讃える勲章を授与された）。
この事例は、イヌが大切な人間を助けることを裏づける、とても強力な証拠になる。そして、この手の驚くべき話はほかにもたくさんある。しかし、そうした事例証拠をかすませるほどの破壊力をもっているのが、シカゴ大学でラットを対象におこなわれた、非常に巧妙な実験の結果だ。

　正直に告白しよう。わたしは昔、ラットを飼っている女の子とつきあったことがある。その小さな生きものは彼女のアパートを無我夢中で走りまわっていたが、そのはしゃぎっぷりを見ても、わたしはいちどたりともラットを社会的な動物だと思ったことはなかった。でも、それはまちがっていた。実のところ、ラットはなかまと強い絆を結び、同じケージに住む二匹のラットは正真正銘の親友、味方どうしになるのだ。その友情の強さは研究者たちの関心を集め――やがて、わたしの目も引きよせた。

　ペギー・メイソンを中心とする研究グループは、ひとつのケージをわけあう二匹のラットのなかま意識の強さを測定するために、ラット一匹をどうにか押しこめられるサイズの小さな円筒形の容器をこしらえた。ラットにとって、そんな容器に閉じこめられるのはおそろしく不快な体験だ。哀れなラットは苦悶の金切り声をあげる。その声はピッチが高すぎて人間には聞こえないが、同じ種のなかまにははっきり聞きとれる。容器にはスライド式のドアがついていて、内側にいるラットが自分で開けることはできない仕組みだが、外側にいる別のラットには開けられる――ただし、自由に動けるほうのラットに、閉じこめられた親友を助ける気があることが前提だ。メイソンの研究グループはまず、閉じこめられたラットと外にいるラットが同じケージに住む友だちなら、ラットの多くが容器のドアを開けて相棒を助け出すことを実証した。さらに、実験場にチョコレートの入った容器がある場合でも、ラットは同じ行動をとることがわかった。自由に動けるほうのラットが両方の容器を開け、チョコレートを相棒とわけあうのだ。

その話を聞いたとき、こう思わずにはいられなかった――ラットが自分にとって大切な相手を助け出すのなら、イヌもきっとそうするはずだ。この実験は、イヌが人間をどれくらい気にかけているかを調べる理想的なテストになるかもしれない。必要なものは、イヌでもなんなく開けられる留め具が外側についた特別な人間用トラップと、そのトラップに閉じこめられるのをいやがらず、かつ説得力のある叫び声を出せる人間だけだ。

わたしたちはまず、食料品の箱を粘着テープでつなぎあわせ、わたしが「段ボールの棺」と命名した装置をつくった。人間が潜りこめるだけの棺をつくるには、大きな箱三つが必要だった。頭側にあたる箱の端はテープでとめずに残し、その横に、イヌが箱のなかを見られるほどの大きさの穴をひとつ開けた。イヌがその穴に鼻を押しこめば、スライドして箱を開けられる――その気があればの話だが。

このハイテク装置で最初にテストしたイヌがゼフォスだ。そして、この報告をするのは実に屈辱なのだが、ゼフォスはわたしが「助けて」と叫んでも、わたしを墓から助け出そうとはしなかった。ゼフォスは明らかにひどく動揺して走りまわり、わたしの妻に助けを求めようとしたそうだが（この話は妻と、実験を主導する学生のジョシュア・ヴァン・ボーグから聞かされた）、箱は開けなかった。それに対して、妻が箱に入って助けを求めたときには、ゼフォスはすぐに箱を開け、それほど困っているようには見えない囚《とら》われ人《びと》を助け出した。この実験結果については、どちらともとれる結果、とだけいっておこう。

　この最初のテスト以来、ジョシュアはもっとしっかりした箱をつくったうえで、そのなかに大勢の人を潜りこませて、苦しそうな声でそれぞれの飼い犬に助けを求めてもらっている。実験はこの本を書いている現在もまだ続いているが、現時点ですでに、多くのイヌが苦しみの声をあげる飼い主を箱のなかから救い出す動かぬ証拠が得られている。また、ラットの実験とイヌを対象にしたジョシュアの実験の結果に明らかな違いがあることもわかった。メイソンの研究グループのラット実験では、ラットを実験容器に入れた最初の日には、ラットの四〇パーセントほどが相棒を助け出したが、そうするまでに平均一時間がかかった。一週間毎日テストをしたあとでも、相棒を助けるラットは半数ほどにとどまり、助け出すまでに二〇分前後を要した。それに対して、ジョシュアの実験では、一回かぎりの二分間のテストでも、テストをしたイヌのおよそ三分の一が飼い主を助け出した。

　わたしの知るかぎり、ジョシュアの研究は、ある動物種の個体が別の種のメンバーを助けるかどうかを科学者が調べたはじめての事例だ。この研究は、わくわくするような科学の最前線というだけでなく、飼い主を助けたいというイヌの強い衝動をはっきり裏づける証拠にもなると思う。わたしたちの別の実験では、イヌが人間のそばにいたいと思っていることがわかったが、ジョシュアの実験のおかげで、わざわざ苦労してまで特別な絆をもつ人間を助けようとすることも明らかになった。

もちろん、この実験（やほかの同じような実験）の対象になったすべてのイヌが人間を助ける行動を起こしたわけではない。でもそれは、イヌたち自身の欠陥ではなく、実験の欠陥なのではないかと思っている。この手の実験は、どうしても短い時間にかぎられる。それには、有志の参加者を集めやすくするためという理由もあるし、助けを呼ぶ声がわざとらしくなるのを避けるためでもある。しかも、じゅうぶんに説得力のある苦しみの演技を飼い主全員ができるわけではない。すべてのイヌが人間を助けたわけではないという結果に、そうした問題が影響を与えていたことはまちがいない。

それに、実験対象になったイヌのなかには、人間を助けたいと思っていても、何をすればいいのかわからなかったイヌもいたのではないだろうか。マクファーソンとロバーツがカナダでおこなった実験でもそうだったのではないかとわたしは疑っている。あの実験では、イヌたちの行動がおもしろおかしいものに見えたかもしれない。でも実際のところ、あのイヌたちの多くは、飼い主が心臓発作を起こしたり本棚の下敷きになったりしたのを目にして動揺していたのかもしれない。そうした状況で何をすればいいのか、わからなかっただけなのではないだろうか。

同じように、わたしたちの実験でも、どうやって箱を開けて飼い主を出せばいいのかわからなかったイヌがいたかもしれない。この手の行動実験には、そうした制約がどうしてもつきまとう。実験を設計するときには、心配や助けたいという意思をイヌができるだけ簡単に見せられる方法を採り入れているが、それでも多くのイヌにとって難しいことはまちがいない。あなたも愛犬で試してみればわかると思うが、この実験のシチュエーションにひどく混乱し、どうすればいいのか途方に暮れるイヌは多い。

それでも、わたしたちの実験に参加したイヌのビデオ記録では、飼い主が閉じこめられた状況に心を痛めているような行動がかならずといっていいほど見られる。箱を開けて飼い主を助け出さなかったイヌでも同じだ。さらに、わたしたちの実験では、問題がイヌにも理解できるほど単純で、その問題を解消する行動をすぐに起こせる場合には、多くのイヌが窮地にある飼い主をたしかに助けることもわかっている。掘ったり引っぱったりだったら、イヌはやりかたを知っている。その基本的な制約の枠内での実験なら、イヌが人間を大切に思っていて、その気もちが人間を助けに来てくれるくらいには大きいことは、かなりはっきりしているのではないかと思う。

一世紀以上前、アメリカの動物心理学の草分けであるエドワード・ソーンダイク（パヴロフと並んで、行動主義の開祖といわれることも多い）は、動物心理学に関する初期の著書のなかで、こんな辛辣な愚痴をこぼしている。「イヌは何百回と道に迷っているのに、それに注目したり、その話を科学誌に投稿したりする人はいない。だが、ブルックリンからヨンカーズまでたどりついたイヌがいようものなら、その事実はたちまちのうちに周知の逸話になる」

ソーンダイクの指摘はいいところをついている。わたしたちはめずらしい話や驚くような話に自然に引きつけられてしまうのだ。そうした話にわずかなりとも真実が含まれていることもあるかもしれないが、たいていは誇張されていて、動物にできることを正確に表しているわけではない。イヌを客観的に、そして科学的に理解すれば、イヌの飼いかたを理解する大きな助けになる。そのためには、イヌのもつほんとうの能力を議論の余地なく明らかにできるテストや実験方法を考え出さなければならない。

そんなわけで、この章では、イヌの愛情や気づかいをめぐるフィクションやまた聞きの逸話を出すのは避けてきた。名犬ラッシーの偉業の物語には、科学的な重みはほとんどない。それと同じように、一九四〇年に「デイリー・メール」紙が伝えた、爆撃された家のがれきから飼い主を救い出したイヌの話も、イヌがほんとうにそれと同じ行動をとることを（もちろん、実際に誰かの家を爆撃したりせずに）実験でたしかめる方法を見つけられなければ、わたしにとってはなんの意味もない。イヌが窮地にいる人間を助けようとしないことを示したマクファーソンとロバーツの実験結果は、人間とその相棒のイヌの関係をめぐる理解を深めるという点では、ジョシュアの実験から得られたもっと心強い結果にまったく劣らない重要な意味をもっている。客観的な証拠がなければ、イヌの幸せな顔や振りまわされる尻尾の意味にさえ、わたしは喜んで疑いを差し挟むだろう（とはいえ、正直に打ち明ければ、振りまわされる尻尾が伝える喜びには、そんなわたしでさえ疑いを抱くのは難しいと思う）。

動物はどんなふうに世界と関係を結んでいるのか。それを示すものとして、わたしは行動を重視している。そして、イヌがほんとうに人間を大切にしていることを裏づける行動はたくさんある。イヌは人間を求めている。人間のそばにいるためなら、餌でさえも無視する。人間といっしょにいるときには、尻尾や顔を使って喜びを表す。人間が困っていたら進んで助けようとする。そのすべてが、イヌが人間とのあいだに強い心のつながりをもっていることを示している。そして、人間を大切に思うその気もちが、たいていの科学者や専門家にはすんなりと認められないほど深いことも物語っている。

とはいえ、行動を研究するだけでは、その気もちの本質を解明できないこともたしかだ。

イヌは人間をどう思っているのか？　行動はそれを知る手がかりになるかもしれないが――

――イヌの身体にはその答えが隠されている。

第四章　身体と心

ゼフォスはときどき、鼻を鳴らす音と遠吠えが混ざったような声を出す。わたしは冗談まじりに、英語を話そうとしているときの声と呼んでいる。そんな言葉の壁があるにもかかわらず、わたしはだいたいにおいて、ゼフォスのことをじゅうぶんに理解できる。散歩が大好きなのも、人間の家族を愛していることも知っている。わが家のネコに対しては好きとも嫌いともつかない感情をもっていて、イヌの食べものよりも人間の食べもののほうが好きだ。とはいえ、ゼフォスとそのなかまが自分の気もちを人間にじかに伝えられないという事実は、わたしのような科学者と毛皮をまとった研究対象とを隔てる強力な目隠しになっている。

ふたつの種を隔てるベールの向こうを覗き見ようとするときに、心理学の数々の手法が役に立つのはまちがいない。工夫をこらした実験をすれば、この世界で起きるできごと

（たとえば、大切な人間が現れるとか、人間が何かを指さすとか）とイヌの行動（飼い主の近くに行こうとするとか、指さされた物のほうへ行くとか）の関係を観察できる。そうした実験はたしかに有益で、イヌをめぐる理解を大きく前進させてきた。それでも、行動研究だけでは、行動の根本にある動機を理解するのはかなり難しい。

そんなわけで、証拠として使える研究が続々と増え、ゼフォスがわたしとのあいだに心のつながりを感じているのではないかという思いを深めていたにもかかわらず、わたしは行動学者としての技能の限界に行きあたりつつあった。そのうえ、ほかのイヌ心理学者の多くは、動物の感情を解き明かしたいという、ふつふつと湧き出るわたしの情熱を共有していなかったので、ことこの件に関しては、限界への挑戦をあまり助けてくれそうになかった。でもさいわい、腰の重い心理学者を尻目に、別の分野の科学者たち——生物学者が全速力で突き進んでいた。

最近では、人間に対するイヌの反応の生物学的基礎に注目した科学研究が数多くおこなわれている。現在も継続中のもののなかには、イヌ科学研究でも屈指の独創的で興味をそそるプロジェクトもある。そして、そうした数々の研究のどこかに、イヌの特別なところは人間を愛する能力にあると証明するために必要な、反論の余地のない証拠が隠れているかもしれない。

感情で人間と関わっているのなら、イヌの身体にその証拠が見つかる——具体的にいえば、感情の基礎になる生物学的メカニズムが活性化されるはずだ。現在では、人間が抱く特定の感情に関連するさまざまな神経、ホルモン、心臓、生理機能の特徴がわかっている。すべての動物は、共通の進化の歴史をもつ親戚関係にある。その事実を踏まえれば、ヒト以外の種で同じ特徴が活性化しているのなら、その動物は同じ感情を経験しているといえるかもしれない。

イヌがほんとうに人間を愛しているのなら、その愛情はイヌの身体に映し出される。うまく光をあてる方法さえ見つけ出せば、イヌの生態の奥深くに埋もれた、彼らの特別なところを示す証拠が目のまえに浮かび上がってくるはずだ。

感情について話すとき、わたしたちはなにげなく「心」と口にする傾向がある。それにはもっともな理由がある。わたしたちの感情は、まさに文字どおり、心の臓の鼓動を速めることがあるからだ。パヴロフとガントは一世紀もまえにその重要性を見抜き、研究者としてはじめて、イヌの胸に電極をつけ、人間が部屋に入ってきたことに気づいたときの心拍の変化を測定した。ふたりはこの実験から、親しい人がそばにいると、不安を感じていたイヌが落ちつくという結論を導き出した。

もっと最近になってから、オーストラリアのふたりの研究者がこの路線の研究を引き継いだ。オーストラリア・カトリック大学のクレイグ・ダンカンと、モナシュ大学のミア・コップが共同でおこなった研究では、イヌと飼い主が同じ気もちでいるときに両者の鼓動がまさに文字どおり一致することがみごとに実証された。この研究はドッグフード会社の援助を受けていて、実験のようすを収めた動画がインターネットで公開されている（Pedigree hearts aligned〔ペディグリー、心拍同調〕のキーワードでユーチューブを検索してほしい）。わたしはこの研究をした科学者たちと知りあいで、ミア・コップとそれについて話をしたことがある。動画はきれいにできすぎているかもしれないが、研究そのものは本物で、その結果はとても興味深い。

ダンカンとコップは、三人の人間とその飼い犬を心拍計につないだ。この心拍計は、心臓の拍動する速さを記録するだけでなく、ふたり（またはひとりと一頭）を同時に測定すれば、それぞれの心拍が同調しているかどうかを調べることもできる。

研究対象に選ばれたのは、飼い犬がとくに大きな心の支えになっている三人だ。グレンは建築業者で、建築現場で乗っていた足場が崩れて大けがを負った。グレンによれば、その事故のあとは「真っ暗な道」を歩いていたが、飼い犬のリリックのおかげで生きる意欲が戻ってきたという。アリスは生まれつき耳が聞こえない。飼い犬のジュノーはアリスの耳となり、自分だけでは感じとれない周囲のできごとを教えてくれる。まだ若いシエナは、飼い犬マックスの死に打ちのめされていた。マックスのようにかけがえのない存在になれるイヌはいないと思っていたが、新しい飼い犬ジェイクのおかげで、その考えがまちがっていたと気づいた。

ダンカンとコッブは三人の実験参加者を順番にソファに座らせ、心拍計をそれぞれの胸部にとりつけた。心拍数の記録はコンピューター画面に表示される。その結果、三回の実験すべてで、人間の実験参加者がその状況に軽いストレスを感じていることがわかった。慣れていない人にすれば、電極を胸につけたり、カメラの前でソファに座って身体の動きを残らず撮影されたりすれば、妙な気もちになるだろう。少なくともちょっとした不安が生まれるのは、あたりまえの話だ。実験参加者が落ちついたら、同じように心拍計をとりつけた飼い犬を部屋に入れた。

イヌが部屋に入るとすぐに、飼い主の心拍が下がりはじめた。つまり、緊張が解けはじめたということだ。そしてまもなく、人間とイヌの心拍のパターンが同調した。文字どおり、ふたつの心臓の鼓動がひとつになったのだ。人間とイヌの深い結びつきを裏づける証拠として、これほど美しいものはめったにないだろう。

この実験は、みなさんの自宅では試してみないほうがいいと思う。自前の心拍計をもっていたとしても、プロの助けを借りずにイヌにとりつけることはおすすめできない。それでも、これと同じ現象の証拠は、愛犬があなたの隣に座っているときに生まれる穏やかで深いくつろぎの感覚のなかに見いだせる。イヌと愛に満ちた関係を築いたことのある人なら誰でも、あの安らかな一体感には覚えがあるはずだ。

心拍計はとくに高価なわけでも入手が難しいわけでもないので、特定の人間と親しい関係にあるイヌの身体で起きていることを調べる比較的手軽な手段になる。いっぽう、ジョージア州アトランタにあるエモリー大学のグレゴリー・バーンズの研究では、それよりもはるかに高価な装置が使われている。人間に対するイヌの反応の根底にある生物学的特性を探るバーンズの研究は、わたしたちのあらゆる欲求を司る器官の中核に迫っている。その器官とは──脳だ。

バーンズは二〇一二年の時点で、神経経済学という比較的新しい分野を代表する教授として地位を確立していた。神経経済学とは、神経科学の手法を使って、人間がどのように経済活動に関する意思を決定しているかを探る学問だ。バーンズの研究グループは実験にあたり、MRI（磁気共鳴画像法）スキャナーのなかで身動きせずにじっと横になっていられるように参加者たちをトレーニングした。MRIスキャナーは、強力な磁気を使って、覚醒時の生きた脳の詳細な画像を撮影できる装置だ。実験参加者がさまざまな精神活動をしているときの脳の画像を撮影して比較すれば、機能的磁気共鳴画像法（ｆＭＲＩ）と呼ばれる手法を使って、どの脳の領域がどの思考分野を担っているかを推測できる。バーンズの研究チームは、実験参加者がさまざまな経済的問題に頭を悩ませているときの脳の活動を画像化している。その詳細な画像を使えば、経済情報の処理に関わるさまざまな面を担う脳の領域を特定できるというわけだ。

この実験を成功させるためには、測定対象の頭を絶対に動かさないことが何よりも大切だ。そんなわけで、この方法でスキャンできる脳は、われらが種に属するメンバーの脳だけということになる。バーンズは以前からイヌを家族の一員と思っていて、その愛すべき、そして愛情深い動物たちが何を考えて生きているのかという謎に心を奪われていた。とはいえ、ｆＭＲＩを使ってイヌの脳で起きていることを探れるかもしれないとは、まったく思っていなかった。

ところが、二〇一一年五月にオサマ・ビンラディン殺害作戦のニュースを聞いたとき、ある考えが閃光のようにひらめいた。バーンズの関心を引いたのは、この任務を成し遂げた米海軍特殊部隊のチームに一頭のイヌ、具体的にいえばベルジアン・シェパード・ドッグ・マリノアが混ざっていたことだ。バーンズはこの一連の研究をはじめたいきさつを綴った興味深い自伝のなかで、飛行機からパラシュートで降下する兵士の胸に縛りつけられた軍用犬の写真に衝撃を受けたと書いている。イヌは訓練しだいで、それほど厳しい環境にも耐えられるようになるのだ。それをまのあたりにしたバーンズは、途方もなく大きな感銘を受けた。イヌは（兵士と同じように）酸素マスクをつけていた。飛行機のたてる騒音はすさまじいものだったにちがいない――あれほどの高さから落下する感覚はいうまでもない。

訓練しだいで、そこまで極端な環境でも信じられないほどの偉業を達成できるようになる。その事実に想像力を煽られたバーンズは、イヌの脳を調べる一連の画期的な実験をしてみようと思い立った――その研究はやがて、イヌの特別なところは人間との心のつながりにあるとする説を裏づける強力な証拠を生むことになる。

バーンズは飼いはじめたばかりのキャリーという名のイヌを連れて、トレーニングの専門家マーク・スピヴァックの子犬トレーニング講座を訪ねた。そして、脳スキャナーのなかでじっとしているようにイヌを訓練できるだろうかと質問をぶつけた。

イヌの脳のｆＭＲＩデータを手に入れるためには、イヌ側の協力が欠かせない。それはバーンズにもわかっていた。ＭＲＩスキャナーは、実験参加者の頭のなかで起きていることを示す詳細な画像を作成するものだ。そのため、患者や実験参加者は、やかましくて狭いスキャナーのなかで、身体をぴくりとも動かさずにじっとしていなければならない。測定手順が無害だと説明された人でも、ＭＲＩスキャナーに入ると不安になることが多い。説明では安心させられないイヌを、あれほど居心地の悪い場所でじっとさせておくことができるのだろうか？

スピヴァックはすぐに、できると断言した。最先端の人道的なトレーニング方法を使えば、脳スキャナーで測定できるくらいにイヌをじっとさせておくことができるはずだ。スピヴァックはそううけあった。

バーンズはスピヴァックとタッグを組み、シンプルな木枠をつくった。イヌをそのなかに入れ、頭の両側に前肢を置いてスフィンクスのような伏せた姿勢をとるように訓練するためのものだ。また、脳スキャン中にMRIスキャナーがたてる音を録音し、イヌにヘッドフォンをつけ、そこからスキャナーのクリック音やごうごうとうなる音を再生して、その耳ざわりな音に完全に慣れるまで訓練した。

さらに、バーンズとスピヴァックはMRIスキャナーの実物大模型をつくった。狭くて身動きのとれない円筒形のスキャナー内にいる状態にイヌを慣れさせるためだ。その模型をテーブルの上に載せ、イヌに階段をのぼらせて木製のスキャナーのなかで伏せさせ、本物のMRI装置のなかで遭遇するはずのやかましい音をヘッドフォンで聞かせることまでした。イヌの行動を注意深く訓練するこの長いプロセスの全体をつうじて、バーンズとスピヴァックが使ったのは、正の強化子（餌のごほうび）だけだ。そして、イヌがすっかり落ちつき、先へ進む準備ができたと行動から判断できるようになるまでは、次の訓練ステップには進まなかった。

数か月にわたる訓練のすえに、スピヴァックとバーンズはようやく、訓練していたイヌのうちの二頭が、本物のスキャナー内でじっとしている任務に耐えられるようになったと感じた。奇妙なトンネルのなかに入って、検査中に生じる音や振動とともに閉じこめられても耐えられるはずだ。バーンズたちにそう確信させるほど、その二頭はうまく訓練をこなしていた。

イヌを無理なくＭＲＩ装置に入れられるようになったところで、バーンズはいくつかの実験にとりかかった。わたしと同じく、イヌが飼い主をどう思っているかに興味をよせるバーンズは、人間との心の結びつきを示す証拠がイヌの脳で見つかるかどうかを調べてみることにした。しかし、飼い主がそばにいるときのイヌの脳の反応を解釈するためには、そのまえにまず、単純で疑いの余地がない報酬（たとえば餌）の処理に関わる脳の領域をこの実験テクニックで特定できることを確認する必要がある。餌のごほうびという明らかな報酬に対して、イヌの脳はどう反応するのか。それがわかってからでなければ、飼い主に報酬としての性質があるか否かをイヌの脳の活動から推測することはできない。

報酬がもらえると察知したら、イヌの脳のどの部分が活性化するのか。それを調べるといっても、スキャナーのなかにいるイヌに餌を見せるわけにはいかない。餌を見たイヌがそわそわと身じろぎしたり、よだれをたらしたりするかもしれないからだ。そうなったら、脳の活動の明瞭な画像を撮影するという目的が台なしになってしまう。そこで、バーンズとスピヴァックはイヌに手信号を教えた。第一の手信号（左手を垂直に掲げる）は餌を期待できると伝えるもの。第二の手信号（両手を水平に掲げ、指先を軽く触れあわせる）は、餌がもらえる見こみはないことを意味している。検査を受ける二頭のイヌは、どちらの手信号を見ても、活性化した脳の領域をバーンズたちがはっきり読みとるまでのあいだ、頭を動かさずにじっとしていることができる。

この最初の実験では、興味をそそられるものを目にすると、イヌの脳は人間の脳と同じようにはたらくことがわかった。その状況になると、腹側線条体《ふくそくせんじょうたい》と呼ばれる脳の特定領域でニューロン（脳を構成する神経細胞）が発火（活動電位が発生すること）する。この領域は、ニューロンが密集した線条体と呼ばれる領域の一部で、線条体は脳の報酬系に関して重要な役割を担っている。そして報酬系は、あらゆる種類の行動に関係している。したがって、報酬を期待するイヌでも腹側線条体が活性化したという実験結果は、バーンズたちの手法の有効性を裏づけているといえる。

この最初の実験に参加したイヌは二頭だけだった。なにしろ、徹底的な訓練をする必要がある。バーンズもスピヴァックも共同研究者たちも、この方法が実を結びそうだと確信できるまでは、もっと多くのイヌを訓練する時間と労力を費やしたくなかったのだ。しかし、この最初の結果を手にして、研究チームは訓練するイヌの数を増やした。いまでは、九〇頭を超えるイヌがＭＲＩスキャナーのなかで完璧にじっとしていられるようになっている。
餌という報酬に対する脳活動パターンを視覚化できると実証したバーンズたちは、研究の核心——人間に対するイヌの愛の証拠となる脳の活動に駒《こま》を進めた。今度の実験では一二頭のイヌを調べ、自分の体臭がついた布、親しい人間の体臭がついた布、さらには知らない人、なじみのあるイヌ、知らないイヌの体臭がついた布のにおいをそれぞれのイヌに嗅がせた。この実験では、親しい人間——つまり、そのイヌの世話をしている人のにおいを嗅いだときに、腹側線条体がもっとも活性化することがわかった。餌の報酬に反応するのと同じ脳の領域で活性が見られたことは、イヌの脳が、大好きな人間の存在も大きな報酬として処理している証拠だ。

とはいえ、ひねくれ者はこんな指摘をするかもしれない——飼い主のにおいに反応して腹側線条体が活性化したからといって、生活をともにする人間を思い出させるものを、イヌが報酬ととらえているとはいえないのではないか。特定の人からそれまでに何度も餌をもらっていたせいで、その人のにおいが食べものを連想させ、それにより脳の報酬系が活性化した可能性はないのだろうか。

ある会議でグレゴリー・バーンズに会ったときに、わたしはその疑問を打ち明けてみた。イヌと深い関係を結んでいるけれど、なんらかの理由から餌をいちどもやったことのない人で同じ実験をしてみてはどうかという提案までした。でも、イヌを飼っていながらいち

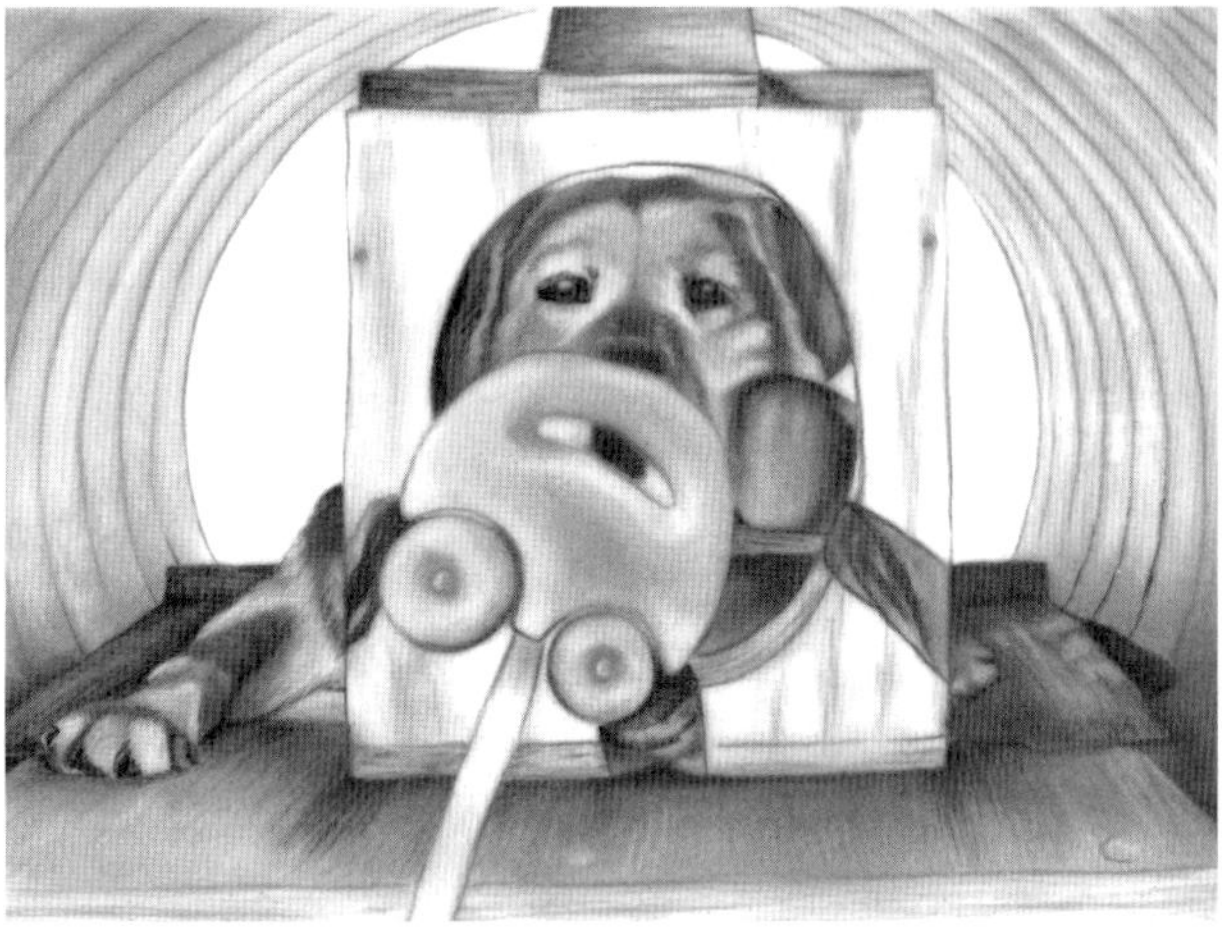

グレゴリー・バーンズの実験対象の一頭、ケイディがMRIスキャナーの実物大模型に入っているところ。プラスチック製の車のおもちゃは、まもなく飼い主が現れる前触れだ。

ども餌をやったことのない人を探すほうが難しいだろうと指摘された。まったくもってそのとおりだ。バーンズは別の実験を進めていると話し、その結果が出れば、わたしの懸念を解消し、不安をなだめられるはずだとうけあってくれた。

その言葉どおり、バーンズ率いるエモリー大学の研究チームは、わたしの提案よりもはるかに巧妙な実験を考え出した。三つの段階を踏むので、やや複雑になってはいるものの——それでも、そこから得られるすばらしい結果を考えれば、じゅうぶんに試す価値のある実験だ。

バーンズたちはまず、一五頭のイヌを集めて、MRIスキャナーのなかでじっとしていられるように訓練した。そのあと、それぞれのイヌがスキャナー内で伏せているあいだに、餌のごほうびと飼い主からのほめ言葉のどちらかをもうすぐもらえると伝える合図をイヌに見せた。長い柄のついたプラスチック製の車のおもちゃは、そのすぐあとに飼い主から三秒間ほめてもらえる。プラスチック製の馬のおもちゃは、ソーセージのかけらがもらえる合図だ。研究チームはこの方法でそれぞれのイヌをテストし、餌をもらえるときと比べて、飼い主からのほめ言葉が脳の報酬系をどれくらい活性化するかを測定した。

第二の実験では、ほめ言葉を暗示するプラスチック製の車だけを使って同じ手順を繰り返した。ただしこのときは、普通ならプラスチック製の車のあとにすぐもらえるはずの報酬（飼い主にほめられること）をときどき省いた。ほめ言葉の報酬がもらえなかったときの落胆を示す脳の信号は、報酬がもらえたときに生まれる幸福感を示す脳活動を裏側から測定したデータといえる。

この最初のふたつの実験から、人間からもらえる社会的報酬をイヌがどれだけ重視しているかを示すふたつの神経信号が得られる。餌と社会的報酬のどちらかを意味する合図を見せる第一の実験では、人間からほめられたときの腹側線条体の活性化の大きさを測定し、餌に反応したときの活性化のていどと比較することができる。このふたつの信号の差は、それぞれのイヌが餌と比べて人間のほめ言葉にどれだけ価値を置いているかを示す指標になる。第二の実験でわかるのは、期待したほめ言葉をもらえたときと、報酬をもらえずに落胆したときの落差だ。この落差は、人間からのほめ言葉の価値を示す第二の指標になる。

このふたつの測定値には密接な関係があることがわかった。バーンズが「コンパクトでエネルギーたっぷりのゴールデン・レトリバー」と形容するパールのようなイヌでは、ほめ言葉による脳の活性化のていどのほうが、餌に対する反応よりもずっと大きかった。また、ほめ言葉を予告する合図を見せられたのに、期待した結果にならなかったときの落差もきわめて大きかった。その対極にいるトラッフルズのようなイヌでは、ほめられても（餌に比べて）ほとんど活性化せず、ほめ言葉をもらえなかったときの落胆を示す神経学的証拠もほとんど見られなかった。人間のほめ言葉よりも餌に対する活性化のていどのほうが大きかったイヌは、一五頭のうち二頭だけだった。それ以外の一三頭では、ほめられたときのほうが大きいか、ふたつの報酬のあいだに活性化の差は見られなかった。

だが、この研究でいちばんあざやかだったのは、そのあとの部分だ。第三の実験では、先の実験対象になったイヌを一頭ずつ大きな部屋に連れていき、ふたつある経路のどちらかを選ばせた——ひとつは、ほめたりなでたりしようと待ちかまえている飼い主が座る椅子につながる経路。もうひとつは、ドッグフードの入ったボウルにつながる経路だ。椅子に座った飼い主と餌の入った黄色いボウルは、イヌが経路を選ぶ地点からはっきり見える位置にある。それぞれのイヌを二〇回ずつテストした——つまり、餌と飼い主との触れあいのどちらかを選ぶチャンスを二〇回与えたというわけだ。

その結果、ほとんどのイヌで、餌のボウルよりも飼い主のほめ言葉を選ぶ傾向が見られた。だが、ここで観察されたのは、餌よりも人間との触れあいを好む平均的な傾向だけではない。この実験をしたイヌはMRI装置でのテストも受けていたので、バーンズたちの研究チームは、脳活動のパターンに照らしてイヌの行動を検証することができた。もっとも興味深い発見は、イヌが飼い主と餌のどちらを選ぶかを、MRI装置で測定した脳の活性化パターンから驚くほど正確に予測できることだった。餌よりも人間からのほめ言葉を強く好む活性化パターンを示したパールのようなイヌは、ふたつの経路のどちらかを自由に選ばせると、餌につながる経路の二倍以上の頻度でほめてくれる飼い主のいる経路を選んだ。それに対して、脳がほめ言葉に対して（餌と比べて）あまり反応しなかったトラッフルズのようなイヌは、餌か飼い主かをじかに選ばせたときも、三対一の割合で飼い主よりも餌のほうを選んだ。バーンズはその結果を「ニューヨーク・タイムズ」紙にこう説明している。「イヌの大多数は、少なくとも餌と同じくらいには人間を愛しているとわれわれは結論づけた」。だが、バーンズたちの研究で明らかになったのは、それだけではない。餌よりも飼い主を好むイヌの傾向だけでなく、人間に対する関心を処理するイヌの脳領域が、餌などの基本的な報酬の処理を担う領域と同じであることも証明されたのだ。

イヌが人間を好む気もちは、イヌの脳でどんなふうに処理されているのか。その謎を解き明かしたバーンズの研究はみごととしかいいようがない。イヌは人間の言葉を話さないかもしれないが、バーンズたちの創意工夫のおかげで、イヌの脳がわたしたちにじかに語りかけられるようになった――そのメッセージは、高らかに、そしてはっきりと鳴り響いている。人間に向けるイヌの親近感は、脳の奥深くから生まれている。そして、イヌの神経活動はときとして、人間を好む気もちの大きささをも左右する。それならば、イヌは愛情をもつように生まれついているといってもいいのではないだろうか。

MRIスキャナーのなかでじっとしているようにイヌを訓練し、イヌが飼い主を思い出したときに活性化する脳領域を調べたグレゴリー・バーンズたちは、脳の領域という、いわば地理的な観点から、人間に対するイヌの感情がどこから生まれているかを明らかにした。

でも、地理だけで脳のすべてを語れるわけではない。こと脳の活性に関しては、化学もきわめて重要な要素だ。それどころか、化学物質がなければ、わたしたちの脳は何ひとつ機能しない。わたしたちの神経細胞は、神経伝達物質と呼ばれるそれ専用の化学物質を使ってコミュニケーションをとりあっている。また、脳はホルモンと呼ばれる化学物質を介して身体の活動を調整している。

神経伝達物質の研究は現代生物学でもとくに熱気のある最前線で、科学者が人間とほかのさまざまな種を隔てる言葉の壁を乗り越えるのにひと役買っている。そうした種の筆頭がイヌだ。人間はイヌにとってどれほど大切なのか、それを探る強力な手がかりが脳の地理に隠されているのと同じように、イヌの脳内にある化学物質も、人間とイヌの関係を知るためのまたとない手がかりを——そして、愛犬にとってわたしたちがいったいどんな存在なのかを示す驚きの証拠を生み出している。

最近の研究では、ある特定のホルモンが、イヌと人間の関係において主役を演じていることがわかっている。そのホルモンとは、オキシトシンだ。オキシトシンという名前は、「すばやい出産」を意味するギリシャ語から来ている。この化学物質を最初に発見したイギリス人のヘンリー・ハレット・デールは一九〇六年、脳内の特定領域に存在するなんらかの物質が子宮の収縮を引き起こすことをつきとめた。一九五五年、ヴィンセント・デュ・ヴィニョー（フランス風の名前だが、アメリカ人だ）がその化学物質を特定してノーベル化学賞を受賞し、オキシトシンはペプチド（アミノ酸で構成される生体化合物の一種）としてははじめて構造が完全に解明された。オキシトシンは神経ペプチドの一種で、脳細胞の活性にじかに影響を与えている。

オキシトシンの第一の役割は出産や母乳産生などのメス固有の活動に関係しているが、現在では、哺乳類のオスとメスどちらの体内にもこの重要なペプチドが存在することがわかっている。また、あらゆる種類の親密な関係を築くうえでも、オキシトシンは幅広い役割を担っている。たとえば、メスのラットが妊娠するとオキシトシン量が増加し、この神経ペプチド量の変化が引き金となって、子ラットへの関心が高まる。交尾未経験のラットにオキシトシンを注射すると、母性が強まり、子ラットへの関心が高くなることもわかっている。ヒツジでも、出産中に分泌されるオキシトシンのはたらきにより、母ヒツジが生まれたばかりのわが子のにおいを覚えて、別のヒツジの子ではなくほかならぬわが子だけを世話するようになる。

オキシトシンは、個体間の心の絆を築くうえで重要な役割を果たしている。その役割の研究から、イヌと人間の関係をめぐる新たな、そしてたしかな実像が浮かび上がっている。そこからうかがえるのは、人間に対するイヌの愛が行動の枠を越え、脳スキャンのさらに先、神経化学レベルにまで行きつくことだ。イヌの脳内化学物質は、脳の「地理」と連携し、外部からの刺激に対する情動反応を指揮していることが少しずつわかってきている。イヌが人間をどう思っているのか——そして、人間に対する愛がイヌの脳内のどこで、どんなふうに生まれているのか。脳内化学物質は、それをつきとめるためのカギを握っている。

オキシトシンは愛情行動をどのように引き起こしているのか。その仕組みをめぐる知識の少なからぬ部分は、アメリカ中西部からカナダ中央部までの平原に暮らす小型齧歯類《げっしるい》の研究から来ている。プレーリーハタネズミは、近縁にあたるほかのハタネズミの種とは違って、たいていは一夫一妻制をとり、両親が子の世話をする。プレーリーハタネズミを対象にした研究では、生涯の伴侶がそばにいるときといないときの反応をオキシトシンが調整していることがわかっている。たとえば、メスのプレーリーハタネズミは普通ならつがいの相手のオスを好む傾向を見せるが、なじみのないオスが近くにいるときにメスにオキシトシンを注射すると、その知らないオスに興味を示すようになる（同じ作用はオスのプレーリーハタネズミでも生じるが、メスの場合ほどはっきりした結果は出ていない）。

つがいの相手にかぎらず、わが子に対するプレーリーハタネズミの反応でも、オキシトシンは重要な役割を担っている。だが、それに劣らず重要なのは、この神経ペプチドにもっとも強く反応する脳領域だ。研究者たちがそれに気づいたきっかけは、メスのプレーリーハタネズミの子に対する関心の大きさが個体によって異なり、その違いが脳の特定領域にあるオキシトシン受容体の数と密接に結びついているらしいとわかったことだった。その脳領域とは——お察しのとおり——腹側線条体だ。

腹側線条体は、いまさらいうまでもないが、グレゴリー・バーンズたちの研究により、大切な人がそばにいるときにイヌの脳で活性化することが明らかになった領域だ。この領域は線条体と呼ばれるニューロンの密集領域の一部で、線条体は脳の報酬系に関して大きな役割を担っている。そして報酬系は、さまざまな種類の行動に関係している。さらに、この点が重要なのだが、腹側線条体は、オキシトシンの刺激に反応する神経細胞の密度がきわめて高い領域でもある。

プレーリーハタネズミ（そしてラットやヒツジなどのほかの動物）の研究からそうした知見が集まったおかげで、特定の脳領域と特定の脳内化学物質が連携して、感情的な結びつきをもつ同種の個体どうしの社会的な絆を強めていることがわかってきた。最近では、この手の研究は人間と飼い犬の関係にまで広がっている。

同種の動物どうしの絆を調節しているニューロンと神経化学物質は、どうやらイヌと人間との種をまたいだ関係のお膳立てもしているようで、それを示す証拠が集まりつつある。メスのプレーリーハタネズミを伴侶や子に結びつけている腹側線条体のオキシトシンは、それと同じように、人間に対するイヌの関心でも重要な役割を担っているようだ。この現象に関してもっともめざましい成果をあげているのが、心の絆の構築と維持におけるオキシトシンの役割に注目した日本発の研究だろう。

人間に対するイヌの反応に、オキシトシンはどう影響しているのか。その解明の先頭に立っているのが、東京にある麻布大学の菊水健史の研究チームだ。二〇一一年六月、わたしは彼らの研究施設を訪ねるチャンスに恵まれた。正直に打ち明ければ、その環境はとてもうらやましかった。イヌ研究専用の特別な建物があり、行動研究だけでなく、ホルモン分析もできる設備がそなわっている。でも、なんといってもうらやましかったのは、自宅で飼っているイヌを研究室に連れてきてもいいことだ。わたしがオフィスを訪ねたときには、菊水の飼っている三頭のスタンダード・プードルも同じ部屋にいた。

オキシトシンについては、大切な相手に対する実験動物の行動における役割を研究するだけでなく、人間でもその影響を調べることができる。人間の鼻にオキシトシンをスプレーで噴射すると、その一部が脳に到達する。この方法で実験参加者の脳内のオキシトシン量を操作すれば、この強力な神経化学物質の量が変わると何が起きるかを観察できる。たとえば、オキシトシンが増加した人は他人を信用しやすくなることがわかっている。また、オキシトシンを人為的に増加させると、人の顔を覚える記憶力があがり、顔写真の表情の裏にある感情をよりうまく読みとれるようになる。その理由はどうやら、オキシトシンが増えると相手の目をじっと見つめるようになることにありそうだ。

菊水の研究グループはこれまでに、いくつかの実験テクニックを組みあわせて、実に興味深い発見をしている。たとえば、イヌと人間が触れあっているときの体内でのオキシトシン量の変化を分析するために、人間の実験参加者の尿サンプルを採取し、その飼い犬を訓練して、命じられたときに排尿するように教えた。この方法でデータを集めるのに加えて、イヌと人間それぞれの鼻に痛みをともなわない方法でオキシトシンを噴射し、この神経ペプチドの量を操作する実験もしている。さらに、人間と飼い犬が触れあっているときのようすをビデオに撮り、オキシトシン量の変化に応じてイヌと人間の行動がどう変わるかも調べてきた。

　こうした革新的なアプローチで人間とイヌを測定した菊水たちは、信じられないような発見をした——イヌとその飼い主が目をあわせると、両者のオキシトシン量が急増するのだ。この作用の大きさは、イヌと飼い主との心の絆の強さに左右される。イヌと飼い主の心の結びつきが強いと、イヌが飼い主を見つめる時間が長くなりやすい。その結果、愛犬との結びつきが強い飼い主では、イヌとの結びつきが弱い飼い主よりもオキシトシンが大幅に増加するというわけだ。さらに、イヌにオキシトシンを投与すると、飼い主を見る頻度が高くなることもわかった。その後、飼い主の尿に含まれるオキシトシン量を測定したところ、オキシトシンを投与されたのは飼い主ではなくイヌだったにもかかわらず、飼い主でも増えていた。麻布大学の研究では、オキシトシンを投与されたあとのイヌが人間やほかのイヌとよく遊ぶようになることもわかっている。

　この研究結果は、人間の母親と幼い子どもの観察で得られた知見をそっくりそのままなぞっている。オキシトシン量の多い母親は、少ない母親よりも長くわが子の顔を見つめる。そのときに母親が経験しているであろう強い感情の波は、男性でも女性でも、親になったことのある人なら誰でも知っているはずだ。同じような状況にいるイヌと人間のあいだでも、心の奥深くにある感情が行き来しているにちがいない。なにしろ、神経回路のまったく同じ要素がしきりに活動しているのだから。

こうした研究結果はすこぶるエキサイティングで――しかも、まだまだ氷山の一角だ。人間とイヌの強い絆におけるオキシトシンの役割を探る最先端の研究が、いまや世界中で続々とおこなわれている。人間とイヌのオキシトシン研究に貢献している国を独断でランクづけするなら、日本と一位を争う有力候補はスウェーデンだろう。

つい最近、スウェーデンを訪ねたわたしは、できるだけたくさんのオキシトシン研究者に会いたいと意気ごんでいたが、いくつかの理由でスケジュールがかぎられていた。おまけに、すばらしい研究をしている若い科学者のひとり、テレース・レーンは、生まれたばかりの赤ちゃんにかかりきりだった。それでもどうにか二時間ほど、ストックホルム中央駅でコーヒーと紅茶を飲みながら話をすることができた。そのかぎられた時間のフィカ（スウェーデン語でコーヒー休憩の意）に、わたしたちはめいっぱいの話題をつめこんだ。レーンはイヌと人間の絆におけるオキシトシンの役割について、わくわくするような最新情報を教えてくれた。

レーンがウプサラにあるスウェーデン農業科学大学の同僚たちと調べているのは、人間に注ぐイヌの愛がとりわけ色濃く表れているとわたしがつねづね思ってきた現象――留守にしていた飼い主が帰宅したときのイヌの反応だ。これまでに知りあってきたイヌたちは、どんなふうに感情を伝えていただろうか。それを考えたときに、もっとも強烈な愛情表現として思い浮かぶのは、離れていたあとに再会したときの行動だ。ここアリゾナ州フェニックスでは、愛犬を連れて空港に入ることが許されている。到着ゲートの人波のなかからわたしの妻や息子が現れたときのゼフォスの興奮ぶりは、見ていると感動に鳥肌が立つ。帰ってきてくれてどれほどうれしいかを、わたしよりもずっとうまく全身と行動で伝えられるゼフォスに嫉妬してしまいそうになるほどだ。わたしはイギリス流の慎みを生まれもっているせいで、公共の場で愛する人たちを大騒ぎで迎えることはなかなかできないが、ゼフォスはそんなものには縛られない。鳴き声をあげ、身体の重心をぐっと下げ、低い位置で尻尾を振りまわしてから、跳びあがって隙あらば顔をなめようとする。知らない人が振り向いてまじまじと見ていようがおかまいなしだ。

人間に対する愛情を爆発させているとしか思えない、このおなじみだが謎めいた瞬間に、イヌの脳では何が起きているのか。それを調べるという発想が、まずすばらしいと思う。レーンたちの実験では、一二頭のビーグルを対象に、飼い主が二五分のあいだ部屋を離れる前後のオキシトシン量を測定した。実験に参加した人を三つのグループにわけ、短い別れのあとに愛犬と再会したときにとってもらう行動について、グループごとに違う指示を出した。三分の一の人には、言葉と身体を使った親密な触れあい（やさしく話しかけてなでる、など）をするように指示した。別の三分の一の人は、楽しげな口調でイヌに話しかけるだけ。残りの三分の一には、何もせずにじっと座って本を読むように伝えた。それぞれが再会したときに、飼い主とイヌのようすを四分間観察した。

その結果、飼い主に無視されたときでさえ、飼い主と再会するとオキシトシンが増えることがわかった。とはいえ、飼い主とイヌの触れあいが多いほど、増加する時間が長かった。大好きな人が帰ってきたときの、心がこもっているかのようなイヌの反応の根底には、個体間の重要な心の絆に関わる脳のメカニズムがたしかに存在しているのだ。この研究の結果は、それを証明している。

スウェーデン滞在中に話をしたいと思っていたもうひとりの若いスウェーデン人研究者が、リンショーピン大学のミア・パーソンだ。パーソンは、人間とイヌの関係におけるオキシトシンの役割を、さらに深く刺激的なレベルで研究している――脳に対するオキシトシンの作用を生む受容体をコードする（遺伝情報によりタンパク質のアミノ酸配列を指定すること）遺伝子を調べているのだ。イヌのDNAと、人間との触れあいに興奮しやすい（もしくはしにくい）性質との関連を探るパーソンの研究チームは、人間に対するイヌの感情の深さを、まさに生物学的分析でたどりつけるもっとも深いレベルまで掘り下げているといえるだろう。

パーソンの研究チームは、六〇頭のゴールデン・レトリバーを一頭ずつ、飼い主といっしょに実験室に入れた。その後、鼻にオキシトシンを噴射し、解決できない問題に取り組ませた。具体的には、特殊な設計の容器に入ったごちそうをイヌに与えた。このごちそうはイヌにもはっきり見えているが、自分で容器から出すことはできない。この手の状況に置かれると、イヌはすぐに、お願いするような顔で近くにいる人間を見て助けてもらおうとする（実験のこの部分は、あなたにも簡単に試すことができる。たいていのイヌは、何かをとろうとしているときに助けてくれそうな人間がそばにいると、あっというまに挑戦をあきらめてしまう。そのあきらめの早さは、見ているこちらが恥ずかしくなるほどだ）。パーソンたちの実験結果は、日本の麻布大学の研究結果からすると意外かもしれない。オキシトシンを投与したイヌが飼い主を見る回数は、オキシトシンを噴射しなかった対照群のイヌと比べて――平均すると――多くはならなかったのだ。

だが、パーソンの研究にはもうひとつ、別の階層があった。パーソンたちはイヌの頬の内側から綿棒でＤＮＡサンプルを採取し、その遺伝物質をもとに、オキシトシンに刺激される脳内の受容体をコードする遺伝子を分析した。その分析結果は、すべてのイヌが同じようにオキシトシンに反応するわけではないことをうかがわせるものだった――人間に対する情動反応の強さがイヌによって違う理由も、それで説明がつく。

リンショーピン大学の研究では、脳内のオキシトシン受容体をコードする遺伝子が、ＤＮＡの四つの文字のうちのふたつ、ＡとＧだけで綴られていることがわかった。すべての生物は一対になった遺伝子をもっているので、一頭のイヌがもつオキシトシン受容体遺伝子は、ＡＡ（Ａがふたつ）、ＧＧ（Ｇがふたつ）、ＡＧ（ＡとＧがひとつずつ）のどれかの組みあわせになる。どうやらその小さな違いが、イヌのオキシトシン処理に——そして人間との関係に大きな影響を与えているようなのだ。

ＡＡ型のオキシトシン受容体遺伝子をもつイヌは、ＧＧ型やＡＧ型の遺伝子をもつイヌに比べて明らかに人間を重視する行動を見せ、ほかのふたつの型のイヌよりも人間の助けを求めるのが早かった。また、ＡＡ型の受容体遺伝子をもつイヌは、オキシトシンを鼻に噴射すると、人間に助けを求める傾向がいっそう強くなった。

この驚きの発見は、人間に対するイヌの愛を、イヌの（そして人間の）生物学的な特性を構成するもっとも基本的な要素——遺伝コードに結びつけるものだ。特定の遺伝子型が、人間に対するイヌの行動を左右する神経ペプチドに影響を与えている。それを明らかにしたパーソンたちの研究は、生物としてのアイデンティティのもっとも奥深いレベルから、感情を表す高次の行動にいたるまでの長く曲がりくねったラインをひとつにつないでいる。このすばらしい偉業を皮切りに、人間に対するイヌの感情を探る刺激的な新しい研究の波が生まれつつある。

イヌのＤＮＡと人間との絆の関係については、ほかにも興味深い個体差が見つかっている。たとえば、ハンガリー・ブダペストの先進的なファミリー・ドッグ・プロジェクトに携わるアナ・キシュの研究グループは、イヌ遺伝子の驚くべき複雑さを明らかにし、ミア・パーソンによるオキシトシン受容体遺伝子の研究にさらにおもしろいひねりを加えた。

ふたつの犬種を調べたキシュたちの研究では、犬種によって違う結果が出たのだ。ジャーマン・シェパードとボーダー・コリーの鼻にオキシトシンを噴射したところ、その結果として生じる行動は、イヌがもつ受容体遺伝子の種類だけに左右されるのではなく、遺伝子の型と犬種の組みあわせによって決まることがわかった。ジャーマン・シェパードの場合、オキシトシンを噴射すると、特定のオキシトシン受容体遺伝子をもつイヌで人なつこい行動をとる傾向が強まった。ところが、ボーダー・コリーの場合、より人なつこくなるのは、ジャーマン・シェパードで人なつこさを低下させる種類の遺伝子をもつイヌだったのだ。

この結果は、遺伝子と行動の関係の複雑さを示している。これはつまり、ジャーマン・シェパードとボーダー・コリーのゲノムのわずかな違いが、オキシトシンに反応したときの行動の微妙な違いを生んでいるということだ。具体的にいえば、ふたつの犬種の遺伝コードの違いが受容体遺伝子とオキシトシンとの相互作用に影響を与え、そのふたつの犬種に見られる愛情行動のパターンを生んでいると考えられる。

愛情を示す行動から愛に関するホルモン、そしてそのホルモンの脳内の受容体をコードする遺伝子まで、科学者たちはイヌの生物としての本質をますます深く掘り進めている。そのおかげで、イヌの身体が心の絆を築くようにプログラムされていることを示す証拠が続々と集まっている。そうした証拠は説得力があるが、その点でイヌがほかとは違う存在だと証明しているわけではない。それだけでは、わたしの探究のそもそものきっかけになった疑問には答えられない――イヌを特別な存在にしているものはいったい何か？

わたしは行動学者なので、あたりまえの話だが、いちばん詳しく知っているのは、イヌの行動をめぐる研究だ。でも、ふたつの種の動物を比べたときに、その違い――行動であれなんであれ――がつきつめればそれぞれのＤＮＡに行きつくことは否定しようがない。[*2]

したがって、イヌに特別なところがあるとするなら、それはイヌの遺伝子から生まれているにちがいない。オオカミとイヌが生まれつきもっている行動パターンの違いは、どんなものであれ、遺伝子に書きこまれているはずだ。もちろん、それを見つけ出すのは簡単ではないが、どこかにあるのはまちがいない。ミア・パーソンやアナ・キシュの研究結果は、イヌの特徴的な行動に遺伝子がどう影響しているかを垣間見せてくれているが、その手の証拠はもっとたくさんあるにちがいない。

イヌの遺伝コードを綴ったぶあつい本の内容は、いまでは一文字一文字にいたるまで明らかになっている。というのも、二〇〇四年、マサチューセッツ州ケンブリッジにあるブロード研究所（「ブロエド」とも発音される）のカースティン・リンドブラッド＝トー率いる研究プロジェクトで、ターシャという名のボクサー犬が、ゲノムの全配列を解読された四番目の哺乳類になったからだ。このゲノム情報は、がんなどのイヌの遺伝病の理解に大きく貢献している。そして、その偉業が明らかにした事実は、イヌの特別なところをめぐる謎を解くカギも握っている。

史上初のイヌゲノムの解読結果が公開された五年後、カリフォルニア大学ロサンゼルス校の若き遺伝学者、ブリジット・ヴァンホールト率いる研究チームがある論文を発表した。別の状況だったら味気ないと感じていたであろうタイトルにもあるように、その論文は「イヌの家畜化の基礎をなす豊かな歴史」に関して、いかにも興味をそそる新情報を提供してくれそうだった。それだけでもわたしを夢中にさせるにはじゅうぶんだったが、この学術論文で読んだ内容は、イヌの特別なところをめぐるわたしの理解を変えたといっても過言ではない。

ヴァンホールトの研究チームは、イヌゲノム（正確には九一二頭のイヌのゲノム）をくまなく調べ、オオカミゲノム（正確には二二五頭のオオカミのゲノム）と比較した。遺伝物質の小さな断片をひとつひとつ調べ、最近の進化の痕跡がないかどうかを探った。ことイヌに関していえば、最近の進化とは、一部のオオカミがイヌになったプロセスを意味している――一般には家畜化と呼ばれるプロセスだ。要するに、ヴァンホールトの研究チー

＊2　あるいは、ふたつの亜種といってもいい。現代の動物学者の多くは、イヌを独立した種と見なすのではなく、オオカミの一亜種と考えている。

ムが探していたのは、イヌをイヌにした遺伝子変異だった。

　科学の特定分野の言語は、その分野で修業を積んだ人を別にすれば誰にとっても厄介だが、その点では遺伝学者の使う言葉にかなうものはないのではないだろうか。わたしは当時大学院生だったモニーク・ユーデル（現在はオレゴン州立大学教授）といっしょに、ヴァンホールトたちの論文を何度も何度も読み返した。はじめのうちは、わたしたちの興味の対象――何がイヌを（心理学レベルで見て）特別な存在にしているのかという疑問に関係がありそうなものは見つけられなかった。「記憶形成や行動感作」に関係する遺伝子をめぐる記述など、ところどころに興味を引かれるものはあったが、イヌの特別なところは知能なのか、それとも心の絆を築く能力なのかという疑問の答えは何もないように見えた。

　そんなとき、ひとつの遺伝学語がわたしたちの目に飛びこんできた。ヴァンホールトたちは、ある遺伝子に近いひとつの変異を見つけ、こんな説明をしている。「ヒトにおいてはウィリアムズ・ボイレン症候群の原因となる遺伝子で……著しい群居性などの社会的習性を特徴とする」

「著しい群居性」――これこそまさに、わたしたちが行動研究で目にしてきた現象を完璧に要約する言葉では？　イヌと人間の関係を特徴づける、強い心の絆を専門的に表現した言いかたではないか？　わたしは急いでウィリアムズ・ボイレン症候群のことを調べてみた。すぐにわかったのは、そのウィリアムズ症候群（一般にはそう呼ばれている）には多くの症状があるが、なかでも目立つ特徴が過剰な社交性だということだ。

ウィリアムズ症候群の患者には「他人」という概念がない。彼らにとっては、誰もが友だちだ。ウィリアムズ症候群の患者はよく、こんなふうに描写される。「外向的、社会性が高い、極端に人なつこい、親しみやすい、愛想がいい、自分以外の人に極端な関心を示す、知らない人をおそれない」

ＡＢＣニュースのサイトで見つかったのが、ニューヨーク州北部でウィリアムズ症候群の子どもたちのためのサマーキャンプを取材した『２０／２０』のビデオクリップだ。「みんながあなたと友だちになりたがる場所」と題されたそのビデオのなかで、ジャーナリストのクリス・クオモは、子どもたちから受けた歓迎の熱烈さに見るからに圧倒されている。テレビカメラにも怯むことなく、子どもたちはクオモに質問を浴びせかける。どこから来たの？　好きな色は？　子どもはいる？　ある場面では、たぶん一二歳くらいの少女が女の子は好きかと尋ね、クオモの「もちろん好きだよ」という答えに、くすくす笑いながら恥ずかしそうに顔を覆った。

このビデオを見てすぐに思い出したのが、人間がイヌのふりをするコミカルなユーチューブ動画の数々だ。わたしがとくに好きなのは、ジミー・クレイグとジャスティン・パーカー演じる「ネコ型の友だちＶＳイヌ型の友だち」で、この動画の視聴回数はこれを書いている時点で二六〇〇万回を超えている。イヌを演じるジャスティン・パーカーは、ウィリアムズ症候群の子どもたちをそっくりそのまま体現しているかのようだ。極端に人なつこい、親しみやすい、愛想がいい……パーカーを見て思い浮かぶ形容詞はどれも、『２０／２０』のビデオクリップに登場する子どもたちにもあてはまる。

正直にいって、わたしはウィリアムズ症候群の子どもたちを見て、かなり驚いた。ばかなことをいっていると思われるかもしれないが、子どもたちがみんなでイヌのふりをしているように見えたのだ。そして、そう思ってすぐに、自分を恥じた。どれほどイヌを愛していたとしても、わが子を見てイヌを連想してほしい人などいないだろう（そう願いたい）。ＡＢＣのビデオに出てくる子どもたちのなかには、当時のわたしの息子と同じ年ごろの子もいた。わたしだって、息子を人間扱いせずにイヌになぞらえることなど、誰にもしてほしくない。

気もちのうえでは自分の見ているビデオにややたじろいでいたものの、科学という点では、わたしはものすごく興奮していた。ウィリアムズ症候群の子どもたちの行動とイヌの行動とのつながりは、とても強い。直感的に、そう思った。これこそがミッシングリンクなのでは？　長いあいだ探し求めてきた、イヌの特別なところを知るための手がかりなのではないか？

そのビデオの科学的な意味をあれこれと考えているうちに、しっぺ返しを受けたような気分にもなりはじめた。それぞれの個体の行動は、あるひとつの遺伝的な遺産の直接の結果と単純にいえるものではない。イヌとオオカミの行動を比べた研究で、モニークとわたしはしきりにそう指摘してきた。遺伝子の影響は、生活での経験に大きく左右される。別種の動物のジェスチャーにしたがうというような行動は、子犬――人間の赤ん坊でもいい――が生まれたときから完全にできあがっているわけではない。オオカミは人間の指さしジェスチャーにしたがうか否かをめぐって、ほかの科学者たちとの論争に足をつっこみはじめていた当時のわたしたちは、それをどうにか証明しようと四苦八苦していた。人間の子どもでさえ、周囲の人の指さしジェスチャーにしたがうように生まれついているわけではない――一歳の誕生日を過ぎたころにようやく、腕や身体のジェスチャーに確実にしたがうようになる。モニークとわたしの実験で、人間の指さしジェスチャーにいそいそとしたがい、その意味をたしかに理解していると実証されたオオカミは、一部の個体――人間の近くで育つという、きわめて特殊な（イヌの場合はごく普通だが）環境で生きてきたオオカミたちだった。

遺伝的特性だけで決まるのではなく、むしろ経験のほうが重要だ。そう説明するのに力を注いできたモニークとわたしにとって、この遺伝学分野の発見に大喜びするのは少しばかりきまりの悪いことだった。もっとも、イヌの特性を理解するうえで、遺伝の重要性を否定したことはいちどもない。わたしたちがイヌと呼ぶオオカミの亜種と、いまもオオカミと認識されている別の亜種とを隔てるものは、それぞれの遺伝情報のなかに潜んでいるにちがいない。それはわざわざいうまでもないことだった。

　この興奮の瞬間をわかちあってからまもなく、モニークは研究者としてのキャリアを先へ進め、オレゴン州立大学で自身の研究室を設立した。もちろん、そのあとも連絡はとりあっていたし、おたがいが夢中になっている科学の話題をちょくちょく語りあってもいた。たぶん、モニークがオレゴンに移ってから一年も経っていないころだったと思うが、とある会合でブリジット・ヴァンホールトに会ったとモニークから聞いた。ブリジットはウィリアムズ症候群遺伝子を、オオカミからイヌに進化するあいだに生じた重要な遺伝子変化と見なしていたという。二種類のイヌ科動物のゲノムで生じたそのごく小さな変化が、ほんとうにオオカミとイヌの行動に見られる本質的な違いを生んでいるのだろうか。モニークとわたしは、それを調べる方法を見つけたいと考えた。そこで、ブリジットと協力体制を組み、このエキサイティングな問題に挑むことにした。

　まず見つけなければならないのは、オオカミからイヌへの進化の過程で変異したとブリジットが見なしたその遺伝子が、イヌの特性とはあまり関係のないウィリアムズ症候群の別の症状ではなく、ほかでもないイヌの「著しい群居性」を生んでいると証明する方法だ。忘れてはいけないのは、ウィリアムズ症候群には多くの遺伝子（二七個ほど）が関係していて、わたしたちが関心を向ける群居性、つまり人なつこさ以外にもさまざまな症状が表れることだ。ウィリアムズ症候群患者の顔つきは「妖精のよう」と形容されるし、心臓の障害を抱えるケースもある。聴覚過敏や精神発達遅滞などの問題もよく見られる。

　ちょうどそんなことを考えていたころ、ウィーン獣医科大学のオオカミ科学センターを訪ねるチャンスが舞いこんだ。そこで目にしたものは、イヌとオオカミの行動の大きな違いをありありと示していた。

　オオカミ科学センターは、行動生物学者のカート・コトルシャル、フリーデリケ・ランゲ、ジョフィア・ヴィラニが設立した施設だ。オオカミとイヌを同じ条件で育てることにかけては、これ以上の場所はおそらく望めないだろう。ウィーンから南西に一時間ほど行ったワイン産地の、城を中心に広がる美しい村に位置するオオカミ科学センターは、オオカミの集団——二五頭ほど——を飼育している。ここのオオカミは人間の手で育てられ、人間がそばにいることを自然に受け入れている。このセンターを訪れた時点で、わたしはすでにインディアナ州のウルフ・パークで人間に育てられたオオカミと何度も接していた。そんなわけで、オオカミたちの気高さにはいつも畏敬の念を抱いていたものの、この訪問のお目あてはオオカミではなかった。わたしの興味をそそったのは、このセンターにいるイヌたちだ。

　オオカミ科学センターでは、オオカミとイヌの行動をできるかぎり正確に比較するために、数十頭のイヌをオオカミとできるだけ同じ条件で育てている。子犬を生後数週間で母犬から離し、人間が世話をする。その後、ひとりだちできるまで育ったら、フェンスで囲まれたエリアに入れ、もっぱら同種のなかまたちと生活をともにさせる。人間に育てられたイヌたちは、飼い犬と同じように、人間を社会のなかまとして抵抗なく受け入れる。イヌもオオカミも、人間と接する機会は毎日あるものの、基本的には同種のなかまのなかで生活を送っている。そして、ここのイヌとオオカミはほとんど同じように育てられているので、この二種を対象としたテストでなんらかの違いが見られれば、それはまちがいなく育ちではなく生まれによるものということになる。

凍えるような二月のある日、センターを訪ねたわたしは、ジョフィア、フリーデリケ、カークに迎えられ、施設を案内してもらった。センターの施設はとてもすばらしく、オオカミとイヌが暮らすたくさんの囲いと、ほとんど森のなかのクラブハウスのようなすてきな研究棟が備わっている。

施設見学では、まずオオカミに会わせてもらった。オオカミたちはその週の嵐が残した雪だまりに囲まれ、やわらかな日ざしのなかで穏やかにまどろんでいた。近づくわたしたちの足音を聞きつけると、多く（全員ではないが）のオオカミが立ち上がってのびをして、フェンスのほうによってきた。こちら側にいた人間のうち、オオカミになじんでいる人たちは、金網ごしに彼らをなでた。ほとんどのオオカミはなでてもらいたがっていて、喜んでもいるように見えた。尻尾をゆるやかに振りながら、なでてもらおうと近づいてくる。とはいえ、訪問者に向ける関心はつねに控えめだった。何頭かのオオカミはわたしたちを完全に無視した。

そのあと、わたしたちは施設内をさらに進み、イヌが暮らすエリアへ行った。囲いに到着するまえから、イヌたちはこちらに向かって走ってきて、興奮したようにワンワンキャンキャンと吠えたてては、尻尾を熱烈に振りまわした。わたしたちに最初に気づいたイヌが奥にいるほかのなかまに知らせると、興奮しきったイヌたちがフェンス沿いを猛然と駆けまわり、あっというまに大騒ぎになった。

その瞬間、わたしは思わず足を止め、近い関係にあるふたつの亜種と接したときの違いの大きさをかみしめずにはいられなかった。オオカミの囲いに入るときには、オオカミ科学センターのオオカミが人間をけっして傷つけないと知っていても、頭のどこかで自分の身の安全を心配せずにいるのは難しい。それに対して、イヌの場合は、身の安全の心配はまったくなかった——心配だったのは、雪と泥で汚れてしまうことくらいだ。というのも、イヌたちがあまりにも熱烈にわたしたちに跳びついてきたからだ。

人間に対するオオカミのゆるやかな関心と、イヌの熱狂的な歓迎。そのくっきりとした差は、同じイヌ科の親戚であるにもかかわらず、オオカミとイヌでは人間との結びつきの強さがまったく違うことを示す、疑いようのない証拠だった。

このふたつのイヌ科の亜種はまったく違う。ウィーンからもち帰ったそのあざやかな印象をもとに、わたしはモニークとブリジットを相手に、ウィリアムズ症候群遺伝子がイヌとオオカミのまったく違う行動の基礎になっている可能性を調べる方法を話しあった。

もちろん、オオカミとイヌでは人間に向ける熱意が違うという、わたしがオオカミ科学センターで受けたざっくりした印象以上のものが必要だ。理想をいえば、シンプルで手軽なテストをうまく使って、種をまたいだ愛情を抱く能力について、イヌとオオカミを科学的に比較できる方法で測定したかった。そうすれば、別種の動物を愛する能力のどこまでがイヌ固有のもので、どこまでが祖先にあたるオオカミから受け継いだものかを見極められるはずだ。

検討すべきテストの候補はたくさんあったが、よくよく考えてみたら、ここでまさに求められているような優れたテストをわたしたちはすでに経験していた。この本の二章で、ブエノスアイレスから来た友人のマリアナ・ベントセラが考えた実験方法に触れた。その実験は、いまではモニークとわたしのお気に入りのひとつになっている。広い場所に置いた椅子を中心に一メートルの円を描き、その椅子に人間を座らせる。実験場にイヌを二分間入れ、イヌが円内で過ごす時間の割合を測定する。ウルフ・パークでは、オオカミ相手に同じテストを再現できた。

ウルフ・パークでマリアナがテストしたオオカミたちは、毎日のように知らない人間に会っているにもかかわらず、見慣れない人間と触れあう傾向をほとんど示さず、よく親しんだ人間が椅子に座っている場合でも、一メートルの円内で過ごす時間は二分間のテスト時間の四分の一ほどだった。それに対して、イヌが知らない人間とともに円内で過ごす時間は、オオカミが生まれたときから知っている人間を相手にした場合よりも長かった。そして、よく知っている人が椅子に座っているときには、イヌは一秒たりともその人から離れなかった。

この実験に加えて、モニークは教え子たちとともに、第二のごくごくシンプルな実験をウルフ・パークの同じオオカミやオレゴン州のイヌを相手におこなった。このテストでは、ありふれたプラスチック容器にソーセージのかけらを入れてオオカミとイヌに与えた。作業を簡単にするために、容器のふたに太いロープを通して、オオカミやイヌがふたを開けたいときにはすぐに開けられるようにした。オオカミはたいてい、まっすぐ容器に近づいてふたを引きちぎり、なかに入っているおいしいごちそうを手に入れた。ところが、ほとんどのイヌは、人間が近くにいる場合には、まっすぐ容器に向かうかわりに、すがるような目で人間を見て助けを求めた。近くにいる人間を見るこの傾向も、社会的接触に対する関心を測るもうひとつの指標になる。こちらの場合は、解決したい問題に直面している状況で、イヌもしくはオオカミがどれくらい社会的接触を求めるかがわかる。

この実験のあと、わたしたちは共同研究者に加わったばかりの遺伝学者に助けを求めた。モニークは行動テストを受けたイヌとオオカミの遺伝子サンプル（頬の内側を綿棒でこすって採取したもの）をブリジット・ヴァンホールトに送った。テストで見られたイヌとオオカミの違いは、イヌの最近の進化で変異したとブリジットが特定したウィリアムズ症候群遺伝子に起因しているのか。それを遺伝子サンプルでたしかめようというわけだ。

遺伝学は手順という点では複雑だが、わたしたちが答えを求めている疑問は、コンセプトとしては単純で、同時に深遠なものでもある。テストを受けたイヌとオオカミは、違う行動をとった。そして、遺伝子にも違いがある。ふたつの単純な社交性テストで見られた人間との関わりかたの違いと、テストを受けた動物の遺伝子とのあいだに関連はあるのか？

期待を膨らませてはいたものの、単純な行動パターン（椅子に座った人間に近づく、助けを求めて人間を見る、など）と生物のもっとも基礎的なレベル——つまり遺伝コードとのあいだに、直接のつながりを見つけられると確信していたわけではなかった。だから、人間に対するイヌの強い関心がヒトのウィリアムズ症候群に関与する三つの遺伝子と結びついていると知らせるメールがブリジットから届いたときには、数年前にモニークとともにオオカミが人間の指さしジェスチャーにしたがうと確認したときに負けず劣らず興奮した。イヌを自然界のなかで際立たせているもの——人間との関係で成功を収めた秘密が、とうとう明らかになったのだ。

ブリジットは、三つの遺伝子のうちのひとつ（ＷＢＳＣＲ１７という詩的とはいえない名をもつ）がイヌの最近の進化で強い選択圧を受けたと実証することに成功した。つまり、この遺伝子は家畜化の過程で変異したということだ。ブリジットの分析では、この遺伝子と、ＧＴＦ２ＩとＧＴＦ２ＩＲＤ１というさらにふたつの遺伝子の遺伝子型の違いが、イヌとオオカミに見られる社交性の違いを生んでいることがわかった。

イヌがオオカミとわかれる過程で変化した遺伝子の特定というトップニュース級の発見のほかに、この研究ではさらにふたつの興味深い事実が明らかになった。ひとつは、その三つの遺伝子の型が犬種によって異なり、それぞれの型の分布が「人なつこい」や「打ち解けにくい」といったよくある犬種の説明と重なっていることだ。モニークとブリジットは目下、さまざまな犬種のイヌから集めた大量のサンプルを調べて、遺伝子型の違いが犬種による社交性パターンの違いにどうつながっているのか、その全体像をもっと正確に把握しようと試みている。第二の驚くべき発見は、マウスの遺伝子を人工的に操作する過去の実験のなかで、ＧＴＦ２Ｉ遺伝子とＧＴＦ２ＩＲＤ１遺伝子が社交性に関与しているとたしかめられていたことだ。さらにもうひとつ、興味深い意外な事実がわかった。少数のウィリアムズ症候群患者は、この症候群の一般的な特徴とされる過度の人なつこさを示さない。そうした患者では、このふたつの遺伝子が変異していない通常型だったのだ。

これらの発見はどれも、イヌとウィリアムズ症候群患者に密接なつながりがあることを裏づけている。リンショーピン大学のミア・パーソン率いるグループの新研究では、ＢＩＣＦ２Ｇ６３０７９８９４２とＢＩＣＦ２Ｓ２３７１２１１４というさらに詩的な名をもつ別の遺伝子も、イヌが人間に向ける関心にひと役買っていることが示唆されている。このふたつの遺伝子は、人間では自閉症に関係している。自閉症は社会的接触に対する関心の——過剰さではなく——小ささを症状のひとつとする症候群だ。だが、イヌの場合、この遺伝子の違いが人間とは異なる、もっといえば反対の影響を及ぼす可能性もある。このデータをすり鉢に加えてよくすりあわせれば、イヌの遺伝子と特徴的な行動パターンのつながりをつきとめられるかもしれない。

このすばらしい科学的発見に関われたことに興奮するいっぽうで、ウィリアムズ症候群患者とイヌの遺伝子が類似しているという発見に、ウィリアムズ症候群の子をもつ親が傷つくのではないかとわたしは心配していた。でも、それは杞憂だったようだ。そのつながりは直感として理解できるものだったからだ。わたしたちの発見を報じたあるジャーナリストは、米国ウィリアムズ症候群協会の会員にインタビューをした。その会員はウィリアムズ症候群の子どもたちについて、こうコメントした。「あの子たちに尻尾があったら、きっと振りまわしているでしょう」

ウィリアムズ症候群患者の典型的な行動パターンは、科学論文では「過度の社交性」や

「極端な人なつこさ」と表現される。わたしが自分で論文を書くときも、同じような表現を慎重に使っている。人間に対するイヌの反応を表すときには、親和性、接触欲求、社交性といった言葉をよく使う。そうした言葉は、客観的に測定できる特定の行動に、いわば「ラベルを貼る」ためのものだ。たとえば、飼い主と離れてひとりきりにされたイヌが出す鳴き声は観察可能だ。親しい人にあいさつするために注ぐエネルギーも、低い姿勢や、跳びあがって飼い主の口の端をなめようとするようすとして観察できる。悲しんでいるように見える人間を慰めるためにイヌがとる行動も測定できる。

わたしは科学用語の正確さを大切にしているが、ひとつひとつの行動にラベルを貼って測定するだけでは、ものごとがよく見えなくなり、もっと大きなパターンをみすみす見落としてしまうこともあると思っている。たとえば、イヌが人間とのあいだに築く絆では、これまでにあげたような行動や神経やホルモンのはたらきが、そのほかのたくさんの要素とともに、大きなひとつの全体像をかたちづくっている。そして、その全体像は、単なる社交性や人なつこさ以上の言葉で表現するにふさわしいものだ。

イヌは単に社交的なのではない。正真正銘の親愛の情を見せている――その感情は、わたしたちが同じ人間のなかに見たのなら、普通は愛と呼ぶはずのものだ。イヌの本質は、ウィリアムズ症候群の人たちと同じように、深いつながりを築きたい、温かで親密な関係をもちたいという欲求にある――それはつまり、愛し、愛されたいという欲求だ。

ウィリアムズ症候群の子どもたちの驚くような行動をまのあたりにし、その症候群に関係する遺伝子変異とイヌの愛情行動とを関連づける革新的な実験に関わったあとは、もうどんな説得も必要なかった。幅広い科学的証拠を検証し、同じ遺伝的特徴を共有するイヌと人間の類似性をたしかめたいまとなっては、ありのままの事実を口にすることになんの不安もない。イヌは人間を愛している。そう断言してもいいと思えるようになったのは、ひとえにこの長い科学的探究の道のりがあったから――そしてその過程で、あらゆる手を尽くして、疑い深い過去のわたしを納得させようとしてきたからだ。

一方ではイヌが特別な知能をもつ可能性を、他方では人間と愛情で結ばれている可能性を、できるかぎり徹底的に調べてきた。このふたつの可能性にわたしがつきつけてきた挑戦状は、イヌを愛する人からすれば、よくても不必要、悪ければひねくれた意地悪に見えるかもしれない。それはわたしにもわかっている。というのも、長い空の旅で隣あわせた見知らぬ人から親しい友人まで、大勢の人がわたしにそういってはばからなかったからだ。よけいな心配はやめてイヌを愛せばいい、といわれることもあった。もっとも、ゼフォスとの日々の暮らしでは、まさにそのとおりのことをしていたのだが。

でも、体系的な探究から――できるだけ先入観を排《はい》し、偏りのない方法で証拠を集める努力から得られるものもある。それは何かといえば、たしかな足場の上に築かれた結論に達するという、途方もなく大きな興奮だ。ウィリアムズ症候群遺伝子に関する分析結果と自閉症遺伝子をめぐるミア・パーソンの知見は、生物という構造のもっとも基礎的なレベルに切りこんでいる。そこで注目されているのは、DNA、つまり生物の設計図だ。そして、イヌの遺伝物質のなかには、人間を愛する下地が存在することをまぎれもなく示す暗号が書きこまれている。その暗号は、ホルモンや脳構造から、飼い主のそばにいると同調する心臓まで、あらゆるものをひとつにつないでいる。大好きな人のそばにいるときの喜びの反応や、引き離されたときの悲しみの反応。飼い主との触れあいが餌よりも大きな報酬になること。飼い主が苦しんでいたら（何をすべきかわかっていれば）助けようとすること。そのすべてに影響している。世界各地の研究グループが個別に実施したあらゆるレベルの分析から発信されているのは、ひとつの同じメッセージだ。

イヌの本質は愛である。

その愛が、イヌを特別な存在に――人間のまたとない相棒にしている。もっとも近い関係にあるイヌ科の親戚のオオカミも含めて、地球上のほかの動物からイヌを際立たせているものは、彼らのもつ愛の能力なのだ。イヌは親しい人に全力で近づき、愛情のこもった触れあいをしようとするが、知らない人にも興味を示す。その点では、野生の親戚であるオオカミとはまったく違う。オオカミの場合、生後できるだけすぐに母親から離して人間が育てても、育ての親を相手にしたときでさえ、それほどの感情のつながりは見せない。オオカミと人間の友情は成立するが、その関係には、イヌが人間に向けるようなあけっぴろげの愛は含まれていない。

長い苦労のすえに、愛情をもつ動物としてイヌを理解できるようになったいまでは、自分が特別なものを手に入れたような気がしてならない。何がイヌを動物界の特別な存在にしているのか。いまのわたしには、それがわかっている。動物行動学者としての——そしてひとりの人間としての——聖杯を、わたしは見つけたのだ。

けれど、その知識は、もっと知りたいという欲求をかきたてただけだった。そこから新たに生まれたいくつかの重要な疑問を、このあとの章で考えていこうと思う。

まず、イヌはどんな経緯でいまのような動物になったのか？　あけっぴろげの愛を抱くイヌの能力が祖先のオオカミにないことはわかったが、その知識は別の大きな謎を呼んでいる。イヌはいつ、どんなプロセスをたどって、その愛の力を身につけたのだろうか？

第二に、個々のイヌの愛はどのように育つのか？　世界中の野良犬を見てきた経験からいえば、たとえ愛の能力をもっていても、すべてのイヌが同じように人間を愛するわけではない。イヌはどうやって愛を育むのか——そして、どうすればわたしたち人間がその愛を育てられるのだろうか？

そして、最後の疑問が何よりも重要だ。愛情をもつというイヌの性質は、イヌにとって、そして人間との暮らしにとって、何を意味するのか？　イヌの本質が愛の能力にあるという知識は、わたしたち人間とイヌがわかちあう関係の何を物語っているのだろうか？　わたしが自問してきたもののなかでも、この疑問はひときわ重大で、急を要するものだ。そして、何よりも深い意味をもつことになるかもしれない。

第五章 起 源

すべてのイヌは愛をもって生まれる。でも、いったいどんな経緯で、そしていつ、イヌは愛の能力を身につけたのだろうか？

愛情たっぷりのイヌの行動の記録は、古くは書き言葉が生まれたばかりのころまでさかのぼる。熱烈さという点でほかの追随を許さないものといえば、ニコメディアのアッリアノスという人物が二〇〇〇年近くまえの古代ギリシャで書いた文章だ。

哲学者で歴史家、そして兵士でもあったアッリアノスは、アレクサンドロス大王の偉業を綴った『東征記』で名をあげた。若いころはローマ皇帝ハドリアヌスに目をかけられ、ローマ軍の一介の兵士から帝国議会の議員に抜擢《ばってき》された。けれど、回想録を書いていた晩年にアッリアノスの心を占めていたのは、ハドリアヌスでもほかの人間の友でもない。彼が考えていたのは、愛犬のことだった。

アッリアノス（イヌをめぐる文章を残した著述家の先人に敬意を表して、「アテナイのクセノフォン」を自称していた）は、ハウンド犬を使った狩りに関する本を書いていた。ところが、ハウンド犬の理想的な特性を説明する段落の途中で、執筆中に足もとで寝ていた愛犬ホルメをいきなりほめたたえはじめた。アッリアノスは「グレーのなかのグレーの瞳をもつハウンド犬を育てた」ことを語り、こう続けた。

このうえなくやさしく、このうえなく人間を好む。かつてほかのどんなイヌも……彼女のように……わたしのそばにいることを熱望したものはいない……体育場《ギュムナシオン》へ行くわたしにつきしたがい、身体を動かすわたしのそばに座っている。帰るときにはわたしのまえを歩き、わたしが道を外れてどこかへ行ってしまっていないかとたしかめるように、しばしばうしろを振り返る。わたしがいるのを見ると、ほほえんでまた先導する……ほんの少しのあいだでも離れていたあとに再会すると、出迎えるようにぴょんと跳び上がり、歓迎の鳴き声で愛情を伝える……ゆえに、このイヌの名を書き記すのをためらうべきではないとわたしは考える。これにより、彼女の名は後世まで語り継がれるであろう。すなわち、アテナイのクセノフォンは、ホルメという名の、きわめて機敏できわめて賢い、この世のものとは思えぬイヌを飼っていた。

アッリアノスが愛犬に捧げたこの心温まる賛辞から読みとれるのは、人間がイヌに注ぐ愛の深さだけではない。イヌが人間に向けて愛情を伝えるようすも生き生きと描かれている。そして、人間に対するイヌの愛が、近代になってから生まれた歴史の浅いものではなく、このすばらしい種と人類との関係のなかに数千年もの昔からずっと存在していたことをはっきりと示している。

人間とイヌの愛に満ちた関係のルーツは、この二〇〇〇年前の例よりもさらに昔にさかのぼる。人間とイヌの心の絆を示す文字記録のうち、わたしが見つけたもっとも古いものは、四〇〇〇年以上前の古代エジプトの墓碑だ。英単語にしてわずか六八語で綴られたその短い記録は、イヌが人間に対してどうふるまったかについては何も伝えていない。けれど、その言葉が墓碑に刻まれ、数千年の時を越えて生き延びたという事実そのものが、ふたつの種のあいだに大昔からあった愛情をうかがわせる。

このイヌは王の護衛であった。名はアブウティユウ。王の下命により葬られ、王家秘蔵の棺、あまたの上質の亜麻布、香が与えられた。王は香りのついた軟膏《なんこう》を下賜《かし》し、石工たちに墓の建造を（命じた）。王はこれにより、このイヌに栄誉を与えんとした。

亜麻布、香、香りのついた軟膏、秘蔵の棺、特別に建造された墓。この墓碑銘を読んで、自分の墓の豪華さはこのイヌの墓の半分にも及ばないのでは……と思ってしまう人もいるのではないだろうか。安心してほしい──そう思ったのは、もちろんあなただけではない。このエジプトの支配者の愛犬によせる思いが、数千年にわたり、墓碑銘に出くわした数かぎりない人に強い印象を残してきたことはまちがいない。でも、よくよく考えてみれば、狙いはまさにそこにあったのだ。

大昔の文献では、そうした人間とイヌの強い結びつきが断片的ながらあちらこちらに顔を出す。だが、文字による記録でたどれるのはそこまでだ。身元不明のエジプトの支配者がアブウティユウ（この名前をうまくいえた人にも栄誉を！）に対して抱いていたような気もちを表現できるほど複雑な文章は、そのヒエログリフが墓石に刻まれた時代の数世紀前にはおそらく存在していなかっただろう。

さいわい、文字による記録よりもまえのイヌの存在に関しては、たくさんの考古学的証拠が残っている。しかし、その証拠がどれくらい昔までさかのぼるかについては、考古学者のあいだで激しい論争の的になっている。というのも、証拠のほとんどが骨で構成されているからだ──骨に隠された秘密を解読するのは、おそろしく難しい。あまりに難しいせいで、どの骨がイヌのものでどの骨がそうでないかをめぐって、科学界のあちらこちらで熾烈《しれつ》な論争が繰り広げられているほどだ。

大昔のイヌとオオカミの骨なんて、簡単に区別できるのではないか。そう思うかもしれないが、実際には、考古学の標本を区別するのは、あなたが考えているよりもはるかに難しい。問題は、大昔のイヌとオオカミが解剖学的にはよく似ていることにある。現代のわたしたちからすれば、オオカミと聞いて思い浮かべるのは大きくて獰猛《どうもう》な動物で、いっぽうのイヌはそれよりもずっと小さくて穏やかな生きものだ。ところが、その違いは、初期のイヌが登場したはるか昔には、はっきりしているとはとうていいえなかった。

初期のイヌはオオカミによく似ていた。確信をもってそういえるのは、イヌをイヌにするために必要な遺伝子変化のすべてが突然まとめて起きることはまずありえないからだ。イヌ科のふたつの集団が完全に違うものになるまでには、何世代もかかったはずだ。進化の記録のなかに存在するこの長いグレーゾーンのせいで、最初期のイヌの歴史をたどれるほどの正確さで大昔のイヌとオオカミの骨を区別するのは至難のわざになっている。

この分野に関心をもつ考古学者全員がまちがいなくイヌのものと認める最古のイヌの遺骸は、生後七か月の子犬の骨で、年代も一万四二二三年（プラスマイナス五八年）前とかなり正確に特定されている。この骨は一世紀以上前にドイツのボン近郊にある採石場で見つかり、長いあいだ博物館の引き出しのなかで忘れ去られていた。最近になってようやく、最新テクニックを使って丹念な分析がおこなわれ、いまではその骨から、初期のイヌが人間と愛情の絆を結んでいたのかどうか――そしてその絆はどんなかたちだったのか――を知るための興味深い手がかりが集まっている。

ボンの子犬の骨を調べた最新の分析からは、人間がこの動物の幸せを気づかっていた可能性が浮かび上がった。オランダ・ライデン大学のルク・ヤンセンス率いる研究チームによれば、この子犬はイヌジステンパーを患っていて、人間が看病していなければ七か月まで生き延びられなかったはずだという。この結論は歯のエナメル質に残る痕跡を根拠にしていて、一万四〇〇〇年以上にわたって地中に埋もれていた歯の痕跡を正しく解釈できるのかという点で議論の余地がある。でも、もしほんとうなら、はるか昔に死んだ子犬とその世話をした人間との絆を裏づける強力な証拠になるだろう。

ボンで見つかった骨の真相はさておき、イヌが何千年にもわたって人間を愛してきたことは、人間がその愛に応えていたかどうかにかかわらず、数多くの証拠で裏づけられている。さらに、古代ギリシャ人の書物や古代エジプトの墓碑銘、そしてほかのたくさんの資料を見ると、イヌとお近づきになりたいとは思っていなかったような人たちでさえ、イヌを人間に引きよせる強い引力に、歴史のはじまりからずっと気づいていたのではないかと考えずにはいられない。そしてもちろん、最初期の文字記録のなかには、多くの人がたしかにイヌの愛に応えていたことをありありと示す証拠も山ほどある。

この長い関係の歴史には、とても興味をそそられる。そしてそれは、細部のほとんどはまだわかっていないものの、種をまたいだ驚くべき愛が有史時代の幕開けよりもさらに昔にさかのぼることを物語っている。イヌは人間を愛する能力をもっている。その結論に達したあとにわたしの頭を占めるようになったのは、その歴史の物語だった。この能力は、いったいどこから来たのだろうか？　かぎられた相手と強い絆を結ぶ傾向をもつ、どちらかといえばよそよそしいオオカミが、いったいどんな道をたどって、別種の動物に気前よく愛情を注ぐ、オオカミとは対照的な性質をもつイヌに変化したのか？　イヌの愛の能力はどこで、どんなふうに生まれたのだろうか？

オオカミからイヌにいたる変化が起きたのは、目撃者になる人間がいたはずの時代のことだ。でも、その人間たちはほかに気をとられていたにちがいない。というのも、そのプロセスがどう展開したのかを伝えるものを、人間たちは何も残していないからだ。そのうえ、残されている手がかりには憶測の入りこむ余地がたっぷりある。イヌの進化の旅が残した痕跡はひどくあいまいだ。イヌの起源という謎に関心をもつ考古学者や遺伝学者のあいだで、進化の過程や人間が演じた役割をめぐる意見が割れがちな原因は、まさにそこにあるのかもしれない。

さいわい、イヌの愛の能力がどうやって生まれたのかを知りたいのなら、イヌが存在するようになった正確な時期にこだわる必要はない。肝心なのは、イヌが進化したプ、、、ロセスと、その進化の歴史のなかで愛の能力の大きさが果たした役割だ。

　イヌの起源をめぐる物語のうち、おそらくもっとも耳にすることの多いバージョンは、狩猟採集生活を送っていた人類の祖先が、狩りの助手にするために、とくに人なつこい性格のオオカミの子を飼いはじめたという筋書きだ。この説を最初に提唱したのは、一八世紀のフランスの自然学者ジョルジュ・キュヴィエと見られている。キュヴィエの説によれば、同腹のオオカミの子のなかからもっとも穏やかな性格の子が選ばれ、そのオオカミが次世代の親になる、というプロセスを何世代も繰り返すうちに、現代のわたしたちの知るイヌが少しずつかたちづくられていったという。この説を裏づけているのは、現代の狩人たちの多くがイヌを狩りの助手として重宝している事実だ。人間による最初期のイヌの描写のなかには、まさにその役割を担っていたことを示すものもある。

　人間の狩りの相棒という大昔のイヌの役割は、たしかに進化に大きな影響を与えたのだろう。さらに、この章の後半で詳しく説明するが、人間を愛するイヌの能力が生まれたのは、人間とイヌとの長きにわたる狩りの協力関係によるところが大きいとわたしも考えている。だが、イスラエルでのある体験をきっかけに、人類の祖先が狩りのためにイヌをつくったとは、厳密にはいえないのではないかと思うようになった。

　二〇一二年、ゼフォスをわが家に引きとったのと同じ年に、わたしはイスラエルを巡礼した。たいていの人は、それぞれの信じる宗教の発祥地を見るために聖地イスラエルを訪れる。わたしが追い求めていたのは、それとは違う、でも同じくらい根元的なこと――イヌの起源だった。

　わたしがイスラエルへ行ったのは、イヌの最古の遺骸（と当時のわたしが思っていたもの）を見るためだった。一万二〇〇〇年前ごろに人間の女性とともに埋められた子犬の骨だ。女性の手は子犬の腹の上に置かれていた。この考古学的発見から、イヌは中東で誕生したと考えられるようになった。当然ながら、わたしはその骨を自分の目で見たかった。

　もうひとつ、わたしが見たいと熱望していたのが、中東に生息するオオカミの亜種、アラビアオオカミだ。このオオカミは、わたしにはおなじみの北米にいる大型のオオカミよりもかなり小さく、大きめのラブラドール・レトリバーのサイズに近い。とくに知りたかったのは、わたしが少しだけ慣れ親しんだハイイロオオカミよりも、アラビアオオカミのほうが飼いならしやすいのか、という点だ。もしそうなら、イヌがこの地域で生まれた可能性はさらに高くなる。

　イスラエルに滞在した一週間の最終日にようやく、博物館の随行員からもらったヒントのおかげで、わたしは何頭かのアラビアオオカミに近づくことができた。ガリラヤ湖から南に三キロほど行ったところにある、アフィキムというキブツ（生活共同体）を訪ねるといいと教えてもらったのだ。このときの体験は、イヌがイヌになった経緯をめぐるわたしの考えを根本から変えることになった。

このキブツには、ふたりのドキュメンタリー映画制作者が暮らしている。ヨシ・ワイスラーとモシェ・アルパートだ。ここへの訪問を随行員がすすめたのは、モシェが何頭かのアラビアオオカミの子を育てていることを知っていたからだ。オオカミを育てる目的は、ヨシと制作しているドキュメンタリー映画に出演させることにあった。数千年前の狩人たちがどうやってオオカミを飼いならして狩りに協力させ、最終的にイヌへといたるプロセスをはじめたのか――それが映画のテーマだ。

残念ながら、わたしが訪ねた日のモシェはおそろしく多忙で、ほとんど話をするチャンスがなかった。そのかわり、ヨシにはおしゃべりをする時間がたっぷりあった。ヨシは親切にも、映画制作の資金を集めるためにモシェと撮った四分の短篇映画を見せてくれた。ごくシンプルな映画だったが、わたしは驚いた。腰布をつけた男性が弓矢を手に、二頭の若いオオカミと狩りに出る。男性は一頭のシカを見つけ、矢を放つ。画面は倒れたシカを見はるオオカミたちに切り替わる。オオカミに追いついた狩人は、獲物を肩にかつぎあげ、家路につく――オオカミたちは小走りでそのかたわらにつきしたがう。

ごく単純な流れのようだが、この映像はわたしを心底驚かせた。はじめは、ヨシの説明を誤解したのではないかと思ったほどだ。もしかしたらあれはオオカミなどではなく、ほんとうはイヌ（見た目はチェコスロバキアン・ウルフドッグに似ていた）なのでは？　いや、あれはたしかに、モシェが育てたアラビアオオカミだった。それなら、いったいどうして、大昔の狩人を演じる俳優はオオカミの目のまえでシカを悠々とかつぎあげられたのだろうか？　わたしの知るウルフ・パークのオオカミたちだったら、あんなふうに鼻先でごちそうをかすめとられることなど絶対に許さないだろう。

アラビアオオカミは、わたしの知るハイイロオオカミよりもはるかに従順な亜種なのだろうか。自分はいま、その証拠を目にしているのかもしれない。わたしは一瞬、そんなふうに考えた。アラビアオオカミがほんとうにこれほど扱いやすいのなら、人間に対する愛情はもともとこの亜種に備わっていて、イヌはその系譜を継いでいるのかもしれない。

わたしの頭のなかでは、この映像に隠された、研究の広範囲に影響しそうな意味がぐるぐるまわっていた。でも、よかったのか悪かったのかはわからないが、混乱はすぐに収まった。ヨシが説明してくれたところによれば、実際の撮影は、できあがった映像から想像されるようなスムーズなものではまったくなかったという。たとえば、ヨシ本人がオオカミをこわがっていた。監督のヨシはその試練のあいだずっと車のなかにこもり、少しだけ開けた窓から指示を叫んでいたらしい。

ここでいっておかなければいけないことがある。イスラエルがたびたび戦争をしていた一九六〇年代に、ヨシは落下傘部隊の兵士だった。わたしは昔から、落下傘兵はどんな兵士よりも勇敢だと思っている。飛んでいる飛行機から跳び出すだけでも相当な恐怖なのに、無防備にふわふわと地面に降りていくあいだに地上の敵兵に撃たれるかもしれないという動揺が加わるのだから。そんなわけで、ヨシはまちがいなく勇敢な人で、オオカミに対する彼の恐怖心がまったく根拠のないばかげたものだったとは考えにくい——それについては、すぐに本人が説明してくれた。

ヨシによれば、俳優が最初にシカの死骸に手をのばしたとき、オオカミたちは実は俳優を激しく攻撃したのだという。俳優が負った傷を治療するために、撮影を中止しなければならないほどだった。その場面の撮影をやりなおしたときは、俳優がシカをかつぎあげるあいだ、モシェがオオカミたちを押さえつけていた。

オオカミは、芝居上の狩りの戦利品をわけあうのを拒んだ。その事実は、できあがった映像よりも、わたしの予想するオオカミの行動としてずっとしっくりくる。この短篇映画の狙いは、オオカミが人間の狩りをどう助けていたのか、その筋書きを描き出すことにあった。ところが実際には、オオカミを助っ人に使った狩りはフィクションのなかでしか起こりえないことをありありと示す結果になったのだ。

もうひとつ、はっきりさせたいことが残っていた。ヨシの話によれば、ヨシ本人やキブツのほかのメンバーはオオカミをこわがっているが、モシェとその幼い子どもたちの近くでは、オオカミはなんの危険も感じさせないふるまいをするという。一部の人間を激しく攻撃するオオカミが、そのいっぽうで別の人間と絆を結ぶことなどありうるのだろうか？

モシェは映画の編集の締め切りに追われ、忙しさを極めていた。突然キブツに現れたあやしい学者とのQ&Aセッションには巻きこまれたくなさそうだったが、快くわたしと会って握手を交わしてくれた。赤い目を見れば、徹夜で仕事をしていたことは明らかだ。モシェに訊くことのできた質問はひとつだけ――「あなたが育てたオオカミは、あなたの家族のまわりにいるときにはまったく安全だと聞きましたが、ほんとうですか？」

モシェは何もいわずに、右腕の袖をまくりあげた。幾筋も走る大きな傷跡は、彼の育てたオオカミたちとの触れあいがいつもスムーズだったわけではないことを伝える、ものいわぬ証拠だった。モシェが何もいわなくても、わたしの知りたいことはすべて伝わった。人間の育てたオオカミとの狩りは、どう考えても非現実的で危険な行為だ。イヌの進化的起源は、どこかほかのところにあるにちがいない。

実をいえば、オオカミが狩りのよき相棒ではないことがわかっても、わたしはびっくり仰天したわけではなかった。偉大な学者だった故レイモンド・コッピンジャーのおかげで、心の準備ができていたからだ。コッピンジャーはイヌ学界の伝説的人物で、イヌの起源に関するわたしの知識の大半は彼から教わった。

コッピンジャーは、イヌの起源は狩人の助手にあるとする説に風穴を開けた最初の人物だ。彼はこの説を、軽蔑をこめて「ピノキオ仮説」と呼んでいた――そのあだ名は、嘘をつくとのびるピノキオの鼻からつけたわけではなく（そう思われてもコッピンジャーは気にしなかっただろうが）、物語の序盤、貧しい木彫り職人ゼペットが孤独をなぐさめるためにあやつり人形のピノキオをつくったくだりに由来している。

コッピンジャーは妻のローナとともに、『イヌ――イヌの起源、行動、進化をめぐる新たな認識（*Dogs: A New Understanding of Canine Origin, Behavior, and Evolution*）』と題したすばらしい本を書いた。人間が狩りの相棒にするためにもっとも穏やかな気質のオオカミを選び、そこからイヌが生まれたとする説がありえない理由を説明する本だ。コッピンジャー夫妻はこの本のなかで、ピノキオ説は真剣にとりあうに値しないと主張し、その根拠をずらりと並べている。ふたりの主張には、ここで簡単にまとめるだけの価値があるだろう。

第一に、オオカミには人間の狩りを手伝う動機がない。あなたがペットのオオカミを連れて狩りに出たとしたら、リードを外すや否や、相棒のオオカミははるか彼方へ飛んでいくだろう。そして、オオカミが嬉々として腹を満たしているあいだ、あなたは空腹を抱えて森のなかをうろうろ歩きまわるはめになる。数時間もすれば、おなかが膨れて満足したオオカミが戻ってくるかもしれないが、あなたにはいいことは何ひとつ起こらない。オオカミはあなたに食べものをもってきてくれないし、獲物に導いてもくれないだろう。

第二に、オオカミは危険すぎる。とくに子どもがいるところでは、人類の祖先は必要以上にオオカミに寛容になることはできなかったはずだ。たしかに、わたしは人間に育てられたオオカミと何度も触れあってきた。オオカミとの触れあいは友好的で実りの多いもので、その体験のあかしになるような傷跡は、わたしにはついていない。けれど、わたしが会ったのは、オオカミにやさしさや人なつこさを植えつけられる飼育方法を科学的に検証し（これについては次章でまた触れる）、その知識をもとに育てたオオカミたちだ。それでも、その方法で育てられたすべてのオオカミを見知らぬ人に会わせられるわけではない。そうしたオオカミは高さ三・五メートルほどのフェンスの向こうに閉じこめられているが、それにはもっともな理由があるのだ。

第三に、人なつこいオオカミを選んで繁殖させるためには、初期人類がもっていたと思われるレベルよりもはるかに鋭い先見の明――とはるかに多くの遺伝の知識――が必要とされる。一万四〇〇〇年（もしくはそれ以上）前には、家畜化された動物はほかにいなかった。数世紀かけて手ごろな個体を選択して繁殖させれば、あたりをうろつく大きくて獰猛な肉食獣が、いつの日か人なつこくて役に立つ相棒に変わるかもしれない――そんなことを人類の祖先が知るすべはなかったはずだ。

初期のイヌは、人間の狩りの相棒というニッチを占めていたのではない。コッピンジャー夫妻はそう主張している。むしろ、それよりもはるかにおもしろみのない、哀れでされある役目を果たすように進化した可能性が高いという。その役目とは――初期人類の集落周辺のごみ清掃係だ。人類が定住するようになると、ごみの山ができはじめたとコッピンジャー夫妻は指摘している。そのごみがさまざまな動物を引きよせた（そして――人類の懸命の努力にもかかわらず――いまだに引きよせつづけている）。そうしたごみあさり屋たちのなかに、一部のオオカミも混ざっていた。それがコッピンジャー夫妻の立てた仮説だ。

狩猟採集の資源がとくに豊富で、したがって人類の祖先が何年、場合によっては何世代にもわたって住みついていた場所。イヌが誕生したのは、そんな場所だった可能性が高い。ひとところに定住すれば、人類の存在を示す独特のしるし――ごみの山――が必然的にできる。そこから、新しいチャンスが生まれた。ごみは人類にすれば役に立たないが、それを貴重なものと見なす種もいる。アリストテレスの言葉を借りれば、「自然は真空を嫌う」のだ。人類が肉をはぎとったあとの骨には、ほかの種が有効活用できる栄養素がまだ残っている。

いまでも、世界のさまざまな地域で、多種多様な種がごみ捨て場に集まってくる。インドのコルカタでは、ウシが街のごみ捨て場をうろついている。アラスカの人たちは、ごみをあさりにくるホッキョクグマを警戒しなければならない。大昔には、オオカミも同じ食糧調達戦術を採《と》り、人類の祖先の野営地の近くで、食べられる残りものを嗅ぎ出していたにちがいない。

　世界の一部の地域に生息するオオカミは、いまでもごみあさりの習性を保っている。先ほど話したのと同じイスラエル旅行で、それをじかに目にするチャンスがあった。例のキブツを訪れるまえに、野生のアラビアオオカミを見ようと、わたしはイスラエル南部のネゲヴ砂漠に足を運んだ。わたしを案内してオオカミを探してくれた国立公園のレンジャーは、砂漠のあちらこちらに散らばる街のごみ捨て場に直行した。レンジャーの説明によれば、ネゲヴ砂漠でオオカミが姿を現す可能性がもっとも高い場所は、そうしたごみ捨て場だという。というのも、砂漠の環境では、食べられるものが豊富にある場所はめったになく、ごみ捨て場ほどたくさんの餌が見つかるところは絶対にないからだ。

　人間のごみ捨て場に引きよせられる習性がオオカミにあることは、世界中から集まった数々の証拠が証明している。同じことはイヌにもいえる――この傾向は、イヌのほうがさらに強い。先進国の政府がフェンスや野犬捕獲員に投資して、ごみ捨て場からイヌを締め出そうとしていなければ、イヌのごみあさりはもっとおなじみの光景だったはずだ。そして、そんなふうに金をかけて守られた区域からそれほど遠く離れなくても、ごみの山をあさるイヌはいまでも見つかる。どれほど発展した国でもそうだ。シシリアからバハマ、モスクワまで、さまざまな場所でそうしたイヌを目にしてきた。どこも発展途上国と呼ばれる国ではないが、それでもたくさんのイヌが、フェンスや警備員に守られていないごみのまわりで命をつないでいた。

イヌ科かどうかにかかわらず、どんな種類の動物にとっても、人間が捨てたごみから利益を得るためのカギは、人間に対する耐性――そして、その動物に対する人間のほうの耐性――だ。オオカミとイヌは、ほかにたくさんの共通点をもっているにもかかわらず、その点ではまったく違う。残念ながら、わたしが訪ねたイスラエルのごみ捨て場でも、イヌとオオカミがそろって人間のごみをあさって暮らしているほかの場所でも、それに関する研究が実施された例はない。だが、ごみをあさるオオカミとイヌについては、それぞれスウェーデンとエチオピアで別々の研究がおこなわれている。それによれば、スウェーデンのオオカミは、約二〇〇メートル以内に人間がいる気配を感じると走り去った。エチオピアのイヌは、知らない人間が近づいても、およそ五メートル以内に来るまでは逃げなかった。

生物学者が「逃走距離」と呼ぶこの測定値の違いは、近い関係にあるイヌ科の二亜種が人間のごみ捨て場から得られる餌の量に途方もなく大きな影響を及ぼす。より人間に近づける――そして人間からも近よらせてもらえる――イヌは、ごみ捨て場でオオカミよりもずっと多くのものを手に入れられる。つまり、イヌにとって、人間の存在に対する耐性が――少なくともごみあさりという状況では――適応上の大きな利点になるということだ。

ごみ捨て場でイヌが誕生したとする説は、狩人が獲物を追うのに役立ちそうなオオカミの子を選んだという別の説に比べると、たしかに人の心に訴えるものではないだろう。ジャーナリストのマーク・デアは、イヌの起源をめぐる著書『イヌがイヌになるまで（*How the Dog Became the Dog*）』のなかで、愛すべきイヌ科の相棒がごみ掃除屋からスタートしたとする説に対して、われを忘れるほど激しく嫌悪感をあらわにしている。デアは強い反感をこめて、こう書いている。「オオカミがみずから進んで哀れなごみあさり屋に、不機嫌にこそこそと忍び歩くごみ拾い――便所掃除屋に（なった）というのか」。わたしたちは自分の祖先を、馬にまたがって狩りをする貴族だったと想像したがる。でも実際のところ、たいていの人は残りものを再利用してどうにか食いつないできた農民の末裔であり、その事実から目をそらすことはできない。そして、人間にいえることは、十中八九、その親友であるイヌにもあてはまる。

どれほどそうしたいと思っても、過去は選べない。人間もその相棒のイヌも、ごみあさり屋のようなものだった。もしかしたら、その共通の歴史に――同じ生きかたにぴったりはまるカギがあるのかもしれない。人間に対するイヌの愛は、それで説明できるのか？　それとも、イヌの愛の起源はどこかほかにあるのだろうか？

オオカミからイヌになろうとしていた最初期のイヌは、現代のイヌと同じように人間を愛していたのだろうか。手に入る科学的証拠からそれを知るすべはない。でもわたしは、たぶんそうではなかっただろうと思っている。

進化の最初期、基本的にはまだオオカミだったころのイヌは（大型の獲物を狩るのをやめ、人間に対する耐性を高めてごみ捨て場をあさってはいたものの）、だいたいにおいてまだオオカミ的な性質をもっていたのではないか。強い絆を結ぶのはかぎられた相手だけで、その相手はほぼつねに同種のなかまだった可能性が高い。つまり、イヌの原型にあたるこの時代の動物は、人間の親友になったいまのイヌのような、誰彼かまわず親しくなる社交的な生きものではなかったということだ。

とはいえ、オオカミとの違いに人類の祖先が気づいていなかったわけではないだろう。原始のイヌに対して周囲の人間たちが感じる恐怖は、「本物の」オオカミよりもずっと小さかったはずだ。生きた獲物をそれほど熱心に狩らなくなっていた初期のイヌは、おそらく以前ほどは獰猛でもおそろしくもなかっただろう。顎と歯はオオカミよりも小さくなり、それほど強力ではなくなった。行動の発達スピードが遅くなりはじめ、成体になっても遊びや友情形成のような子どもに見られる行動を保つようになった可能性もある。危険な動物（クマや「本物の」オオカミなど）が近づいたときには、はあはあとあえいだりしゃがれた声を出したりしただろう（どちらも吠えるまえの先駆けとして出す音で、オオカミではめったに見られない)。その警告音は、初期のイヌを人間の宿主たちの役に立つ存在にしたかもしれない。

でも、そうしたオオカミとの違いを別にすれば、現代の人類の家でわたしたちによりそうフルパワーの愛情製造マシンと初期のイヌが同じだったとは、わたしには思えない。少なくとも、自分の考えがまちがっていると科学で証明されないかぎり、初期のイヌと現代のイヌは同じだという結論には抵抗するだろう——もちろん、そう遠くない将来に証明される可能性はあるが。

イヌはいつごろ、いまのような超社交的で愛情深い生きものになったのか。それをつきとめるには、イヌの進化史のどの時点でイヌゲノムが変異し、ウィリアムズ症候群遺伝子(四章参照)をもつようになったのかを特定する必要がある。目下のところ、わたしの友人で共同研究者でもあるオックスフォード大学の動物考古学者で遺伝学者のグレガー・ラーソンが、初期のイヌの考古学的遺物を調べ、ウィリアムズ症候群遺伝子の痕跡を探している。いつ答えが見つかってもおかしくない状況だ。そのあかつきには、ふたつの種の絡みあう歴史の奥深くが照らし出され、人類とイヌが恋に落ちた正確な時期が明らかになるはずだ。少なくとも、イヌの愛が人間からも同じ感情を引き出しはじめた時期がわかるにちがいない。それまでは、データにもとづくものの確証はない推測で我慢するしかない。

個人的な考えをいえば、イヌが愛の能力を手に入れたのは、ごみあさりをしていたイヌの歴史の最初期ではなく、進化の道のりをもっと先へ進んだあとの時期だったと思っている。重要な変化が起きたのは、イヌの祖先と人類の祖先がイヌの残飯あさり場だった定住地から出て、いっしょに狩りをするようになったときだったのではないか。

すでに説明したように、オオカミは人間の狩りの相棒にはなりえない――けれど、人に慣れたこの新しいイヌ科の動物は、オオカミとは違う。オオカミほどの攻撃性はなかっただろうし、単独での狩りの能力（この特性は、オオカミが人間の狩りの相棒としては使いものにならない理由のひとつだ）もおそらくオオカミほど高くはなかっただろう。さらに、イヌが人間に対する高い耐性を進化させたのは、人類の歴史を左右する決定的な時期――人類がとくにイヌの助けを必要としていた時期だった。

イヌは一万四〇〇〇年以上前に誕生したことがわかっている（考古学者のなかには、それよりもかなり前だと考える人もいる）。そのため、イヌが最後の氷河期のあいだに登場したのはほぼ確実だ。数万年にわたって地球を覆っていた氷河が溶けはじめたのは、一万二〇〇〇年ほど前のことだ。イヌが生まれたのが氷河期のどこかの時点だったことはまちがいない。

だいたい想像のつくことだが、数万年にわたって続いた氷河期の寒さは、当時の人類に独特の圧力をかけた。それでも、地球がまた暖かくなりはじめるころまでに、人類は氷河期の気候にうまく順応していた。わたし自身は氷河期に生きたいとは思わないが、人類の祖先には、その凍えるような時代に適応する時間がたっぷりあったし、寒さを生き抜く方法も知っていた。その時点で、現生人類が登場してから二〇万年ほどが経っていた。そして、彼らのなじんでいた世界は、いまのわたしたちが知る世界よりもずっと寒かったいっぽうで、いまのわたしたちが目にするよりもはるかに多くの大型動物が暮らしていた。マンモスやオオナマケモノなどの巨大な獣たちがツンドラを歩きまわり、人類の祖先にすばらしい狩りの機会を与えていた。

この氷河期の環境に適応した人類にとって、温暖化する地球は深刻な頭痛のタネになっただろう。気温の変化は食料を見つける新たなチャンスを生み出したが――同時に新たな難問も生まれた。どちらの種にとっても幸運なことに、イヌは人類がその新たな問題を解決するのに役立つ理想的な性質をもっていた。

かよわい人類の祖先が草原とまばらなマツ林からなる氷河期の環境でハンターとして成功したのは、優れた視覚のおかげだ。人類は長距離戦で効果を発揮する武器を発明した。槍や投槍器や弓矢は人間の手の届く範囲をのばし、人類を侮《あなど》りがたい捕食者にした。ところが、最後の氷河期が終わるころには、かつては木々がまばらに散るだけだった森林（スカンジナヴィアや北米北部の森を思い浮かべてほしい）が密度を増して鬱蒼《うっそう》とした森に変わり、人類が歩きまわるのは以前よりもずっと難しくなった。森の低いところを厚い下生えが覆うようになると、人類の強力な視覚も役に立たなくなった。

気候変動期の人類の祖先がそのおかしな新世界で狩りを成功させるためには、新しい技術が必要だった。その「技術」には、鬱蒼とした森林下層の厚い下生えの向こうにいる獲物を感知する能力と、そうした森をすばやく動きまわる能力が備わっていなければならない。獲物を追いかけて追いつめるモチベーションやスピードと同時に、独力で獲物にとどめをさすのを慎む（少なくとも慎もうとする）性質も求められる。標的になる動物を見つけて追いこんだら、声を出して人間のハンターにその場所を伝え、人間が追いついて獲物を処理するのをじっと待つ必要もある。そしてもうひとつ——人間に危害を加えるリスクが最小限でなければならならない。

オオカミにそんな性質はない——けれど、ここにあげたスキルは、イヌの能力の範疇にじゅうぶんに収まっている。イヌは祖先のオオカミから鋭い嗅覚を受け継いだので、視覚が使いものにならない条件でも獲物を見つけられる。祖先譲りの狩りのモチベーションも備えているし、たいていのイヌは鬱蒼とした森になんなく分け入れるていどには小柄だ。そのいっぽうで、獲物にとどめをさす能力はかなり弱まり、狩りの最終段階を手伝ってもらうために人間を呼ぶ動機が生まれた。そうしたさまざまな役割の適性を備えたイヌは、飢えた人類の祖先がどうしてもほしかった救いの手になった。温暖化する不安定な環境に適応しようと四苦八苦していた人類の目には、イヌは魔法の存在のように映ったにちがいない。

　わたしが思うに、狩人とイヌの協力体制は、偶然からはじまったのではないだろうか。集落のごみ捨て場をあさっていた初期のイヌの一部が、狩りに出る人間たちのあとにふらりとついていったのかもしれない。それでも、おたがいの強い感情をともなう強力な関係に発展するまでに、たいして時間はかからなかったにちがいない。そのときこそが、人間とイヌの結びつきが一段階進み、現代のわたしたちにおなじみの強い心の絆が生まれた瞬間だったのではないだろうか。ごみあさりが生み出した進化上のニッチで、イヌは人間にうまく慣れた。そうして進化した初期のイヌに、人間にとって価値ある存在だと示すチャンスを与えたのが狩りだった、というわけだ。あとでまた説明するが、人間との狩りの協力が、イヌをいまのような愛情深い動物にした遺伝子変異を促した可能性もある。

　イヌはどんなふうに人類の祖先の狩りを助けていたのだろうか。そして、その一致団結した追跡のなかで、感情全般、とりわけ愛はどんな役割を果たしていたのだろうか。その本質を理解するには、イヌと狩りをするときのようすを自分の目でたしかめる必要があった。

　まずは、人類の祖先と同じような流儀でいまもイヌを使った狩りをしている世界中のさまざまな民族について、人類学者の知見を読むところからはじめた。その過程で出くわしたのが、シンシナティ大学のジェレミー・コスターによる研究だ。コスターはマヤングナ族の狩りの伝統を詳しく分析している。マヤングナ族は、ニカラグアのホンジュラス国境に近い奥地にあるボサワス生物圏保護区に暮らす先住民族だ。農業を営み、豆類やプランテイン、米を栽培しているが、それだけでなく、コスターの研究を見てもわかるように、イヌを使った狩りもおおいに活用している。狩りで手に入れた肉は、マヤングナ族の食生活では数少ない上質なタンパク質供給源になっている。

タイミングのいいことに、コスターの論文を見つけたすぐあと、シンシナティでの会合に出席する機会があったので、コスターに連絡してビールを一杯どうかと誘った。たぶん、一杯どころか、ちょっと飲みすぎたのではないかと思う。というのも、翌日にはたと気づくと、コスターが次にマヤングナ族を訪ねるときにわたしもニカラグアに同行することになっていたからだ。

コスターはマヤングナ族のアラン・ドックという集落で研究をしている。そこまで行くのはとても簡単だとコスターは太鼓判を押した。ニカラグアの首都マナグアから陸路と船で三日しかかからないし――マイアミからマナグアまでは飛行機でほんの二時間半だ。でも、コスターがいわなかったことがある。陸路で移動する一日は、ほかのふたりといっしょにトヨタ製ランドクルーザーの前部座席でぎゅうぎゅうになりながら、しだいに穴とでこぼこだらけになっていく道路を走ることになる。「船」で移動する二日は、実際には丸木のカヌーに揺られる二日間だった。モーターつきの大きな丸木カヌーではあったが、それでも丸木カヌーであることに変わりはない。わたしにとっては過去最高に心の安まらない旅だった。

それでも、岩と急流を乗り切ってマヤングナ族のテリトリーに入った途端、興奮に頭が沸きたった。そこはまるで別世界で、〈ジュラシック・パーク〉に足を踏み入れたような気がした。たりないものは恐竜だけだ。とはいえ、そこでわたしたちが目にしたのは、恐竜に負けず劣らずすばらしいものだった。はるか昔にイヌの祖先が人類の祖先とわかちあっていたかもしれない結びつきのなかで、人間とともに生きるイヌたちが、そこにはいた。

マヤングナ族は、川岸に並ぶ支柱の上に建てた丈夫な木造の小屋で暮らしている。わたしたちの船が視界に入ると、岸に駆けよってきて、船上の見知らぬ人を少し心配そうにじっと見ていた。でも、わたしが手を振ってほほえむと、すぐに顔いっぱいに笑みを浮かべて、熱烈に手を振り返してくれた。コスターを知っている人たちは、すこぶる温かく彼を出迎えた。いちどなどは、小さな丸木カヌーがわたしたちの船に並び、そこに乗った四人の男性がそれぞれコスターと熱い抱擁を交わしたがったせいで、わたしたちの船があやうく転覆しかけたほどだ。

客用の小屋にめいめいのハンモックを吊るし、夕食としてお椀一杯の米に小さな厚切り肉を何枚か添えたものを、朝食としてもう一杯の米を肉なしで食べたあと、わたしたちはマヤングナ族の男性数人と狩りに繰り出した（狩りをするのは男性だけだ）。レインブーツを履き、山刀《マチェテ》をつかむと、男たちは大声でイヌを呼んだ。いざ出発だ！

まず驚いたのは、マヤングナ族の狩りの遠征と子どものころに愛犬ベンジーを連れていった森の散歩がよく似ていることだ。第一のルール――イヌをリードでつなぐこと。マヤングナ族には首輪もリードもないが、そのかわりにロープがあり、それをイヌの首にゆるく巻きつける。リードをつけているのは、人里を歩いているあいだだけ。ひとたび森に入ったら、リードを外してイヌを自由に走らせる。

その時点では、ベンジーとマヤングナ族のイヌはほとんど同じ行動をとっているように見えた――でも、人間の行動はまったく違っていた。子どものころのわたしがベンジーと散歩していたときには、ベンジーを遠くまで行かせすぎないことが肝心だった。連れて帰れなくなったら、困ったことになってしまう。ベンジーは近所の森で出会うにおいと音に興奮しきっていたから、わたしはときどきベンジーを呼んで、見える範囲にとどめておかなければならなかった。それに対して、マヤングナ族の場合、肝心なのはイヌを遠くまで走らせ、鬱蒼とした熱帯雨林で出くわすものをとにかく追わせることだ。イヌが人間のそばから離れずにいると、マヤングナ族の男たちはいらだったようすでイヌをいさめてはたらきに行かせる。ときどき、男たちは丘の上で足をとめて、イヌの鳴き声に耳を澄ませた

イヌを連れて狩りをするマヤングナ族の男性。

――何度か「スールー」と叫ぶこともあった。これは「イヌ」を意味するマヤングナ族の言葉で、狩りで叫ぶときには「ウ」の音をうんと長くのばす（「スーーーーールーーーー」）。彼らが待ちかまえていたのは、イヌが何かを見つけたことを示す興奮した鳴き声だ。それが聞こえたら、できるだけ速く駆けつけてイヌに追いつく。

イヌを追いかけるあいだ、マヤングナ族の男たちは山刀で熱帯雨林を切り開きながら進んでいた。それなのに、そのあとにできた道をよろよろ進むだけのわたしが追いつけないほどのスピードで走れるのだ。たぶん、のろまな外国人に足をひっぱられたせいだろう、わたしたちが行った狩りでは何もつかまえられなかった。それでも、狩りのプロセスはじゅうぶんに体感できた。

わたしにわかったのは、そこに難しい理屈はないということだ。イヌに特別な訓練をする必要はいっさいない。この活動は、イヌに生まれつき備わっている性質と能力に頼っている。獲物を感知して追いかける能力と、独力では獲物にとどめをさせないという性質だ。獲物を見つけて追いつめたら、イヌは人間を呼ぶ――イヌがいらだちから吠えているだけなのか、それとも吠えれば人間が来てとどめをさしてくれると知っているのか、そこのところはわたしにはなんともいえないが、いずれにしても、結果は同じだ。人間が走ってきて、獲物にとどめをさす。

マヤングナ族との狩りに同行して実感したのは、イヌが独力で獲物を殺さず、鳴き声をあげて人間を呼ぶことの重要性だ。イヌがオオカミのようにふるまい、見つけた獲物を自力で殺して食べるだけだったら、イヌは人間の役には立たなかっただろう。それを思えば、人類の祖先がオオカミと狩りをするのは不可能だったことは明らかだ。役に立つ狩りの相棒を手に入れるには、イヌの登場を待たなければならなかったはずだ。

毛むくじゃらの小さな狩りの相棒がいまも昔と同じように役立っている事実は、人間とイヌの絆の威力と持続性を証明している。コスターのデータによれば、マヤングナ族のイヌはたいてい体重九キロほどだが、平均すると一頭あたり毎月四・五キロの肉をもちかえるという。これはマヤングナ族のタンパク質のニーズにおおいに貢献している。そのため、狩りが成功したときには、大きな感情のほとばしりをイヌと人間がわかちあうことになる。

そのポジティブな体験が人間と相棒のイヌとの絆を強めていることは疑いようがない。マヤングナ族の主要な集落であるアラン・ドックでは、ライフルをもっている人がふたりいる。コスターの研究によれば、獲物の獲得という点では、平均すると、やせぎすのイヌたちに銃とほぼ変わらない効果があるという。

もうひとつ、マヤングナ族とイヌの狩りを見て驚いたのは、彼らの絆の強さだ。イヌが人間の狩りを手伝うためには、ごみあさりとはまったく違うスキルが求められる。それはわたしにもわかった。ごみあさりは、ひとりぼっちでこなす仕事だ。街のごみ捨て場をあさるのに忙しいイヌたちは、人間だろうがイヌだろうが、なかまには興味がない。それに対して、マヤングナ族の男たちとの熱帯雨林の狩りには、イヌと人間の協力と相互理解が求められていると強く感じた。狩りの成功は正確なコミュニケーションにかかっている。人間は獲物を探すべきときをイヌに教え、獲物を見つけて追いつめろと伝える。いっぽうのイヌは、獲物を見つけたらそれを人間に知らせ、鬱蒼とした森のどこにいるかを教えなければならない。狩人たちの話によれば、イヌの鳴き声のトーンから、つかまえた獲物が何かまでわかるという――わたしが同行した二回の狩りでは何もつかまえられなかったので、それを自分の目でたしかめることはできなかったが。

ニカラグアから戻って以来、わたしはひとつの疑問に少しばかり悩まされることになった。イヌはなぜ人間を愛する能力を発達させたのか。その理由を説明するカギを、狩りが握っているのではないだろうか？　レイモンド・コッピンジャーを信奉するわたしは、イヌの起源と種をまたいだ関係を築く能力に関して、なんであれ狩りが重要な役割を果たしたと考えるのをためらってきた。コッピンジャーは、狩りの相棒として役に立つイヌを人間が「つくった」とする説に穴を穿《うが》っただけでなく、大昔の人間がイヌとの狩りに大きな利点を見いだした可能性にも疑いを抱いていた。イヌを訓練するのに労力がかかりすぎるのではないか。イヌを使った狩りの本質は、現実的な利益のある営みというよりも、むしろ男性が女性を感心させるためのオスのディスプレイにあったのではないか。コッピンジャーはそう考えていた。

けれど、わたしは自分の立ち位置を見直しはじめていた。オオカミとわかれる進化の道を歩みはじめるきっかけではなかったかもしれないが、狩りはイヌの進化をさらに後押ししたのではないか。そう考えるようになっていた。

遺伝子の変異により人間と強い絆を結びやすくなったイヌは、よそよそしい性質を保っていたイヌよりも優位に立てたのではないか。そうした人なつこいイヌでは、人間の狩りについていったり獲物をしとめるために人間の助けを求めたりする傾向が強く、ひいては狩りの獲物を人間とわけあうチャンスも大きくなったはずだ。それが生きのびる可能性を高め、子どもの数を増やすことにつながり、やがてその人なつこいイヌの遺伝子が集団のなかに広がっていったのではないだろうか。

人間とイヌの強い結びつきの起源は、人類の祖先が狩りの助手を必要としていた氷河期の終わりごろにある——その可能性に光を投じる証拠を、考古学者の友人たちに教えてもらえないものだろうか。そんなわたしの期待に快く応えてくれたのが、イギリス・ダラム大学の動物考古学者で、人類の祖先から見たイヌの重要性に大きな関心をよせるアンジェラ・ペリだ。ペリが教えてくれたところによれば、その証拠はたしかに存在しているという。イヌを使った狩りが広まりはじめたころに、人類の祖先がイヌをとても大切にしていたことをうかがわせる痕跡が残されているのだ。その証拠は、人間とイヌの強い心の結びつきの発達と、捕食行動でのパートナーシップの芽生えとのあいだに相関性があることを示している。もちろん、相関性は因果関係を証明するわけではないが、それでもペリの研究は、人間とイヌの狩りでの協力と、両者を結ぶ強い心の絆の形成というふたつの重大事件のあいだに、深い関係があったことを物語っている。

ペリは博士論文のための研究にあたり、人間といっしょに埋葬されたイヌではなく、イヌだけでていねいに埋葬された事例に注目した。そこに重点を置いたのは、動物が人間といっしょに埋められるのにはさまざまな理由があり、たいていの場合、死んだ人間と動物が絆を結んでいた可能性について何かを語っているわけではないからだ。エルサレムにあるイスラエル博物館には、一万二〇〇〇年前に子犬といっしょに埋葬された女性の骨の樹脂模型が展示されているが、同じ部屋には、シカの枝角、カメの甲羅、キツネの歯など、さまざまな動物の身体部位とともに埋められた人間を展示する陳列ケースもある。そのどれをとっても、当時の人間がシカやカメやキツネや何かと心の絆を結んでいたとは解釈できない。くだんの女性を埋葬した近親者は、いまとなってはよくわからない当時の儀式上の理由から、動物の遺骸の一部を墓に入れたのだろう。

死んだ人間とともに埋葬されたイヌについてつきつめて考えていくと、そのイヌはどんな経緯で埋められたのだろうかと思わずにはいられない。偶然にも同じころに死んだのか？　それとも、墓を飾るために、あるいは故人の死後の旅の道づれにするために、故意に殺されたのだろうか？　飼い主の死と同時期にペットが自然死するという偶然は、そうしょっちゅうあるものではない（とはいえ、チャールズ・ダーウィンの最後の愛犬ポリーは、飼い主が息を引きとった三日後に死んだ）。それを考えれば、人間とともに埋葬されたイヌの大多数は故意に殺されたイヌにちがいないだろう。もちろん、大昔の人類が何を考えていたのかを現代のわたしたちが知るすべはない。当時の人たちがイヌと愛情で結ばれていた可能性が絶対にないとはいえないが、だからといって、愛しあっていた人間とともに埋葬するためにイヌを故意に殺した可能性が消えるわけではない。

ペリも指摘しているように、人間とともに埋葬されたイヌが意味するものは、こと感情面に関しては、控えめにいってもあいまいだ。でも、人間がイヌだけを懇切ていねいに、敬意をこめて埋葬した事例からは、それよりもはるかに明快な推測を引き出せる。

墓に人間が入っていない場合、墓のぬしであるイヌが、埋葬した人間にとってどんな存在だったかは一目瞭然だ。人類の祖先がある時期にそうしていたように、人間の墓に劣らず美しく装飾された墓にていねいに葬られていたのなら、それは人間がそのイヌをとても大切に思っていたまぎれもないあかしということになる。

ペリは世界の三地域で大昔に埋葬されたイヌを調べた。東日本、北欧（スカンジナヴィアを含む）、それにケンタッキー、テネシー、アラバマとそのほかの州の一部を含む米国東部だ。この大きく異なる三つの地域で見つかった、数百件にのぼるイヌの埋葬例を検証した。ペリが注目したのは、イヌが葬られた時期と埋葬のしかただ。副葬品のような、心づかいと敬意を表すものとともに葬られたのか？　それとも、なりゆきにまかせたように見える、無頓着な埋めかたなのか？　つまり、愛情が通いあっていた形跡が見られるのか、それとも悪臭を放つイヌの死骸を適当に片づけただけなのか、ということだ。

ペリが調べた地域は、それぞれ遠く離れている。ここで興味深いのは、この三つの地域では、人類史上の重要な展開がまったく違う時代に起きたという事実だ。最後の氷河期の終わりごろ、鬱蒼としてきた森林での狩りに苦労するようになった人類の祖先は、狩りの助っ人としてイヌを使うようになった。やがて、農業が発達し、狩りに対する依存度が下がった。ペリの調べた三つの地域では、その一連の出来事が起きた時期に数千年のばらつきがある。

この研究は驚きの発見につながった。ペリはそれぞれの地域について、氷河期から比較的最近の時代（考古学者の「最近」は数千年前という意味だが）までの時間軸で、それなりの意図をもっててていねいに埋葬されたイヌの数をグラフにした。すると、どの地域でも、グラフはおおむね同じかたちになった――Uをさかさにしたシンプルなかたちだ。それぞれの地域で時代をさかのぼっていくと、はるか昔の人たちは、わざわざていねいにイヌを葬ろうとしていなかったことがわかる――ここがグラフの最下点だ。時代をずっと先へ進んでも、グラフは低くなる。比較的最近の時代の人たちも、あまりイヌを葬っていなかった。ところが、どの地域でも、グラフの中央に山ができた――この山にあたる長い時期には、三地域それぞれの人たちがイヌの埋葬に大きな注意と労力を払っていた。

この時期の正確な年代は地域によって違うが、それが人類史のどんな段階にあたるかは、どの地域でも同じだった。人間がイヌの埋葬にもっとも大きな注意を払っていた時期は、最後の氷河期が終わったあとの時代――つまり、地球が暖かくなり、狩りが難しくなっていた時代だった。数十万年にわたって自分たちだけでうまく狩りをしてきた人類の祖先が、見通しがきかず自由に動きまわれない森のせいで窮地に立たされていたころだ。その時代に、人類はイヌをていねいに埋葬していたのだ。そして、この研究で調査対象になった人間たちは、地球上の広い地域に散らばっていた。場所によって年代は違うが（北米のほうが早く、ヨーロッパ北部のほうが最近）、九〇〇〇年前から三〇〇〇年前ごろの人間が、ほかの地域の人たちのことを知っていたはずはない。それまでとは違う、ていねいなやりかたでイヌを葬ろうと、各地域の人間たちがまったく別々に決めたにちがいない。どの地域でも、そうした埋葬方法は農業の登場とともにしだいに消えていった。

ペリが調べたイヌのなかには、あまりにも豪華な宝物とともに葬られていたせいで、最初に墓を見つけた考古学者がその遺骸を単なるイヌのものとは信じられなかったケースまである。ある考古学者は、そうしたイヌはいわば「記念碑」――死んだ人間の戦士のかわりに埋められた動物の遺骸だと主張した。ペリの調査結果は、それに対する強力な反証になると思う。この時代の人間は、イヌをイヌとして理解していた。イヌは価値ある人間の代役ではなかった。そして、豪華な副葬品とともにイヌを葬ったのは、そのイヌが狩りという重要な活動を助け、みずからの価値を証明したからだ。さらに、人類の祖先が敬意をこめてイヌを葬ったのは、イヌがまわりの人間に深い愛情を注いでいて、その愛に報いずにはいられなかったからだった可能性もじゅうぶんにあるだろう。

つまり、この考古学的証拠から強くうかがえるのは、人間の狩りの手伝いからイヌが生まれた可能性は低いものの、イヌがタンパク質確保に欠かせない存在になった結果、人間とイヌのあいだに強い愛情の絆が芽吹いた、という経緯だ。とはいえ、考古学的な記録だけでは、人間との愛情のやりとりを可能にするイヌの遺伝子変異も同じ時期に起きたかどうかまでは――少なくともいまはまだ――わからない。

大昔のイヌの骨の遺伝的解析は、いまも古遺伝学分野の友人たちが進めている最中だ。でも、ちょっとした幸運に恵まれれば、過度の社交性を生む遺伝子——イヌの愛の遺伝的基礎——をイヌがもつようになった時期がわかるだろう。七〇〇〇年、八〇〇〇年、あるいは九〇〇〇年前の人類の祖先にインタビューできない以上、はるか昔のイヌと人間との触れあいのかたちを伝える次善の記録がほしければ、そうした遺伝子解析に頼るしかない。

その遺伝的証拠が手に入るときを心待ちにしているが、それでも残念に思わずにいられない。というのも、イヌがいつ、どこで、どんなふうにいまのような愛情深い動物になったかをことこまかに物語る記録は絶対に見つからないからだ。いうまでもなく、イヌの歴史上、重要な時期に生きていた人たちはとうの昔に世を去っているので、話を聞くことはけっしてかなわない。手に入る研究成果で満足するしかないのだ。とはいえうれしいことに、最近の研究は、これまでに紹介してきた知見よりもさらに前進している。

いまでは、野生の祖先の遺伝子の複雑な絡みあいのなかから、比較的短い時間でイヌが登場した可能性を示す科学的証拠が得られている。その証拠をもたらしたのは、オオカミではなく、また別のイヌ科の親戚——キツネだ。そして証拠の出どころは、氷河期のヨーロッパの寒々しい風景ではなく、なんとソヴィエト時代のシベリアだった。一九五九年、進化をめぐる史上最大級の実験がスタートした。進化は愛をつくりだせるのか——それをじかにたしかめることが、その実験の狙いだった。

ソヴィエト時代のシベリアがイヌの愛の歴史を調べる拠点になるなんて、ありそうもない話に思えるかもしれない。初期のソヴィエト連邦は遺伝学の先頭を走っていたが、一九三〇年代になるころには、この科学分野をブルジョワ的だと嫌ったスターリンにより、遺伝学者たちが強制収容所に送られるようになり、ときには殺されることさえあった。

だが、一九五三年のスターリンの死により、ソ連の遺伝学研究はよみがえった。その新世代の遺伝学者を代表する科学者のひとりが、ドミトリ・ベリャーエフだ。ドミトリの兄のニコライも遺伝学者だったが、一九三七年に科学的信条を理由に処刑されていた。

ドミトリ・ベリャーエフは、ある実験をつうじて、殺された兄の汚名を晴らしたいと思っていた。進化がかならずしも弱肉強食という自然界の過酷な結末につながるわけではないと証明する実験だ。その対極にある穏やかな感情——さらには愛へといたる道も、進化からつくりだせるのではないか。ベリャーエフは、人なつこさが遺伝により受け継がれることを証明したいと考えていた。当時としては、それは急進的な考えかただった。身体の形状が遺伝することは知られていたが、複雑な行動パターンも遺伝の対象になりうるかどうかは、当時はまだほとんどわかっていなかった。

それを調べるためにベリャーエフが選んだ研究対象が、キツネだった。寒さの厳しいソ連ではキツネの毛皮はすこぶる重宝されていたが、イヌの驚異的な愛情深さの起源を探るうえでも、キツネは賢い選択だった。イヌやオオカミと同じく、キツネもイヌ科の一員だが、イヌやオオカミとは違ってイヌ属ではない。この点は重要だ。それはつまり、キツネはイヌの起源を探る実験対象にできるくらいにはイヌとオオカミに近いが、イヌともオオカミとも交配できないと確信できるだけの違いがあるということだ。したがって、ベリャーエフが実験で何を発見するにせよ、それがキツネとイヌやオオカミとの交配によって混ざりこんだものである可能性はないと考えられる。

ベリャーエフは春が来るたびに、もっとも人間をおそれない人なつこいキツネを選び、次世代の子をつくった。研究開始から三年目にはすでに、一部のキツネのふるまいが穏やかになり、檻に閉じこめられた野生のキツネのような荒っぽい行動はとらなくなっていた。人間が近づくのを見て喜んで尻尾を振った最初のキツネは、実験開始からわずか四世代目のエンバーだった。ベリャーエフが世を去る一九八五年には、実験が大成功だったことは疑いようがなくなっていた。

一九五〇年代のシベリアで、ソ連の研究者が愛の進化を調べる実験をしていた。その話を最初に聞いたとき、あまりにも荒唐無稽《こうとうむけい》に思えて、わたしはとうてい信じられなかった。でも、(旧)ソヴィエト細胞学・遺伝学アカデミーのキツネ牧場《フォックス・ファーム》を実際に訪ねて、そこでおこなわれていたことについて読めるかぎりの文献をじっくり読んだいまでは、旧ソ連の科学者たちが主張してきた成果は嘘いつわりのないものだと思っている。それはジェームズ・ボンドの映画に出てくるような話ではないかもしれないが、真実は陳腐な冷戦時代のメロドラマの筋書きよりもはるかに驚きに満ちていて、にもかかわらず、ハニー・ライダーやプッシー・ガロア（いずれもボンドガールの役名）にあこがれた若き日の思い出のようなものを漂わせている。

冷戦時代のイギリスで育ったわたしは、ソヴィエト連邦は地球征服をもくろむ悪の帝国だと教えられてきた。でも、飛行機でモスクワへ行き、さらに三時間のフライトでモスクワからシベリア最大の都市ノヴォシビルスクへ飛ぶまでは、ロシアが占める陸地の途方もない広大さをほんとうには理解していなかった。ノヴォシビルスクは、シベリア鉄道がオビ川を横切る地点に位置する一大工業都市だ。地図で見ると、モスクワからノヴォシビルスクまでの距離はシベリア全体の半分にもならない。それでも、ノヴォシビルスクはモスクワとは大違いで、わたしが前日にあとにしてきたフロリダとはまったく別の惑星のようだった。

ノヴォシビルスクの空港から動物進化遺伝学研究所（たいていの人は単にフォックス・ファームと呼んでいる）までの道中には、いろいろなものを通りすぎた。おそろしく朽ち果てていて、背の高い煙突から黒い煙がもくもくと出ていなければまだ操業中だとはわからない工場群。九月でもすでに寒い気候に負けないようにたっぷり着こみ、さかさにしたバケツに座って農産物や花を売る小柄なおばあさんたち。集団農場の記念碑。途方もない大きさのせいで、まるで爆弾がつくったクレーターのように見える地面の穴。そして、三〇分ほどのドライブのすえにようやく、わたしたちは研究所の入口にたどりついた。

フォックス・ファームの門の内側では、使われなくなったキツネのケージがいたるところに捨て置かれ、コンクリートの建物があちらこちらで崩壊しかけているか、完全に崩壊していた。雑草が施設の大部分を人間の手から奪還していたが、地元の人たちもこの土地の使用権を行使していた。あるエリアではジャガイモを収穫する男性を目にしたし、ずらりと並んだキツネのケージとケージのあいだでは花が育ち、あまり前途有望ではないこの場所を美しく彩っていた。

わたしたちはケージの並ぶ古い区画をゆっくり歩き、キツネたちを見てまわった。人に慣れたキツネはくんくんと鼻を鳴らし、わたしたちが近づくと興奮に身をふるわせた。どうやら、人間と触れあいたくてたまらないようだ。キツネたちが人間に向けるあけっぴろげで愛嬌のある情熱は子犬を思い起こさせた。ガイドのひとりがケージを開けると、一頭のキツネがガイドの腕のなかに文字どおり跳びこんできた——驚きの光景としかいいようがない。わたしに手渡されたそのキツネは、わたしに抱かれていてもすごく喜んでいるように見えた。

ベリャーエフのつくった人なつこいキツネの子孫を抱く著者。

キツネを抱くことにかけては初心者だったわたしに、このキツネはキツネの抱きかたを教えてくれているようだった。鼻を鳴らすような小さなきいきい声をあげ、大きくてふわふわの尻尾を振りまわし、鼻をわたしの首にぎゅっと押しつけた。何頭かのキツネがケージから出されて、次々にわたしに手渡された。どのキツネも同じ反応だった。最初は興奮に身をふるわせるが、すぐに落ちつきをとりもどし、わたしに抱かれるのを存分に楽しんでいるようすを見せる。わたしはさまざまな色の人なつこいキツネといっしょに写真を撮ってもらった。写真のなかのキツネはみな、これ以上ないほど親しげに顔をわたしの顔にくっつけている。彼らは見た目こそキツネかもしれないが、ベリャーエフがつくりだしたのは、極端ないいかたをすれば、イヌにずっと近い新しい動物だった。

　わたしがシベリアで見たものは、異種間の触れあいになんの興味もない野生動物から、家畜化された愛情深い動物をつくりだせることを証明している。ドミトリの殺された兄ニコライが信じていたように、選択には、ほんの数世代で動物を劇的に変える途方もない力があるのだ。ベリャーエフの不朽のキツネ実験は、選択の力だけでも、どんなイヌにも負けないくらい人なつこい動物をつくれることを物語っている。動物界における人類の最良の友が、進化によってどう生まれたのか。その謎を包むベールが、この実験によって（少なくとも部分的には）はがれたのだ。人なつこさと愛情がイヌに組みこまれた経緯を直接的に実証する実験として、これ以上のものはなかなか望めないだろう。

　ドミトリ・ベリャーエフのキツネ実験で何が実証されたかを特定することは大事だが、それに劣らず重要なのは、その実験で何が証明されていないかをはっきりさせることだ。残念ながら、ベリャーエフの研究チームは、飼育と繁殖以外には、研究対象のキツネと何かをすることはいっさいなかった。キツネと狩りに行くことも、別の共同作業を試してみることもしなかった。そのため、この実験は、狩りのような特定の活動がイヌの人なつこい性質を発達させたと推測する直接の根拠にはならない。その点については、考古学と人類学の証拠に裏打ちされてはいるものの、憶測の域を出ないだろう。

　さらに、ベリャーエフたちがシベリアのキツネ牧場で次世代の親になるキツネを選択していたからといって、大昔の人類もそれと同じように、イヌの歴史の次世代を担うイヌを選んでいたと決めてかかるのはまちがっている。人の手で選ばれようが自然に選ばれようが、選択は選択だ。ほかならぬダーウィンも指摘していたように、人為選択（次世代の親になる動物を人間が選ぶこと）は自然選択（人間の関知しないところで自然に起きる、生物学的な価値を後世に残そうとする試み）のぼんやりとしたまねごとでしかない。その両方が同じ結果にいたることもありうる。ベリャーエフの壮大な実験は、選択により人なつこい動物を生み出せることを明らかにした。けれど、ことイヌに関して、その選択を誰が――何が、というほうがいいだろう――したのかを物語っているわけではない。

すでに話したように、わたしはそもそも人間がイヌをつくったとは思っていない。現代では、世界中で人間がイヌを繁殖させているが、人類の祖先が動物の交尾をコントロールできたとは思えない。イヌが登場したばかりのころの人類には、別種の動物の性生活を管理するのに必要な首輪やリード、ケージ、さらには壁や高いフェンスをつくる技術はなかったはずだ。

生物学者が婉曲的に接合後選択（見た目の好ましくない子を間引くこと）と呼ぶ技法に

ついても、人類の祖先が実践できたとはとうてい考えられない。だが、実践できたとしても、行きあたりばったりでたいした影響は与えられなかっただろう。あなたが一頭の母オオカミから生まれた子の何頭かを間引こうと思っているのなら、「無事を祈る」としかいいようがない。一部の子をとりあげてほかを残すくらいなら、すべての子を母親もろとも間引くほうが簡単だろう。一部を間引いて、次世代の親になる子を残せたとしても、せいぜいオオカミが少しでも人なつこくなってくれるのを願うくらいのことしかできない――はっきりいって、わざわざそんなことをするとは思えない。

それに、人類の祖先には、他種の交配に介入するために欠かせない遺伝の知識もなかっただろう。いずれにしても、純血種のイヌのように徹底的に同系交配された動物でなければ、つねに同じ特質は保たれない。二頭の白い純血種のイヌをかけあわせれば、その子も白い毛皮をもつ可能性は高い。でも、二頭の白い雑種をかけあわせた場合は、ありとあらゆる色の子が生まれる可能性がある。遺伝はとても複雑な話で、現代に生きるわたしでも完全には理解できていない。一万四〇〇〇年前の祖先たちが、ごくごくぼんやりとでも、形質がどう遺伝するかを知っていたとはとても思えない。

そんなわけで、イヌを生んだのは自然選択だったにちがいないとわたしは確信している。人間に対する耐性の高さは、ごみ捨て場に住みついたオオカミのような動物の集団ではとても大きな利点になる。そのため、人間をより近くまでよせつけられる能力をもつ個体が自然に選択されたのだろう。氷河期が終わり、人類の祖先が狩りの手助けを必要とするようになると、人間に対するイヌの耐性の高さが、あけっぴろげな愛情に移りかわった。その輝きが、いまもわたしたちを温かく照らしているというわけだ。

　ひとつだけ、たしかなことがある――イヌを生み出した遺伝子の変化は、何世代にもわたる過程のなかで起きたということだ。では、イヌはどれくらいの世代を経て、いまのような動物になったのだろうか。それがわかるときは来ないかもしれない。ひとつかふたつの無作為な変異だけで、イヌが突如として変化し、単に人間を我慢できるだけだった獣から、いまのわたしたちが愛しているような、親しみやすくて愛嬌のある動物になった可能性もある。人間の存在を黙認するだけでなく、人間を積極的に求め、愛さずにはいられない気もちにさせる動物。新しい飼い犬を探して訪ねたシェルターで出会ったときに、あなたが選んだのではなく、あなたが選ばれたのだと思わせる動物。その動物のゲノムは、いったいどんな経緯でオオカミのゲノムと違うものになったのか。その解明は、現代のイヌ学でも屈指の興味深い研究テーマだ。

　とはいえ、どんなイヌも、遺伝子だけの産物ではない。ひとつひとつのイヌの特質は――愛情深い行動も含めて――どれも遺伝子と環境の微妙な相互作用の結果として生まれている。環境がイヌを愛情深い生きものにする仕組みは、それだけでもわくわくするような研究テーマだ。そして、イヌと生活をともにする人にとっては、イヌが愛の才能を身につけたそもそもの経緯よりも、そのかけがえのない動物のなかにある愛を育むにはどうすればいいのかという疑問のほうが、はるかに大きな意味をもっているかもしれない。

第六章　イヌの愛はどう育つ？

遺伝子はイヌを特別な動物にするカギを握っている。でも遺伝子は、たとえば〈レゴ〉セットの説明書が最終的にできあがるブロック模型を保証している（ブロックをひとつもなくさないことが前提だが）ようには、最終的にできあがるもののかたちを決めてはいない。むしろ、それぞれの生物がもつ遺伝子の設計図は、発達プロセスのスタート地点のようなものだ。その発達プロセスを違うかたちで一〇〇回繰り返せば、一〇〇とおりの生物ができあがる。

無意識にではあるが、いつもわたしにそれを思い出させてくれるのが、いっぷう変わったかわいいわが家の愛犬だ。ちょうどいま、わたしのうしろでくつろいでいるゼフォスは、わが家に配達に来る人の気配を半目と半耳でうかがいつつ、わたしがしていることになんとなく意識を向け、わたしが立ち上がって散歩かドライブに連れていってくれないかと期待している（残念ながら期待薄だが）。それをこなすためには、もちろん、目や耳や脳にそれなりの情報処理能力を与えるタンパク質をコードする遺伝子をもっていなければならない——けれど、ゼフォスがしていることを実際にするためには、遺伝子以上のものが必要だ。ゼフォスがゼフォスになり、愛くるしい性格や特定の好き嫌いを身につけるまでには、遺伝子だけでなく、特定のひとそろいの経験がものをいう。

遺伝子はたしかに、生物学のあらゆる物語でそうであるように、イヌの愛の物語でもひとつの役割を演じている。そして、イヌと野生の祖先との遺伝的な違い、とりわけわれらが相棒の愛情深い性質に関係する遺伝子の発見は、近年のイヌ学でも屈指のエキサイティングな進展のひとつだ。しかし、イヌをとりまく世界も、そのイヌがどんなイヌになるかを左右する。

愛を生む遺伝子をすべてもっていたとしても、そのイヌが人間を愛する生きものになると保証されているわけではない。それには生まれだけでなく、育ちも関係する。ここで、わたしの発見の旅を北極星のように導いてくれた用語をもういちどおさらいしておこう。イヌの愛の物語は、系統発生（何世代ものあいだに生じる進化による変化）だけでなく、個体発生（個々の動物の発達）の物語でもある。だとすれば、当然のなりゆきとして、答えるのがとても難しい疑問が生まれる。イヌが進化により人間を愛する能力を身につけていて、でもかならずしも人間を愛するとはかぎらないのなら、いったいどうすればイヌは

人間を愛するようになるのだろうか？

　イヌの愛は、いつも確実に生まれるとはかぎらない。それについて考えをめぐらせていたときに偶然、大衆紙のいくつかの記事を目にした。歌手のバーブラ・ストライサンドが、コトン・ド・テュレアールの愛犬サミーのクローンをつくったことを伝える記事だ。一頭の動物からつくられたクローン動物は、もとの動物の遺伝子を共有している。その意味では、双子と同じように、遺伝的にはまったく区別がつかない。系統発生と個体発生の影響を比べたいのなら、双子を調べる以上によい方法はないだろう。科学者たちは昔から双子を研究し、人間が遺伝と環境の複雑な相互作用によりかたちづくられていることを明らかにしてきた。同じように、クローンでも、イヌをめぐる「生まれか育ちか」問題を解明できるのではないだろうか？

　わたしが読んだストライサンドの愛犬サミーに関する記事のほとんどは、クローン作製にともなう莫大な出費と倫理的な懸念が焦点だった。史上初のクローン犬は二〇〇五年に韓国でつくられた。このクローン作製プロセスでは、たった一頭の生存可能な子をつくるために、一二三頭の代理母の子宮に卵子が入れられた。あまりにも多くのメス犬をそんなふうに利用するプロセスには、明らかに倫理上の大きな問題がある。それから一〇年ほどのあいだに、クローン作製プロセスは能率化した。テキサスのある組織は、飼い犬の頬の内側から採取したいくつかの細胞を提供すれば、一頭の代理母を使ってペットのクローンを作製してくれる。費用は五万ドルだ。

世間の人たちと同じように、わたしもペットのクローン作製にかかる莫大な金に驚いたし、倫理的な問題にも心を悩ませている――でも、何よりも興味をそそられたのは、ストライサンド本人がクローン犬たちについて話した内容だ。クローン技術で生まれた四頭の子犬は同じ外見をしている、とストライサンドはいっていた。しかし、「ニューヨーク・タイムズ」にこんなことも語っている。「一頭一頭が唯一無二で、自分だけの個性をもっています。同じ見た目をクローンでつくることはできても、心をクローンでつくることはできないんです」。これはとてもおもしろい発言だと思う。「心をクローンでつくることはできない」とは、正確にはどういう意味なのだろうか?

わたしはストライサンドに話を聞こうとしたが、残念ながら返事はなかった。でも、わが家からほんの二〇分ほどのところに住んでいる男性が、二〇一七年に愛犬のクローンを作製していたことがわかった。バーブラ・ストライサンドと同じく、リッチ・ヘイゼルウッドも、テリア雑種の愛犬ジャッキー・オーの口から採取した細胞と五万ドルをテキサスに送った。五か月後、二頭の新しいイヌを迎えたヘイゼルウッドは、そのイヌをジニーと

リッチ・ヘイゼルウッドの、まったく同じ遺伝子をもつ——でも性格が違う——クローン犬、ジニーとジェリー。

ジェリーと名づけた。ヘイゼルウッドが電話で話してくれたところによれば、二頭のクローン犬は外見こそ同じだが、性格は「これ以上ないほど違う」という。「ジニーは母親似です。完全なアスリート型で、ハンターであり、ランナーでもある。五キロでも六キロでも、休まずに走れます」。ジェリーはジニーとまったく同じDNAをもっているが、ジニーとは似ても似つかない。「ジェリーはカウチポテト型です」とヘイゼルウッドは話した。「すごく賢い子ですが、あまり活発ではありません」

ヘイゼルウッドによれば、二頭のクローン犬は、母親（姉でもDNA提供者でも、どう呼んでもいいが）とも明らかに違うという。ジャッキー・オーの血筋は四分の三がジャック・ラッセル・テリアで、残りの四分の一は黒のスコティッシュ・テリアとブルドッグが混ざっている。このみごとなかけあわせから生まれたのが、カールした短い毛をもつ小型犬だ。毛色はおもに白で、ところどころに茶色が混ざっている。ジニーとジェリーの顔の模様は、ジャッキー・オーの模様とよく似ている（まったく同じではないが）。ところが、ジャッキー・オーはお尻のあたりに茶色い部分があるのに対して、ジニーとジェリーは首から下は真っ白だ。この差は、子宮を含めた幼少期の環境のごく小さな違いでさえも、実際の身体のかたちに影響を与えることを証明している。

ヘイゼルウッドの二頭のクローン犬は、たしかに双子といってもおかしくないくらい似ていたが、当時は大学院生で現在はわたしの同僚で共同研究者でもあるリサ・ガンターとヘイゼルウッドの家を訪ねたときには、電話で聞いていたとおり、まったく違う行動を見せた。ジニーはわたしたちに駆けよってきて、足元を走りまわっては跳びついて歓迎し、わたしたちが腰を下ろすや否や膝に跳び乗り、わたしたちの滞在中ずっと活発に動いていた。ジェリーも近よってあいさつしてくれたが、すぐにソファで昼寝をはじめた。

驚いたことに、二頭の若いクローン犬の母親（姉でも……）はまだ健在だ。一八歳のジャッキー・オーはわたしたちに近よると――吠えた。ひたすら吠えた。かわいそうな老犬は目が見えなくなっていて、耳もほとんど聞こえていないのではないかと思う。人なつこく、その年のイヌにしてはよく動いていたけれど、娘たちについていくことはできず、ずっと床の上にいた。そして、鳴きやむまでにしばらくかかった。ヘイゼルウッドによれば、若いころのジャッキー・オーは、いまのジニーに劣らず元気いっぱいの性格だったという。

遺伝的に同じ三頭のイヌを訪ねる前のわたしは、クローン犬の価値を信じていなかった。いまでも、クローン作製をすすめることはしないだろう。それでも、クローン犬たちといっしょにいるときのヘイゼルウッドの深い喜びを目の前にしたら、懐疑的な立場に踏みとどまるのは難しかった。当時の彼は、愛するジャッキー・オーが人生最悪の時期を過ごしていた数年前のことを話してくれた。当時の彼は、愛するジャッキー・オーといっしょにいられる時間はもうあまり長くないのだという思いに苦しんでいた。そんなとき、イヌのクローンをつくれることを知り、すぐにテキサスに電話をかけた。

ヘイゼルウッドはその結果を、こんなふうにまとめている。「この体験から手に入れた人生の喜びには、じゅうぶんに五万ドルの価値がありますよ」。ジニーを膝に乗せ、ジェリーとよりそってソファに座るヘイゼルウッドを見たら、彼が二頭のクローン犬に感じている明らかな喜びを嫌悪することなど、とうていできなかった。

クローンを自分の目で見たのは衝撃の経験だった。遺伝子が性格のすべてを決定するわけではないことは、基礎的な科学の原理から知っていた。けれど、まったく同じ遺伝子をもち、同じ母親から同じ時期に間をおかずに生まれ、まったく同じ環境で育てられ、同じ家で暮らす二頭の個体なら、同じ行動をとるだろうと想像していた。心をクローンでつくることはできないというストライサンドの言葉は、同じ環境で育てても性格にあるていど違いが出る可能性をうかがわせるものだった。それでも、ジニーとジェリーのはっきりした違いには驚いた。ヘイゼルウッドの飼い犬の性格を正式にテストしてみたわけではないが、わたしがこれまでに見てきたイヌのなかでも、ジニーは外向的という点で上位二〇パーセントに入るのに対して、ジェリーはもっとも内向的なイヌのグループに入るだろう。

イヌの経験のごく小さな違いが遺伝子の発現に大きな影響を与えることはまちがいない。いいかえれば、DNAがそのイヌの運命を決めているわけではないということだ。そしてこの原則は、ジニーとジェリーが共有している遺伝子全体にも、愛を伝える能力をイヌに与えているもっと狭い範囲の遺伝子にもあてはまる。子犬は愛の遺伝子をもって生まれるが、愛情深いイヌを育てるには、やはりそれなりの環境が必要なのだ。

イヌの愛の本質を考えると、他種の動物への愛を生む遺伝子がなければ、イヌがいまのような生きものになっていなかったことはまちがいない。けれど、その行動パターンが表にあらわれるためには、それなりの成長環境も遺伝子に劣らず重要になる。成長の過程で強化する行動パターンによっては、人間に対してよそよそしいイヌ、さらには攻撃的なイヌを育てられることは広く知られている。そのいっぽうで、育てかたしだいで子犬が人間以外の動物も愛するようになる事実を知っている人はほとんどいない。そして、イヌがわたしたち人間を愛するようになる仕組みを知りたいのなら、その事実を認めることにとてつもなく大きな意味がある。

ここでひとつ、秘密を打ち明けさせてほしい。あまりショックを受けないでいただきたい。イヌはたしかに、わたしたち人間を愛している。けれど、人間に対するイヌの愛の主導権は、人間にはない。主導権はイヌが握っている。あなたの愛犬はあなたを愛している。でも、あなたの愛犬は、ほぼ誰でも愛せる――そしてその相手は、人間にかぎらず、どんな動物でもかまわない。ツチブタかシマウマに育てられていたら、あなたの愛犬は、いまあなたを愛しているのとまったく同じように、ツチブタかシマウマを愛するようになっていただろう。

人間を愛するイヌの能力は、つまりは愛の能力にすぎない――人間という種を特別視しているわけではない。そう聞いてあなたが驚くのは、あなたが人間の一員であり、あなたと同じ人間と触れあうイヌばかりを見ているからだ。誤解するのも無理はない。ツチブタに育てられたイヌがツチブタを愛するようになる、というのはいいすぎかもしれない（まだ試されたことはないと思う）。でも、あなたがたとえばアクバシュやアナトリアン・シェパードのような護畜犬に守られて育ったヤギだったなら、イヌが愛するのはヤギだけだと考えたとしても許されるだろう。

オーストラリアのメルボルンからグレート・コースト・ロードを西に車で二時間ほど行ったところに、ウォーナンブールという小さな町がある。その沖に浮かぶ島では、ペンギンでさえイヌの愛の対象になっている。本土から目と鼻の先にある、ミドル島というあまり詩的とはいえない名をもつこの島には、コガタペンギン（フェアリーペンギン）の集団が暮らしている。コガタペンギンは、単なる小型のペンギンではない。エウディプトゥラ・ミノール（***Eudyptula minor***）と呼ばれるペンギンのれっきとした一種で、オーストラリアとニュージーランドだけに生息している。わたしはコガタペンギンが暮らす西オーストラリアの（同じく味も素っ気もない名前の）ペンギン島を訪ねたことがある。コガタペンギンは、ただでさえかわいさでは上位に入る鳥のグループのなかでも、まちがいなく最高のかわいさを誇っている。たいていは体長三〇センチほどで、背中は灰色がかった青と濃紺の中間のような色をしている。コウテイペンギンやオウサマペンギンなどの大型の親戚はどこかてきぱきとした感じで、ややいかめしく見えるかもしれないが、コガタペンギンはそのサイズと愉快なよちよち歩きのおかげで、楽しげないたずら者のような印象を与える。

ペンギン島でコガタペンギンを見るために、わたしは干潮時にできる道を歩いて島へ渡った。地元自治体は、突然の天候変化により危険が生じるおそれがあるとして、歩いて島へ渡ることを推奨していないが、わたしはどんな災難にも見舞われなかった。全長八〇〇メートルほどで、つねに数十センチくらいは海水に浸かっているその道は、ペンギンを本土の捕食者から守る役割をみごとに果たしている。

残念ながら、ミドル島のペンギンたちはそれほど幸運ではない。ミドル島は本土から二〇メートルほどしか離れておらず、絶えず変化する海岸の砂が生み出す条件によっては、ほぼどんな生きものでも歩いて渡れる。二〇〇四年にはキツネが押しよせ、ペンギンがほぼ皆殺しになる悲劇が起きた。かつては八〇〇羽を超えていたミドル島のペンギンの数は、二〇〇五年にはわずか六〇羽にまで減ってしまった。地元の人たちは悲しみに沈んだが、どうしていいのかわからなかった。島をもっと沖に動かすことなど、できるはずもなかったからだ。

そんなとき、ミドル島の近くに住むスワンピー・マーシュという養鶏家がすばらしいアイデアを思いついた。家畜を守るように育てられたイヌにペンギンを守らせようというのだ。マーシュは以前、放し飼いのニワトリをキツネから守るのに苦労していたが、ニワトリを守る一頭のマレンマ・シープドッグを飼うようになって状況が一変した。キツネを敷地から追い払うマレンマの腕前はマーシュをおおいに感心させた。ベンという名の初代のマレンマが追い払った一頭のキツネが道路に逃げ出したこともあった。マーシュは「ニューヨーク・タイムズ」にこう語っている。「キツネはぺしゃんこになりました。キツネのピザみたいにね」

マレンマ・シープドッグは南トスカーナ原産の由緒ある犬種で、イギリスの新聞で「上品だが慎み深い」と形容されたこともある。マレンマのほかにも、家畜を守る護畜犬は、ポルトガルからトルコにかけての地中海北部や中東のいたるところで見られる。観光がおもな収入源になるはるか以前の南ヨーロッパでは、家畜を守るためにイヌが使われていた。ホメロスは三〇〇〇年前の物語とされる『オデュッセイア』のなかで、故郷イタケへ帰る途中のオデュッセウスが、ブタを守るイヌにあやうく殺されかけた逸話を語っている。

護畜犬は、かつてイングランドにいた牧羊犬とは違う。ヒツジの群れを率いる牧羊犬は、護畜犬とはまったく別の種類の生きものだ。牧羊犬の仕事は、飼い主の指示にしっかりしたがい、ある場所から別の場所へ移動する家畜——たいていはヒツジ——を囲いに入れることだ。これをいうとオールド・イングリッシュ・シープドッグのような犬種の愛好家から抗議の手紙が来ることはうけあいだが、牧羊犬の歴史の長さは護畜犬には遠く及ばないのではないかとわたしは思っている。というのも、家畜の護衛のほうが、群れを率いるよりもずっと単純だからだ。人間の飼い主が、叫び声なり笛なりで細かい指示を直接出す必要はない。さらに、イヌが護衛の役割を担っていたことを示す歴史的な証拠は、有史時代のはじまりにまでさかのぼる。家畜の群れを率いていた証拠が登場するのは、それよりもあとの時代だ。シープドッグ・トライアル（牧羊犬の能力をきそう競技）が最初に広まったのは一九世紀後半のことだ。

残念ながら、北米に移り住んだヨーロッパ人は、イヌを使って家畜を守るという発想を故郷に置いてきてしまった。北米で護畜犬が復活したのは一九七〇年代になってからのことで、これはハンプシャー・カレッジのレイ・コッピンジャーの努力によるところが大きい。コッピンジャーはたびたび南欧に渡り、ポルトガル、スペイン、イタリア、ギリシャ、トルコの人里離れた山岳地域を訪ねてまわった。その地で羊飼いたちがイヌを使って群れを守っているのを目にして、その方法を学んだコッピンジャーは、北米大陸がはじめて出会うマレンマ・シープドッグを連れ帰った。

ところ変わってオーストラリアでは、ある日、養鶏家スワンピー・マーシュがデイヴ・ウィリアムズという名の学生を相手に、ミドル島の悲惨な状況について世間話をしていた。生物学を学ぶウィリアムズはマーシュの養鶏場ではたらいていた。マーシュはペンギンの群れにイヌを入れるべきだという自説を披露し、ウィリアムズはそのアイデアを大学の課題のテーマにした。最終的に、ウィリアムズが書いたレポートはひとつの提案としてウォーナンブール市議会に提出され、ほかに打つ手がほとんどなかった市議会は、ウィリアムズにマーシュの飼い犬オッドボールとともにミドル島で野営する許可を出した。

オッドボールは映画『オッドボール』（日本では未公開）の主人公にもなったが、ミドル島での暮らしは文句なしの成功というわけではなかった。ウィリアムズはオッドボールとミドル島で一週間を過ごしたあと、オッドボールをペンギンたちのなかに残して島を出た。かわいそうなオッドボールはさみしさを募らせ、三週間後、脱走してマーシュとニワトリのもとに舞い戻った。問題は、オッドボールが人間を好きすぎて、ペンギンだけしかなかまがいない状況に満足できなかったことにある。

ウィリアムズとマーシュがミドル島に送りこんだ二頭目のイヌ――ミッシー――は、もう少し長く踏みとどまった（ミッシーが選ばれた理由のひとつは、うしろ肢に障害があるため、崖を下りて島を脱出するのが難しいから、というものだった）が、数週間後にはやはり文明社会に逃げ帰った。

最初の二頭はペンギンとの絆こそ築けなかったが、じゅうぶんな仕事をしてくれた。マレンマが島にいた最初のペンギンの繁殖期には、キツネにやられたコガタペンギンのひなは一羽もいなかった。

どうすれば状況が改善するのか、ウィリアムズにはわかっていた。護畜犬に本気で保護対象を守らせるためには、保護する動物と生後早いうちに触れあわせる必要がある。現在、ミドル島のコガタペンギンは、エウディとトゥラという名（コガタペンギンが含まれる属を指すラテン語の学名エウディプトゥラにちなんでいる）の二頭のイヌに守られている。この二頭は、子犬のころからペンギンに親しんできた。

イヌがペンギンを愛するようになるためには生後早いうちにペンギンと触れあう必要が

あるように、イヌが人間を愛するようになるためには、早い時期に人間と親しまなければいけない。農場で育った子犬は、成長過程で触れあったどんな動物とでも強い絆を結ぶことができる。ブタでも、ヤギでも、ウシでも、アヒルでも、ニワトリでも、その農場にいる動物ならなんでもいい。その農場に人間がいなければ（ジョージ・オーウェルがそんな農場を舞台にした小説を書いていたはずだ）、人間に対するイヌの愛情は育たない。

農業に携わる人たちは、科学者が気づくずっと前からそうしたイヌの性質を知っていた。一八三〇年代には、ウルグアイを訪れたチャールズ・ダーウィンが、人間の羊飼いの手を借りずにヒツジを守るイヌに出会っている。ダーウィンは近くの牧場に立ちより、どうしてイヌとヒツジのあいだに「あれほど強い信頼関係ができたのか」と尋ねた。地元の人たちの答えはこうだった。「どうしつけるかっていえば、子犬をごく幼いうちに母親から離し、将来のなかまたちに慣れさせて……ヒツジ小屋に羊毛の寝床をつくる。ほかのイヌや、人間の子どもたちと触れあう時間を与えない。そうすれば、イヌはヒツジの群れから離れようとはしなくなる。ほかのイヌが人間の飼い主を守るみたいに、ヒツジを守るようになるよ」

ダーウィンの発見は、本来そうあってしかるべき速さと広さでは世間の人たちの意識に浸透しなかった。その証拠に、晩年のレイ・コッピンジャーは、護畜犬のはたらきをめぐる肝心な点が見落とされていることを嘆いていた。コッピンジャーはヨーロッパへ赴き、イタリアからマレンマ、トルコからアクバシュやアナトリアン・シェパード・ドッグというように、さまざまな犬種をアメリカに連れ帰った。そのせいで、世間一般の人たちは、護畜犬種には家畜を守る本能が備わっていて、それ以外のイヌにはそうした性質がないと考えるようになってしまった。たしかに、優れた護畜犬になるためには、たとえば狩りの本能がごく控えめというような、遺伝的な要素も関係するだろう。コッピンジャーもそれは認めているものの、家畜を愛して守るイヌをつくるためには、生後まもないころの経験が絶対必要な条件だとかたく信じていた。

ダーウィンがそうだったように、コッピンジャーも、イヌが家畜を守るようになるのは、将来守ることになる種とともに育つ経験のおかげだと理解していた。子犬を人間や同種のなかまから完全に隔離したほうがいいかどうかについては、意見のわかれるところだ。あるていど人間と触れあわせておけば、あとで人間が扱いやすくなるので、そのほうが賢明かもしれない。また、同種のなかまと交流できないと、成犬の性衝動に問題が生じる可能性もある。とはいえ、将来守るはずの種のなかで子犬を育てる重要性については、異論の余地はない。どれだけ正しい遺伝子を選んだとしても、幼少期の経験がまちがっていれば、埋めあわせようがないのだ。

ここで起きているのは、刷りこみと呼ばれるプロセスだ。刷りこみは、オーストリアの動物行動学者（で愛犬家）のコンラート・ローレンツが一九三〇年代に発見した。刷りこみこそ、愛の遺伝子（人間と深い絆を結ぶ可能性を生んでいるが、それだけでは個々のイヌを人間好きの生きものにすることはできない）と実際に人間を愛するイヌとをつなぐ重要なリンクだ。

ローレンツはハイイロガンで刷りこみを実証したことで知られている。その実験では、もろもろの状況を整え、卵から孵《かえ》ったガンの子たちが最初に目にする生きものがローレンツ自身になるようにした。それだけで、ローレンツを親として刷りこむにはじゅうぶんだった。その証拠に、ローレンツのあとをついてまわるガンの子たちのかわいい写真がたくさん残されている。

刷りこみは、動物の子が自分は何者かを学ぶプロセスだ。自分がどの種に属しているのか、どんな相手と関係を結ぶべきなのかを、あらかじめ知って生まれてくる動物はいない。どんな動物も、ひとたび感覚が世界に開かれたら、まわりを見て、においを嗅ぎ、耳をそばだてながら、一生でもっとも重大な疑問――わたしのなかまは誰？――の答えを学んでいかなければならない。どんな種類だろうが、動物の子は生後早い時期にあたりを探ろうとする。そして、なんであれそのときに出くわした生きものを、その後の一生で探し求めるべきなかまと認識する。

たいていの動物の場合、親しくするべき相手を学べるのは、ごく短い期間にかぎられている（生物学者が「社会的刷りこみの臨界期」と呼ぶ期間だ）。イヌの祖先にあたるオオカミのような野生動物では、すぐに刷りこみをする必要がある。これまでにオオカミで本式の実験がおこなわれたことはないが、「自分は人間のなかまかもしれない」とオオカミに思いこませるチャンスの扉は、どうやら生後三週間で閉じてしまうようで、そう考えるだけのじゅうぶんな根拠もある。

それはあたりまえの話だ。自然界では――『ジャングル・ブック』やたくさんの童話で描かれていることとは裏腹に――草原や森に住む獣が別の種の一員と友だちになるのは賢明とはいえない。食べられる側の動物が捕食者の種と親しくなろうとすれば、すぐにディナーになってしまうだろうし、獲物にすべき種と親しくなった捕食者はすぐに飢え死にしてしまうだろう。野生動物の場合、どんな種類の動物と親しくすべきかを学ぼうとする期間、もしくは学べる期間はごく短い。そのおかげで、特殊な状況を除けば、野生動物はほぼ確実に、同じ種の一員にかぎって親しくつきあうようになる。

オオカミの「臨界期」の短さは、人間を社会的ななかまとして受け入れるオオカミを育てるのがおそろしく難しい理由を説明している。そしてそれは、モニーク・ユーデルとわたしが幸運にもウルフ・パーク――オオカミの子を人間が慎重に育てることにかけては世界有数の施設――から連絡をもらい、そこで暮らすおとなしいオオカミたちを調べるために招かれた理由でもある。ウルフ・パークは一九七四年にオオカミを育てはじめた。創設者のエリック・クリングハマーはシカゴ大学で学び、エックハート・ヘスの教えを受けた。

ヘスはほかならぬ刷りこみに関する本を書いた研究者だ。刷りこみの科学的な知識は、ウルフ・パークの成功になくてはならないものだった。でも、その知識をもってしても、人間を受け入れるオオカミを育てる試みは、はじめのうちは問題だらけだった。パークの古株のスタッフのなかには、どうにかしてオオカミを人間と親しくさせようと苦心していた初期の苦労をありありと示す傷痕が残っている人もいる。そんな試行錯誤を経るうちに、オオカミの子に人間をなかまだと教えられる期間は二週間ほどしかないことが少しずつわかっていった。そして、人間との関係を定着させたいのなら、その期間中は、一日もあけずに二四時間、子オオカミといっしょにいなければばならない。やがて、クリングハマーたちの取り組みはみごとに実を結んだ。いまも続く研究のお膳立てをしたという点でも、その功績は大きい。

二〇一〇年、わたしの教え子のネイサン・ホール（現在はテキサス工科大学の教授）とレイ・コッピンジャーの最後の学生であるキャスリン・ロード（現在はブロード研究所に所属）がウルフ・パークで生まれたひと腹の子オオカミを育て、行動発達を詳しく研究した。わたしはその過程をつぶさに見ることができた。子オオカミは生後一〇日で母親から離され、パーク内に特別にしつらえた子ども部屋に移された。子ども部屋は、フォームマットレスを一枚置くと、隣にちょうど同じサイズのスペースが残るくらいの広さだ。ほとんど初対面だったキャスリンとネイサンは、この部屋で一二時間交代制の子育てを開始した。子オオカミに哺乳瓶でミルクをやり、下のほうから出てきた汚いものを拭きとり、子オオカミが眠っているあいだにすかさず仮眠をとり、おなかをすかせて餌を待つ口に起こされて、また同じサイクルを繰り返す。六頭の子を相手にするのは、かなりの大仕事だ。わたしがふらりと立ちよると、キャスリンとネイサンはいつもうつろな目をしていた。とはいえ、その苦労はまちがいなく大きな実を結んだし、ふたりが子オオカミに対して抱くようになった愛情を相手も返してくれているのは明らかだった。子オオカミたちはまだ社会的刷りこみの臨界期にいたので、キャスリンとネイサンを愛し、社会的なかまとして人間全般を受け入れる下地があったのだ。[*3]

　このおよそ七週間にわたる試練からキャスリンとネイサンが学んだのは、ライオンつかいが何世紀も前から知っていたことだ――野生動物を飼いならすことはできるが、それにはたいへんな努力がいる。オオカミでもライオンでも、社会的刷りこみにより人間をなかまと思わせることはできるが、それが可能な期間はとても短く、関係を定着させるためには、人間と最大限に触れあわなければならない。

　それに対して、イヌを飼いならすのはとても簡単で、多くの人は飼いならしているという自覚もないほどだ。オオカミやライオンと同じように、子犬の場合も、一生をつうじて人間を社会的なかまとして受け入れさせるためには、生後まもない時期に刷りこみをしなければならない。ところが、ほかの食肉類の動物とは違って、イヌは簡単に飼いならせる。人間のそばで生まれ育てば、子犬は人間とのあいだに絆を築き、そのあとの一生をつうじて親しくふるまうようになる。人間の家で暮らしていない野良犬でさえ、ときどき人間の声を聞き、姿を目にし、においを嗅げる環境で生後数か月を過ごせば、たいていは人間をなかまとして扱うようになる。強い心の絆を築くイヌの性質——相手を愛し、愛を求める性質には、それほどの力があるのだ。

人間に対するイヌの愛は、生後まもない時期に育まなくてはいけない。イヌの行動に的を絞った数少ない大規模実験でも、それを裏づける証拠が得られている。巨大科学《ビッグサイエンス》に資金を投じる組織にとってイヌはあまり重要ではないせいで、イヌに関する大規模実験がおこなわれることはめったにない。それでも、一九五〇～六〇年代には、メイン州バーハーバーのジャクソン研究所で、数百頭のイヌを対象とした一三年にわたる大規模な実験がおこなわれた。そこから得られた成果のおかげで、この実験はイヌの生態と心理をめぐる先駆的な研究プロジェクトとして一躍有名になった。

＊3　生後八週間ほどで、子オオカミたちはおとなのオオカミとの接触を再開した。ウルフ・パークは長年の経験から、人間と触れあうだけでなく、同種のなかまとの交わりも欠かせないことを知っている。

バーハーバーの研究チームがおこなったある実験では、人間を愛する遺伝的な素養があるイヌのような動物でも、一生にわたる関係を築くためには、生後まもない時期が重要であることが証明された。この実験では、子犬を複数のグループにわけ、それぞれが人間と触れあう頻度を研究チームが徹底的に管理した。実験対象の八腹の子犬は、高さ二・五メートルほどのフェンスに囲まれた広い屋外運動場で育てられた。餌と水はフェンスに開いた穴から与え、成長中に人間と接触しないようにした。ただし、同じ腹から生まれた子犬のなかから毎週違う一頭か二頭の子犬を屋内へ移し、その週のあいだ一日に一時間半だけ人間と交流させてから、母親ときょうだいたちのもとへ戻した。生後一四週目にすべての子犬を屋内へ移し、人間に対する反応をテストした。

この実験から、ふたつの驚くべき結果が得られた。ひとつめの驚きは、ほんの一週間、一日に一時間半しか人間と触れあわなかったにもかかわらず、ほとんどの子犬が人間の近くにいるのを喜ぶ成犬になったことだ。とくに、生後七週目に人間と少しだけ触れあった子犬のグループでは、その傾向が強かった。この結果は、イヌを飼いならすのがどれだけ簡単かを浮き彫りにしている。この実験でイヌが人間と触れあった頻度は、ほとんどのイヌが成長過程で経験するだろう頻度よりも明らかに少ない。にもかかわらず、人間の近くで育てば、人間との社会的なつながりをつくることができるのだ。

この第一の発見はたしかに大きな意味があるが、第二の発見はそれよりもさらに重要かもしれない。人間のそばで快適に過ごせないイヌが育つ可能性もじゅうぶんにあることがわかったのだ。生後一四週になるまで人間と触れあわなかった子犬のグループは──研究チームの言葉を借りれば──「小さな野生動物のよう」になった。その後の一か月間、徹底的に人間と交流させてトレーニングをしても、ほとんど改善は見られなかった。人になつかず、飼いならすことはできなかったのだ。

この結果について、少し考えてみよう。要するに、人なつこさ──人間に対する愛はいうまでもない──は、それを可能にする遺伝子があるにもかかわらず、イヌに生まれつき備わっているわけではない、ということだ。むしろ、この性質は子犬のころに、人間と触れあうことで身につくのだ。生後まもない時期に人間を見て、声を聞き、においを嗅ぐ機会を与えるだけでも、一生をつうじて人間を受け入れる下地ができる。もっとも感受性の強い時期に触れあわなければ、一日にほんの一時間半の触れあいを一週間するだけでもいい。けれど、早い時期に触れあわなければ、人間を愛するイヌの潜在能力は永遠に失われてしまう。そして──本式の実験がおこなわれたことはないが──ヤギやヒツジ、さらにはコガタペンギンを愛するイヌの潜在能力にも同じことがいえると信じる理由はたくさんある。子犬が別種の動物との絆を結ぶためには、生後まもない時期にその動物とじゅうぶんに触れあわなければならないのだ。

生後まもないころの経験がイヌの愛情行動をどうかたちづくっているのか。それを調べてみたくてたまらない気もちはあるが、この手の実験を自分でしてみようとはまったく思わない。この実験をした研究者たちが明言しているわけではないが、人間と接触させずに育てたイヌたち――おとなになっても人間との関係を築けなかったイヌたち――は、どうやら実験終了後に安楽死させられたようだ。許しがたいことだと思う。

ミドル島の「実験」はハッピーエンドだった。近いうちに、ペンギンを守るマレンマをこの目で見たいと思っているが、まだ訪れる機会をつかめていない。でも、ありがたいことに、それほど大がかりな旅行をしなくても、人間以外の動物と強い絆を結んだイヌたちに会うチャンスはある。

デイヴィッド・ハイニンガーとキャスリン・ハイニンガーの夫婦は、ニューメキシコとの州境にほど近いアリゾナ州北東部でヤギ牧場を営んでいる。ある日の午後、砂漠のわが家から車で日帰りできる距離に護畜犬がいないかとグーグルで検索していたときに、偶然ふたりを見つけた。メールを出してみたら、すぐにハイニンガー夫妻から返事が来て、夫妻の飼うすばらしいイヌをじかに見にきてほしいと招待を受けた。わたしは共同研究者のリサ・ガンターと妻のロズとともに、アリゾナ最大のマリファナ栽培地と赤土の丘のまわりに散らばるいかがわしげな数々のトレイラーを通りすぎ、ようやくハイニンガーの農場にたどりついた。デイヴィッドとキャスリンは世捨て人を自称しているが、あれ以上に親しげで社交的な世捨て人はわたしには想像できない。そして、すぐにまのあたりにすることになるが、ふたりの愛想のよさはイヌたちにも及んでいた。

ハイニンガー夫妻が飼育する四〇頭のヤギは、三頭のアナトリアン・シェパード・ドッグ——レイ・コッピンジャーがヨーロッパから連れ帰った犬種のひとつ——と一頭のオールド・イングリッシュ・シープドッグに二四時間守られている。アナトリアン——レンジャー、マティ、ケイリン——はコヨーテが農場に近よらないように見はり、オールド・イングリッシュのキングマンは、コヨーテがいないせいで潜りこむプレーリードッグを駆除する役目を負っている（プレーリードッグはイヌ《ドッグ》ではなく、プレーリーに生息しているわけでもない。簡単にいえばジリスのような生きもので、ヤギには危害を加えない。ただし、ただでさえまばらな植物が食べつくされてしまうので、あまりにたくさんいるのは困りものだ。それに、キングマンは自分のテリトリーからプレーリードッグを追い払うのが大好きなようだ）。

あなたの知る話とは違うかもしれないが、護畜犬が出くわした捕食者と闘うことはめったにない。たいていの場合、コヨーテやオオカミや野良犬などの侵入者は、家畜がプロの護畜犬に守られていると気づくと、何もせずに去っていく。つまり、護畜犬は殺戮をともなわない一種の抑止力ということだ——捕食者の種の多くが絶滅の危機に瀕している世界では、その価値はとてつもなく大きい。

ハイニンガー夫妻のイヌたちは、わたしの予想とは裏腹に、人間に対してよそよそしく

アナトリアン・シェパード・ドッグの護畜犬の上でわが子とともに休むハイニンガー夫妻のヤギ、タラゴン。

はなかった。四頭とも、親しげな関心を見せながら客人に近づき、なでてもらいたがった。デイヴィッドとキャスリンの説明によれば、イヌにどれくらいの人なつこさを求めるかは、農家によってさまざまだという。ハイニンガー夫妻は、イヌが人間から遠く離れることがめったにないごく小さな農場に住んでいるので、イヌが人間との触れあいに関心を示しても気にしない。とはいえ、客人へのあいさつがすんだら、イヌたちはヤギと過ごすためにもち場に戻っていった。四頭とも生後まもない時期をヤギと過ごし、ヤギはなかまだと刷りこまれているのだ。

イヌたちはヤギへの愛を大げさに表してはいなかった。いつでもヤギのそば——たいていはいちばん近くにいるヤギから三メートルと離れない距離——にいるが、身体をこすりつけたり、別のなんらかのかたちでヤギと交流したりしようとはしない。キャスリンはヤギとアナトリアンの関係を「長年連れ添った夫婦」のようだと表現した。とてもうまいたとえだと思う。心配りや愛情のしるしはたしかにあるが、あけっぴろげの身体的な愛情表現は見られない。キャスリンの説明によれば、これは意図的にそうしているのだという。子ヤギが生まれるときにはイヌがヤギの近くにいる必要があるが、イヌが喜びすぎてヤギたちと遊びたがったりすると、うっかり子ヤギを傷つけてしまうおそれがある。そのため、子犬はヤギと身体的な接触をしないように育てられる。

なかまへの愛情をおおっぴらに表してはいなくても、アナトリアンたちのヤギに対する心配りは一目瞭然だった。ほとんどの時間は赤土の上で寝ているだけのように見えたが、侵入者が現れると、すぐにはあはあと激しく喘ぎ、自分たちの存在を知らせる。近くの木に降り立ったカラスでさえ、あっというまに追い払われた。わたしがイヌたちのそばをしばし離れ、人間とヤギのいるところに戻ろうとしたときには、近くでぐっすり眠っているように見えたレンジャーに、おまえは歓迎されていないとあからさまに伝えられた。おかげで、デイヴィッドがあいだに割って入って、あの人ならだいじょうぶだから戻らせてあげなさい、と説明しなければならなかった。

ちなみに、キャスリンがいうには、イヌの吠えかたを聞けば、イヌが警戒している相手――カラスでも、ヘビでも、コヨーテでも、人間でも、ほかのなんでも――が何かすぐにわかるという。そのおかげで、キャスリンとデイヴィッドは、イヌが助けを必要としているのか、必要としているのなら侵入者対策としてどんな道具をもっていけばいいかを判断できる。キャスリンのその言葉は、イヌの吠えかたを聞くだけでどんな獲物を追っているかがわかるという、ニカラグアに暮らすマヤングナ族の狩人たちから聞いた話とほとんど同じだった。イヌと人間の絆の強さと有用性を示すこの新たな例に、わたしはすっかり魅了され――それを身をもって知るはめにならずにすんでいることを喜んだ。

護畜犬の例は、生後まもない時期の経験から、人間――ヤギでもヒツジでも、いっしょに育った相手ならなんでも――を愛する下地ができることを示している。インターネットには、子ガモ、モルモット、ウサギ、子ブタ、カメ、ウシなどなどと友だちになったイヌの最高にかわいい実例があふれている。ネコと育てられたイヌなら、因縁のネコ科の仇敵とだって友だちになるかもしれない。

イヌの遺伝子にもともと備わっている愛情のプログラムは、どうやら驚くほどオープンなようだ。オオカミなどの野生動物は、発達初期の刷りこみでなかまと思いこんだ種（自分の属する種も含む）の一員でも、知らない相手なら警戒する。いっぽう、イヌはそれよりもはるかに積極的に、一生をつうじて新しい友だちをつくる。その点は、愛の絆の強さを調べる実験で測定できる。

二章で話したように、ヒトの発達を研究する心理学者は、子どもと養育者の結びつきの強さを評価する方法を考え出した。そして、なかでもよく使われているエインズワースのストレンジ・シチュエーション法を使った実験では、イヌが人間に愛着をもっている証拠が得られた。この実験からは、イヌがそうした絆をそもそもどう形成するかも垣間見える。

ご記憶かもしれないが、ストレンジ・シチュエーション法では、母親（などの養育者）と子どもをいっしょになじみのない部屋に入れる。その後、合計二〇分のいくつかの段階をつうじて、子どもはひとりで知らない人と過ごしたあと、また母親といっしょになる。この方法は、日々の生活のなかで知っている人と知らない人に出会う自然な流れを模倣したもので、その過程で子どもに軽いストレスを与えることを意図している。養育者とのあいだに安定型の絆をもつ子どもは、たいていの場合、養育者がそばにいれば楽しそうにあたりを探索する。この探索には、知らない人との交流も含まれる。ところが、母親がいなくなると目に見えて動揺し、自分の殻に引きこもる。母親が戻ってくると、安定型の愛着をもつ子どもなら、喜びをあらわにして、すぐにまた安心してまわりの世界を探検するようになる。それほど安定した愛着をもたない子どもは、親を無視したり、誰かがそばにいても探索しなかったり、母親がいなくなる前から不安なようすを見せたりすることがある。

実験全体をつうじてストレスの徴候が見られる場合もある。

イヌでこの実験をすると、イヌは人間――とくに飼い主との強い心の絆を見せる。大切な人がそばにいるときには、イヌは自信に満ちているように見えるが、その人がいなくなると心配そうになる――人間を研究する心理学者が「安定型の愛着」と呼ぶパターンと同じだ。この結果は、イヌが特別な関係をもつ人間と強く結びついていることを示している。これは驚くべき発見だ――でも、さらに驚くのは、どんな人間とも特別な関係をもたないイヌに同じテストをしたときの結果だ。

ブダペストの有名なファミリー・ドッグ・プロジェクトが実施したある研究では、マルタ・ガチの研究チームがとあるシェルター（名称は明かされていない）でストレンジ・シチュエーション法を使ったテストをした。対象になったのは、「主要な養育者」でも「人間の親」でも「飼い主」でも、どんな呼びかたをしてもいいが、特別な関係の人間がいないイヌたちだ。そのシェルターには、イヌが強い絆を結べる人間はひとりもいない。もっといえば、そもそもイヌと人間の触れあいさえまったくなかった。イヌたちは大きな集団――最大で一〇〇頭――になって、広さ一〇〇〇平方メートルほどの囲いのなかで暮らしていた。餌は与えられていたし、囲いは世話係が一日一回清掃していたが、それを除けば、基本的には人間との接触はなかった。

この実験では、三〇頭のイヌに一日一〇分、一頭だけで人間と触れあって遊ぶ時間を与えた。実験を実施したふたりの女性のどちらかが一頭のイヌに話しかけ、やさしくなで、簡単な運動をさせて遊ばせた。三日連続で、一日に一〇分だけだ。そのあとで、その三〇頭と、人間とまったく接触しなかった別の三〇頭を、ストレンジ・シチュエーション法の簡略版でテストした。イヌと合計三〇分触れあった人が母親役、もうひとりの実験実施者が見知らぬ人の役をつとめた。どちらの実験実施者とも触れあわなかった三〇頭のイヌについては、母親役と見知らぬ人の役をそれぞれがランダムに務めた。

その結果は驚きだった。心理学の経験を積んだ複数の観察者（どのイヌが実験実施者と短い触れあいの時間をもち、どのイヌがまったく触れあわなかったかは知らされていない）に実験のようすを記録したビデオを見せ、人間の子どもを評価するときと同じように分析してもらったところ、観察者たちは、どちらかの実験実施者と触れあったイヌがその人に愛着をもっている明らかな徴候を見てとったのだ。人間と触れあったイヌは、外へ出ようとしてドアのそばにいる時間が短く、なじみの人が実験室をしばらく出たあとに戻ってくると、その人との触れあいをより強く求めるようになった。全体として、人間と三〇分だけ触れあったイヌはその人を「安全基地」として利用していると評価された。これは安定型の愛着の徴候のひとつだ。

イヌがこれほどすぐに愛着を見せるようになると知って、わたしはほんとうに驚いた。人間の子どもでさえ、こんなに速く絆を築くことはほとんどないだろう（このシェルター犬と同じ条件で育った人間の子どもを対象にした実験は――さいわい――ほとんど不可能だ。いくつかの悲劇的な状況――ソヴィエト時代末期にルーマニアの孤児院で育児放棄された子どもたちが発見された例など――では、養育者がつねに近くにいる安定した環境で育たないと、悲しい結果につながり、いつまでも尾を引くことが記録されている。そうした触れあいのない環境が生む影響は、イヌの場合と同じように、人間の子どもでもそう簡単には改善できない)。

元教え子のエリカ・フォイヤーバッカー（二章で紹介した、イヌが飼い主との触れあいと餌のどちらを好むかを調べる実験の実施者）とわたしは、ほとんど偶然ともいえる幸運から、イヌが関係を築く速さを示すさらなる証拠を発見した。飼い主と知らない人に対する飼い犬の行動の違いを調べていたわたしたちは、その研究の一環として、一三頭のシェルター犬にふたりの人間のどちらかを選ばせ、そのときの反応を調べた。シェルター犬を対象に入れたのは、あくまでも対照群としてだった――ところが、ふたを開けてみたら、まったく驚きの結果になったのだ。

この実験で使ったシェルター犬は単独で、もしくは同居犬とペアになって檻のなかで暮らし、ボランティアやシェルターのスタッフと毎日顔をあわせている。また、一般の人たちともときどき交流をもつ。でも、それを別にすれば、このイヌたちの暮らしのなかに特別な相手といえる人間はいない。

エリカはそうした特定の愛着をもたないイヌを一頭ずつ、シェルター内の知らない部屋に連れていき、七五センチほど離れた二脚の椅子に座る若い女性ふたりのどちらかを選ばせた。どちらの女性も、イヌがじゅうぶんに近づいたらすぐになでられるように身がまえている。どちらもイヌにとってはまったく知らない人だ。

シェルター犬はそれ以前にどちらの女性にも会ったことはないが、一回一〇分間の実験が進むうちに、ほとんどのイヌはどちらかの女性をもうひとりよりも強く好むようになった。シェルター犬が知らない人ふたりのうちのどちらかを好む強さは、同じ設定で飼い主か知らない人かを選ばせた場合に飼い犬が飼い主を好む強さと同じくらいだった。飼い犬は平均すると、一〇分のうち八分弱を飼い主のそばですごした。シェルター犬の場合、お気に入りのほうの知らない人といっしょにいた時間は、一〇分のうち七分半あまりだった。

イヌがこれほど速く、ひとりの人間を別の人よりも好きになるのは、まったくの驚きだ。ただし、ここで注意しておきたいことがある。このイヌたちがほんの一〇分のうちに、長年連れ添った人間に抱くような強い結びつきを知らない人相手に示したと結論づけてはいけない。飼い主と知らない人を選ばせた場合の飼い犬の行動と、ふたりの知らない人のどちらかを選ばせた場合のシェルター犬の行動を比較してみて、わたしたちはいくつかの違いに気づいた。飼い犬の半数ほどは、一〇分の最後の一秒にいたるまで、飼い主のすぐそばで過ごした。いっぽう、お気に入りの知らない人のそばでそれほど長い時間を過ごしたシェルター犬はいなかった。また、飼い犬のなかには、知らない人とも長い時間を過ごすイヌもいた。養育者が近くにいるときに、なじみのない環境や知らない人を探ろうとする意欲は安定型愛着の徴候のひとつだが、シェルター犬はいずれも、お気に入りではないほうの人のそばにはあまり行こうとしなかった。

このように、飼い主に対する飼い犬の反応と、知らない人ふたりのうちのお気に入りの相手に対するシェルター犬の行動には、たしかにいくつかの違いがある。それでも、イヌが特定の人間をすぐに好きになるという事実は衝撃的だった。この事実は、イヌと人間とでは関係の築きかたが違うことを裏づけている。もしかしたら、イヌにウィリアムズ症候群の人間と似た過度の社交性を与えている遺伝子と関係があるのかもしれない。こうした実験が浮き彫りにしているのは、イヌの社会的な柔軟性、外向性、過度の社交性——要するに、愛情に満ちたつながりを築く能力——だ。イヌたちは、人間や野生動物よりもはるかに心の絆を築きやすい。そして、それがイヌの魅力のかなりの部分を占めていることはまちがいない。

とはいえ、イヌが人間より速く絆を築くいっぽうで、絆を解くのも速いのではないかとわたしは疑っている。

イヌの名高い忠義心を貶めるつもりはない。イヌはたしかに、愛する人を守るために自分の身を危険にさらしたり、ときには命を投げ出したりもする。その手の事例は山ほどある。なかには真偽が疑わしい話や誇張された話もあるが、嘘いつわりのない実話もある。疑いという針だけでは、すべての風船に穴を開けることはできないだろう——風船があまりにも多すぎるのだ。たとえば、高齢の救助犬ピートは、二〇一八年の冬のある朝、ニューヨーク州グリーンウッド・レイクでのハイキング中に遭遇したクロクマから飼い主となかまの飼い犬たちを守ろうとして命を落とした。二〇一六年には、ピットブルの介助犬プレシャスが、攻撃してきたアリゲーターと飼い主のロバート・ラインバーガーのあいだに身を投げ出し、自分の命と引き換えに飼い主を守った。ジェイス・デコッセの飼い犬で、ピットブルが混ざった雑種のタンクは二〇一六年、アルバータ州エドモントンの自宅で眠っていたデコッセがバールをもった暴漢たちに襲われたときに、飼い主を守ろうとして死んだ。それはどれも実話だし、そのほかにも実際にあった事例はたくさんある。イヌが飼い主を救うために命を投げ出すかどうかをたしかめる実験をするつもりはまったくないが、だからといって、そうした事例の信憑性が下がるわけではない。

　とはいえ、一九四〇年に出版された『名犬ラッシー』に登場するような話には疑いをもっている。この物語では、ラッシーが数百キロの道のりを旅して、最初に飼われていた人間の家族のもとへ戻る。新しい飼い主に引きとられるくらいなら死んだほうがましだとイヌがほんとうに思っているのなら、以前は別の家族と暮らしていた成犬を引きとった人たちが幸せな結末を迎えるはずはない。そうした人は毎年数百万人にのぼるが、実際には幸せな結果になっている。
わたしの愛犬――単純でかわいいゼフォス――は、生後最初の一年を別の家族と過ごしてからわたしたちの家に来た。わが家に来てから最初の二週間は、ゼフォスは明らかに戸惑って、動揺していた。でも、一か月が経つころには、子犬のころからわが家の一員ではなかったとは思いもよらないほど、わたしたちといっしょにいるのを楽しむようになっていた。ゼフォスがわたしたちと暮らしてもう六年になる。ついこのあいだ、わたしはゼフォスの反応を見てみようと、生後一年のあいだそう呼ばれていたという名前を呼んでみた。「サイラ」。何を期待しているのか自分でもわからないまま、わたしはそう声に出した。なんの反応もなかった。まったく、何も。つまり、ゼフォスは最初にいっしょに暮らした人たちをすっかり忘れてしまったということなのだろうか。それはわたしにはわからない。最初の家族と会ったら、ゼフォスはどんな反応を見せるだろうか。昔の名前を覚えていないからといって、最初の家族のことも覚えていないとはいいきれない。チャールズ・ダーウィンも、船で世界を一周していた五年のあいだに、同じ疑問に思いをめぐらせていた。驚いたことに、それほど長く留守にしていたあとでも、愛犬のピンチャーは帰宅した飼い主を覚えていた。エマ・タウンゼンドが素敵な著書『ダーウィンが愛した犬たち』に書いているところによれば、ダーウィンの姉キャロラインは、ダーウィンに宛てた手紙にこんな疑問を綴ったという。「ピンチャーはあなたに再会して大喜びするでしょうか?」。ダーウィンはピンチャーの反応にいたく感動した。『人間の由来』でそのエピソードに触れたほどだ。「わたしは気性が荒くて、知らない人なら誰だろうと嫌うイヌを飼っていた。五年と二日の不在のあと、わたしはわざとイヌの記憶を試してみた。彼が寝起きしていた厩舎の近くへ行き、昔と同じように名前を呼んでみたのだ。イヌは喜ぶそぶりを見せなかったが、すぐにわたしのあとについて歩きはじめ、ほんの三〇分前に別れたばかりのようにわたしにしたがった。つまり、むかし覚えたつながりが、五年のあいだ眠っていたあとでも、瞬時に心に呼び起こされたということだ」

ダーウィンはどういうつもりで、ピンチャーが「喜ぶそぶりを見せなかった」と書いたのかと考えずにはいられない――ピンチャーがダーウィンを忘れていたことをにおわせているような文章だ。でも、そのすぐあとには、ピンチャーが「わたしのあとについて歩きはじめ、ほんの三〇分前に別れたばかりのようにわたしにしたがった」と続けている――こちらはまちがいなく、ピンチャーがダーウィンを覚えていたことを伝えている。わたしが思うに、イヌは特定の人を何年も覚えていられるかもしれないが、心の絆は時とともに薄くなっていくのではないだろうか。イヌが新しい絆を築く速さを考えれば、古い絆が消えていることはまちがいないような気がする。とはいえ、現時点では、これはまったくの憶測にすぎない。この考えを裏づける研究は、わたしの知るかぎり、まだおこなわれたことがない。

いずれにしても、こと愛情の絆に関しては、消滅の可能性よりも幸せなはじまりのほうに注目したい。

　子どものころ、母といっしょにワイト島にある英国王立動物虐待防止協会のセンターに行ったときのことは、いまでもはっきり覚えている。そこへ行ったのは、わたしたち家族にぴったりのイヌを探すためだった。わたしたちは弟のジェレミーに、母とわたしが選んだイヌを連れて帰る前に、ジェレミーが審査する《ベット》（ダジャレ失礼！（ベット（vet）には獣医という意味もある））機会をつくると約束していた。ところが、ベンジーの入っている檻に近づいた母とわたしは、自分こそがあなたたちのイヌだとあまりにも強く訴えられ、彼を置いて帰ることがどうしてもできなくなった。母は五ポンドを払い、ベンジーはわが家のイヌになった。ジェレミーは腹を立てたが、彼もベンジーの魔法にかかり、すぐにベンジーこそうちのイヌだと納得してくれた。

　四〇年前のわたしたち家族の経験は、けっしてめずらしいことではない。自分がイヌを選んだのではなく、イヌが自分を選んだのだと話す人は多い。イヌがどうやってそんなことをしてのけるのか、はっきり説明することはできないが、ふるまいのなかにある何か――目の表情、姿勢――がどういうわけか人間の心に訴え、このイヌは昔からずっとわが家の一員で、連れて帰りさえすれば、すでに存在している絆がすっかりできあがるはずだと信じさせるのだ。自分を受け入れ、守るように人間を説得するその能力こそが、人間社会でイヌが成功している大きな要因なのはまちがいない。

イヌは人間に対して、すぐに愛情のこもった関心を抱く。その速さはまったく驚きだが、それこそが別種の動物となんなく絆を築くイヌのオープンな性質の核心にある。でも、そのみごとなまでのオープンさを生む遺伝子をもっているからといって、イヌがかならずそれを活用するようになるとはかぎらない。

正常な遺伝子をもつことはイヌの愛情深い性質には欠かせないが、それだけではイヌの本質をめぐる物語はとうてい完結しない。一頭一頭のイヌは、育ちかたしだいでさまざまな生きものになる。人間とともに暮らす愛情深いパートナーにも、人間が近よりたいとは思わない危険で攻撃的な獣にもなる。人をおそれ、人間のなかまには絶対に入りたがらない野生動物になることとさえある。その決め手は経験だ。文字どおりまったく同じ遺伝子からつくられ、同じ母親から生まれ、同じ人間の家で育ったクローンでさえ、かなり違った性格になることがある（一〇〇組のクローンにイヌ版性格診断を受けさせられたら最高だろう！）。

人類以外の種に愛情を抱く証拠として、もっともよく見られる例が護畜犬だ。イヌが育ちかたしだいで別の動物を愛するようになることを証明している護畜犬は、世界中にいるだけでなく、はるか昔から存在していた。バーハーバーで五〇年以上前におこなわれた実験では、イヌが人間を愛するようになるためには、生後まもない時期に適切な経験をすることが重要だと実証されている。この実験を指揮したのはジョン・ポール・スコットとジョン・L・フラーというふたりの科学者で、どちらも遺伝学者だった。スコットはのちに、その大規模プロジェクトから得た教訓をめぐる回想録の執筆を依頼されたときに、あっさりとこうまとめた。「遺伝では行動を縛れない」

スコットとフラーの時代以来、遺伝学が飛躍的に進歩してきたいっぽうで、行動研究のテクニック——結局のところ体系的な観察以上のものではない——は大きく変わったとはとうていいえない。たぶんそのせいかもしれないが、イヌを愛する一般の聴衆の前で話をすると、イヌを愛情深くしている遺伝子の話はまえのめりで聞こうとするのに、イヌの性格を左右する環境の役割という昔から知られている事実には、あまり驚かないように見える。昔からある科学はいまでも優れた科学です、とわたしはいつも話している。それどころか、昔からある科学、つまり動物をとりまく世界が性格をかたちづくる仕組みの研究のほうが、ずっと大きな影響を及ぼすこともある。

一頭一頭のイヌをかたちづくるうえで、遺伝と環境が対等のパートナーとして影響を与えているのはまちがいない。それはどんな生物にもいえることだ。けれど、わたしたちはその両方を同じようにコントロールできるわけではない。遺伝はどうしようもない。たしかに、現在の技術では、莫大な費用をかければ、個々のＤＮＡに小さな変更を加えることはできる――けれど、遺伝子操作の大部分は、まだ現在ではなく未来の手法だ。それに対して、イヌが暮らす環境は、完全にわたしたち人間の支配下にある。

人間のつくる世界のなかに、イヌは生まれてくる。望みさえすれば、わたしたちはその世界を変えられる。しかも、そうすることで、イヌが人間と最高の暮らしを送れるようにすることもできるのだ。その絶大な力は、途方もなく大きな責任もともなっている。

第七章　イヌをもっと幸せに

いまのわたしたちが愛犬と美しい絆をわかちあえるのは、一万四〇〇〇年ほど前にイヌの遺伝子に小さな変化が起きたからだ。その小さな変異が、別種の動物とはまれにしか親しくならない警戒心の強い獣から、ほとんどどんな動物とも簡単に、そしてすぐに心の絆を結ぶ、愛情に満ちた生きものにイヌを変えた。

けれど、イヌの遺伝子は、愛する能力を与えているにすぎない。実際に愛を引き出すのは、イヌが育つ世界だ。だからある意味では、わたしたち自身が一頭一頭のイヌを「人間の最良の友」にしているともいえる。

生後まもない時期に起きるプロセスが、その先の一生でどんな生物と心の絆を結ぶかを決める。科学者たちは五〇年以上前からそれに気づいていた。イヌが人間を愛するのは、その微妙な時期にわたしたち人間がそばにいたからだ。

それならば、イヌたちの残りの一生のあいだずっと、わたしたち人間がそばにいるのは当然のことだ。

個体としても種としても、イヌは人間に身を捧げてきた。祖先から受け継いだおそろしい顎とみごとに統制のとれた狩りの能力を手放し、別種の生きものと絆を結ぶために、家族だけで結束していたかつての生活のかたちを投げ出した。放浪して狩りをする暮らしも捨てた。そのすべてと引き換えに、人間のパートナーになるチャンスを選んだのだ。人間とイヌが結んだ盟約《めいやく》は、はっきり口に出されたことこそないが、それでも嘘いつわりの入りこむ余地のない、どちらにとっても拘束力のあるものだ。

深くて揺るぎない愛情と引き換えに、人間も自分たちを愛してくれる。イヌはそう信じている。貧弱で毛のない、でもとても賢いサルが、その賢さを使ってきっと幸福にしてくれると信じているのだ。

わたしはこれまで、イヌが人間との盟約を守らなかったと誰かが話すのを聞いたことがない。イヌの忠実な愛情は伝説の域に達している。ところが、わたしたち人間はといえば、残念ながらかならずしも盟約をまっとうしているとはいえない。

もちろん、申しぶんのない世話を受けているイヌは多い。けれど、あまりにも多く——米国だけでも数百万頭——のイヌがそうではない。わたしたちは、イヌにふさわしい暮らしを与えられていない。彼らが与えてもらえると信じきっている暮らし、口に出さずにこいねがっている暮らしを与えられていないのだ。人間のかたちづくるイヌの暮らしは、時代遅れのところがあまりにも多く、最新の科学が反映されていない。広く浸透している習慣のなかには、まったくもって野蛮なものもある。

　イヌと人間のパートナーシップを、その関係の基本的な性質に沿ってうまくつくっていくにはどうすればいいのか。それについては、さいわい、何から何まで科学が明らかにしてくれている。わたしたち人間は、イヌの愛理論にもとづいて行動をどう変えればいいのか。最先端の研究には、それを示す教訓が満ちあふれている。最新の科学は、イヌの日常のなかに人間がいつもいることの大切さを説き、特定のトレーニング手法の正しさを裏づけ、身体的な接触の効果をも実証している。科学は、イヌと人間の絆の核心を明らかにしているだけではない。わたしたちが目を向ける気になりさえすれば、愛犬を幸せにするための具体的な教訓も得られるのだ。

　そして、わたしたち人間は、改善する道を探らなければいけない。あのすばらしい動物の心と精神をめぐる旅から教わったことをひとつだけあげるなら、愛犬の精神的なニーズを理解するだけでなく、その知識を使って行動を起こすのもわたしたち人間の責務なのだということに尽きる。ひとことでいえば、わたしたちには愛犬のためにもっとできることがあるのだ。イヌたちがそれに値することは、その愛情深い性質の裏にある豊かな科学と歴史が証明している。

わたしたち人間がイヌの世話をきちんとできない原因は、たいていの場合、イヌの性質やニーズを誤解していることにある。

イヌが根本的にはいまもオオカミだと信じている人は――残念ながら、いまだにそう信じている人はいるが――警戒を怠らずに自分のペットに接する。やさしいハウンド犬がいつモンスターに変貌するかと絶えず身がまえていて、人間のもつ力をとにかく態度で示しなさい、気まぐれな獣にあなたが支配者なのだと教えこみなさいといわゆる専門家にいわれれば、すんなり納得してしまうだろう。

それに対して、わたしが展開してきた主張を受け入れ、イヌは野生の親戚と違って、別種の動物、とりわけ人類と深い心の絆を結ぶ能力をもっていると信じるなら、イヌとヒトが愛しあいながら穏やかに共存できる暮らしかたを探そうとするはずだ。

もちろん、愛情で結ばれた関係を築く能力を双方がもっているからといって、そのときどきで突発的な問題が生じないと保証されるわけではない。そして、そうした生活のパートナーが別種の動物の一員なら、どれほど善意にあふれていても、ときどき起きる誤解や、いわば「独創的な相違」のようなものを防ぎきることはできない。

イヌと人間の関係では、問題が起きるのは避けようがない。けれど、その問題をどう理解するか——そしてそれにどう対処するかは、あなたしだいだ。

イヌは基本的にオオカミと変わらないという考えかたは、それに沿ったひどい問題解決アプローチを助長する。そうした考えかたをする飼い主は、飼い犬との力の均衡が乱れたと感じたときに物理的な力でそれを正すことを正当化し、そのいっぽうで、イヌの行動の強力な動機である愛の役割を無視するようになる。これはイヌの本質をめぐる誤解から生まれる悲劇で、重大な結果を招くおそれがある。この考えかたをしていると、いずれ身体的にも精神的にも愛犬を傷つけてしまう可能性はかなり高い。

悲しいことに、この手のアプローチは昔から世のなかに浸透していて、その影響は知らぬまにじわじわと進行し、しかもなかなか消えてなくならないことが証明されている。イヌとの暮らしかたに関する本はいろいろあるが、なかでもとくに広く読まれている一冊が、一九七八年（日本語版は一九九八年）に出版された『犬が教えてくれる新しい気づき——人が犬の最良の友になる方法　ニュースキートの修道僧たちによるスピリチュアル・ドッグ・トレーニング』だ。この本の主張によれば、オオカミの血を引くイヌは群れとしての暮らししか理解できず、さらにいえば、その群れは階層のはっきりしたコミュニティで、表面下では地位をめぐる競争の火が絶えずくすぶり、ときどき爆発してはあからさまな大火事が発生するという。人間とイヌの関係にともなう問題の多くは、そうしたイヌの社会生活の本質を理解していないことから生まれるもので、イヌ科の家族よりも人間が「優位」にいると徹底して教えこめば解決できる――それが一九七八年当時のニュースキートの修道僧たちの主張だ。

この修道僧たちの主張のうち、おそらくもっとも悪名高いのは、彼らが「アルファ・ロール」と名づけたしつけ法だろう。このしつけ法では、アルファの地位にいるオオカミが下位のなかまに与えるおしおきをまねることが推奨されている。具体的にいうと、飼い主がイヌをいきなり転がして《ロール》仰向けにして、喉元をきつくつかみながらイヌを強く叱りつけるのだ。

この修道僧たちに同じくらい残酷なおしおきをする前に、彼らが唱えるイヌと人間の関係構築アプローチには、全体として見れば感心できるところもたくさんあると断っておくべきだろう。ニュースキートの修道僧たちは、イヌの訓練手法を提案するだけでなく、イヌの安心と満足に注意を払う大切さも強調している。イヌの社交的な性質を重視し、生活のさまざまな場面にできるだけイヌを入れるようにしなさいと飼い主にすすめている。このアドバイスには、わたしも心から賛成する（愛犬に偽物の補助犬用ベストを着せたりするのは論外だが）。人間がイヌに向ける共感を高めようとしているところは称賛に値するし、その点では彼らのアドバイスにもっと多くの人がしたがってほしいと思っている。

もうひとつ、修道僧たちが一九七八年に主張したアプローチは、その当時の科学と矛盾するものではなかったことも指摘しておかなければフェアではないだろう。当時はまだ、オオカミの社会生活に関する研究はごく初期段階で、イヌとオオカミの心理学的な違いの研究ははじまってさえいなかった。オオカミがなかまうちでとる行動をめぐる初期の報告は、そのほとんどすべてが、捕われの身になった、たがいにあまり関係のないオオカミをひとまとめにしたグループの観察にもとづいていた。そうした研究ではたしかに、観察対象のオオカミたちのあいだでかなり激しい地位争いが見られた。

だが、そうした研究は捕われの身になったオオカミの行動を正確に表してはいるものの、オオカミどうしの関係全般を反映しているかといえば、その点についてはまったくもって不完全だった。いまでは、アメリカ地質調査所とミネソタ大学に所属するデイヴィッド・ミーチや、そのほかのフィールド生物学者たちによるその後の研究のおかげで、野生のオオカミの群れが単なる核家族であることがわかっている。いわゆるアルファのオスとメスは、たいていは群れのほかのメンバーの両親だ。群れのなかの関係にはたしかにヒエラルキーがあるが、人間の家族で見られるものと大差ない。アルファはほかのメンバーに対して、暴力よりも愛情のこもった関心を向ける。野生の世界で自由に生きているオオカミの群れでは、無意味な攻撃はめったに起きない。野生のオオカミが群れのほかのメンバーと長期にわたって対立するような場合、たいていはそのうちの一部が荷物をまとめて去っていく。人間に飼われているオオカミにはそれができないので、ほかのオオカミに対する攻撃性が高くなる傾向がある。それほど親しくない兄弟姉妹（まったくの他人でもいい）とひとつの牢獄に閉じこめられたら、あなただって同じような反応をするのではないだろうか。

さらに、オオカミとイヌはたしかに近縁関係にあるものの、まったく違う社会構造のなかで生きていることもわかっている。あとで詳しく説明するが、イヌとオオカミの社会的序列の仕組みはまったくの別物で、そのためグループ内のメンバーとの関係の築きかたもまったく違う。このように、同じ種のなかま（さらに、イヌの場合には別種のなかま）との関係の築きかたに違いがある以上、オオカミの社会行動の観察をもとにイヌの扱いかたを推測するのは至難のわざだ。

そうしたことはどれも、ニュースキートの修道僧たちが例の本を書いた一九七〇年代にはわかっていなかった。

見上げたことに、二〇〇二年に出版された同書の改訂版では、「アルファ・ロール」がきっぱり否定されている。「われわれはもはや、このテクニックを推奨していない」と修道僧たちは強調している。「われわれのクライアントには、このテクニックを使わないように強くすすめている」。改訂版を出すときに、以前すすめていたこととは矛盾する内容を入れる勇気がある人はめったにいない。そんなわけで、これほど根本的な改訂に踏み切った修道僧たちを、わたしは心から称賛している。とはいえ、著者ひとりひとりの名は伏せられているので、二〇〇二年版でアルファ・ロールを否定した修道僧が三七年前にそれを推奨した修道僧と同一人物ではない可能性もある。

悲しいことに、誰もがこの修道僧たちに追いついているわけではない。有名ドッグトレーナーのなかには、一九七〇年代後半には最先端とされていたとはいえ、現在では残酷で擁護できないと広く認識されているテクニックを、いまだに悪びれずに布教している者もいる。現代の優秀なトレーナーの多くは、力に頼るのではなく、よい影響と穏やかなリーダーシップに重きを置いた手法を支持している。ヴィクトリア・スティルウェル、カレン・プライアー、マーティー・ベッカー、ケン・マコート、ジーン・ドナルドソン、チラグ・パテル、ケン・ラミレスをはじめ、多くのトレーナーや指導者は最先端の科学を採り入れているし、抑圧や苦痛や懲罰《ちょうばつ》がイヌとの関係を築くうえで正しい基礎にはならないことを知っている。

残念ながら、テレビ界——わたしたちの文化をいまだに支配しているメディア——では、専門知識はかならずしももっとも価値ある通貨というわけではない。カリスマ性や画面上での存在感のほうがはるかに重要で、それ以外のあらゆるものは撮影後の編集作業でどうにでも変えられる。その結果、おそろしく歪んだ、そして非道徳的なアドバイスがイヌの飼い主に向けて発せられることになる。

テレビのなかのドッグトレーナーがすすめる根拠のない方針には、単にばかばかしいだけのものもある——たとえば、人間が食事をしてからイヌに餌をやるとか、イヌの目の前で戸口を通り抜ける、といったたぐいのものだ。けれど、それほど無害ではないものもある。わたしたちがテレビで目にするのは、「スリップリード」（要は輪縄だ）をはめられて力ずくで操られたり、蹴られたり、「フラッディング法」（自力では逃げられない、きわめてストレスの大きな刺激にさらすこと）などの非人道的な方法で扱われたりするイヌたちの姿だ。

もちろん、そうした残酷な方法を使えば、トレーナーや飼い主は、悪さをするイヌをすぐに服従させることができる——でも、その代償は？　この手の威圧的なアプローチから生まれる予期せぬ影響は、テレビでは放送されない。証拠は編集室に捨て置かれるか、テレビ撮影班が去ったあとにはじめて明らかになるかのどちらかだ。イヌの問題行動は、人間をつねにこわがってびくびくするせいで、いっそう悪化するだろう。

非人道的なアプローチを支持するトレーナーは、人間が「群れのリーダー」になることが欠かせないという理屈を根拠に、そうした手法を擁護している。あなたの愛犬は、「最上位のイヌ」の地位をめぐる競争をはてしなく続けるように生まれついた獣です。人間よりも優位に立とうという考えを捨てさせるためとあれば、どんなことでもしないといけません。飼い主はそんなふうに教えられるが、そのせいで、優位という概念をめぐるひどい混乱と、少なからぬ二次的な被害が生じている。そんなわけで、ここでいったん脇道にそれて、ことイヌのケースに関して「優位」とは何かを考えてみる価値はあるだろう。

動物の行動に関して使われる場合、優位とは単純に、かぎられた資源を特定の個体がつねに優先して利用できる社会的状況を意味する。たとえば、餌の量がかぎられているときに、特定の動物が真っ先に食べられる。メスが発情しているときに、特定のオスが最初に交尾できる（もしくは、交尾する唯一の相手になる）。あるいは、天候が荒れ模様になったときに、身を守る場所に優先的に入れる、といったことだ。

わたしは科学的観点からイヌを見るようになる以前から、大勢の学生に動物の行動の基本原則を教えてきた。そのおかげで、優位という概念（動物に関して、ということだが）についてひとつかふたつの知識をもっていた。ところが、イヌに関心をよせる人たちやドッグトレーナーと話す機会をもち、彼らが優位の概念を語るのを耳にするようになって、ひどく混乱してしまった。わたしが会った人の多くは、テレビで見たことに引きずられ、世界征服やＳＭの世界の女王さまと同じような意味あいで優位について語っていたからだ。これは、わたしが科学的に理解していた優位の意味とはかけはなれている。

たとえば、すべての動物が関係に優位性の序列をもちこむわけではない。食肉目《しょくにくもく》（イヌとオオカミや、そのほかの多くの捕食動物が属する目）にかぎって話をすれば、もう少しわかりやすくなるだろう。食肉目に属する動物のなかには、序列があるものもいればないものもいる。たとえば、ヒョウやトラはあまり社会的な動物ではないので、彼らにとって序列はほとんど意味がない。ライオンなどの社会的な動物でも、獰猛さはあっても序列はないことがある。つまり、獰猛さと優位性の序列がまったく別の概念であるのは明らかだ。

いずれにしても、食肉目のほとんどの種は社会的で、たいていはその社会構造にあるていどの序列が見られる。しかし、序列の形式や強さは種によって違う。たとえば、ハイエナでは、生物学者が「直線的な順位」と呼ぶ序列が見られる。最上位のハイエナは二位のハイエナに対して優先権をもっている。二位は三位より優先され……というふうに順位がくだっていき、最下位まで行きつく。このかわいそうなハイエナは、量のかぎられた資源を使う権利がもっとも小さい。

オオカミをはじめとする食肉目のほかの種のなかには、行動生物学者が「専制的な順位」と呼ぶ序列をもつ動物もいる。この形式の社会構造では、一頭の個体（もしくは個体のペア）がすべての決断を下し、集団の残りのメンバーはそれにしたがう。たとえばオオカミの場合は、アルファのオスとメス――思い出してほしいが、要するに単なる親だ――が決断を下す。残りの群れのメンバー、つまり子どもたちは、その決定にしたがう。

そうした異なるタイプの序列は、実際にはどんな感じなのだろうか。そんな疑問をもつ人もいるかもしれないが、たぶんあなたはもう知っている。人間の組織では、さまざまなタイプの序列がはたらいている。専制的な順位（社長が社内の全員にすべきことを伝える）も直線的な順位（社長が二番目に偉い役職に命令し、さらに下に伝わっていく）もある。人間のコミュニティのなかには、はっきりした序列パターンをもたないものもある。たとえば、友だちグループ、趣味のクラブなどがそうだ。われわれ人間は、たしかに臨機応変な社会的動物といえそうだ。

その点で見ると、オオカミの群れは人間の家族とそれほど違わないことがわかる。わたしの知るほとんどの人間社会では、親が子よりも優位にいる。というのも、何を食べるか、いつ食べるか、どこに住むか、といった重要な決断を下す責任は、たいていはおとなである親にあるからだ。だからといって、親がいつも力ずくで子を服従させているわけではない。少なくとも、そうあるべきではない。

ここで押さえておくべき重要なポイントは――野生のオオカミの社会生活のベールをはがした科学者デイヴィッド・ミーチが観察したように――優位はかならずしも威圧的な支配を意味するわけではないことだ。

イヌの社会構造は人間ほど臨機応変ではない。それどころか、この点に関するイヌの厳格さは、あなたを驚かせるかもしれない。少なくとも、わたしはイヌと序列に関する研究論文をはじめて読んだときに、まちがいなく衝撃を受けた。イヌははっきりした序列のある関係を築き、人間以上に社会的階層をつくる傾向がある。そればかりか、序列にうるさいとされる祖先のオオカミと比べても、階層の縛りが強かったのだ。

オーストリアにあるオオカミ科学センターの研究チームは、イヌのグループ内で見られる序列の強さを調べる研究をおこなっている。ご記憶の方もいるかもしれないが、この研究施設のスタッフは、できるかぎり同じ条件でオオカミのグループとイヌのグループを育てている。研究チームは両方のグループに同じ実験をして、グループ内でわけあえない資源――ひとかけらの餌など――に出くわしたときに、そのグループの各個体がどんな行動をとるかを調べた。その結果、イヌはオオカミよりもかなり階層がはっきりしていることがわかった。

この実験は、ほれぼれするほどシンプルだ。フリーデリケ・ランゲを中心とするオオカミ科学センターの研究チームは、オオカミもしくはイヌのペアにひと山の餌を与えた。イヌとオオカミのペアに与えた餌は、それぞれ量が異なる。それぞれの動物にとってちょうどいい量にする必要があるからだ――餌の量は、二頭がわけあいたいと思えばわけあえるほど多く、優位にいる動物が独占したければ独占できるほど少なくないといけない。さらに、大きな骨を使って同じ実験をした――こちらも、二頭が望めばいっしょに噛めるほど大きく、一頭がもちさってひとりじめしたいと思えばそうできるほど小さいものでないといけない。その餌を与えたあとに、何が起きるかを観察した。一頭がもう一頭を餌から追い払うのか？　それとも、二頭のオオカミもしくはイヌが仲よくわけあうのか？

この実験では、オオカミは全体として餌をわけあう傾向にあった。実験をおこなったすべてのオオカミのうち、一頭が餌を独占して相手が食べようとするのを邪魔したペアは、一〇分の一に満たなかった。

対するイヌでは、様相がまったく違っていた。実験をおこなったペアのおよそ四分の三で、優位にいるイヌがもう一頭に何も食べさせまいとしたのだ。ここでのポイントは、イヌがオオカミよりも攻撃的だったわけではないことだ。どちらも、相手に向かってうなり声をあげる頻度は同じくらいだった。ところが、優位のイヌが下位のイヌに不満そうな態度を見せると、下位のイヌはすぐに引っこみ、食べるのをあきらめたのだ。オオカミでは、二頭のあいだでうなり声が交わされても、それでどちらかが食べるのをやめることはなかった。どうやら、イヌはオオカミよりもかなり敏感に、相手の優先権の主張に反応するようだ。

ほかの多くの研究でも、イヌはオオカミよりも社会的階層が厳密で、重要な資源の優先権や独占権を主張する（もしくはそれに反応する）傾向が強いことが示されている。理屈にあわないように思えるかもしれないが、それは単に、わたしたちが序列と獰猛さを混同しがちだからだ。オオカミは獰猛だ。大きくて力の強い、おそろしい捕食動物だ。彼らの攻撃を受ける側になるのは、まちがいなく身の毛もよだつ経験で――かなりの確率で人生最後の経験にもなるだろう。いうまでもなく、イヌはそこまで獰猛ではない。オオカミよりも小さくて力も弱く、だいたいにおいてそれほどおそろしくない。だからといって、イヌの攻撃を歓迎しているわけではないが、要するに、種の獰猛さは序列の厳しさとはなんの関係もないということだ。

オオカミとイヌで序列に対する敏感さが違うのは、両者が送っている生活スタイルがまったく違うせいだ。両者の暮らしを考えれば、それぞれの序列に対する傾向もすんなり腑《ふ》に落《お》ちる。オオカミは生きた動物を狩って生き延びている。狩りの獲物は、たいてい自分たちより大きく、オオカミの群れのディナーになるのを死にものぐるいで避けようとする。一頭だけでは、バイソンやシカなどの餌になる大型の獲物を倒すことはできない。獲物をしとめるには群れのなかまの協力が欠かせない。そして、狩りが首尾よく終わり、死んだ獣が地面に横たわったときには、一頭で食べ切れる量よりもはるかに多くの肉が手に入る。群れのメンバーは優位にいるオオカミの家族で、狩りの成功は彼らのはたらきにかかっている。そのため、オオカミにすれば、狩りの戦利品をわけあうことはいいことずくめで、損することは何もない。

つまり、オオカミは協力しあう群れのなかで暮らしていて、群れのメンバーが生き延びられるかどうかはたがいの肩にかかっているというわけだ。オオカミの社会構造は階層的だが、にもかかわらず高いレベルで協力できることが多くの研究で明らかになっている。

野良犬の生活はオオカミとはまったく違う。わたしは数年前、バハマのナッソーを訪ねたときにそれをまのあたりにした。ナッソーは野良犬を黙々と観察する場所としては世界屈指の好ロケーションで、おそらく野良犬にとっても最高の場所だろう。気候は野外生活にうってつけで、到着後すぐに気づいたが、地域全体に野良犬を受け入れる風土が浸透している。

ある日の午後、わたしはバハマ動物愛護協会の監督官の案内でナッソーの裏通りを見てまわっていた。そこで目にしたのは、野良犬と近所の人間が平和に共存していることをうかがわせる驚きの実例だった。イヌが道を陽気に歩きまわり、自分たちのしたいことに没頭するいっぽうで、車のドライバーは注意深くイヌをよけ、極端にスピードを落としてぶつからないようにしていた。

人間は別のかたちでもナッソーのイヌを助けている。オーヴァー・ザ・ヒル地区（ナッソーでも観光客があまり行かない地区）では、ごみ収集の規則がいまひとつ整っていないせいで、あちらこちらの曲がり角にごみの山ができている。道路の湾曲部にできたごみのたまり場では、薄汚れた赤茶色の小型犬がごみの山をかきわけているのを目にした。イヌは捨てられた〈ケンタッキーフライドチキン〉の箱のなかに鼻先を思いきり深くつっこんでいた。あのイヌはどう見ても、餌をとりだすのになんの助けも必要としていなかった。その状況では、自分の見つけたものをわけあう動機はないし、自分の所有権を主張するのも当然だろう。この箱は自分のものだと念を押すために、そのイヌはわたしにさえうなってみせた。

こうしたバハマ独特の環境のおかげで、そこで生きるイヌはアメリカのなかまとはまっ

ナッソーの野良犬。

たく違う暮らしを送っている。でも、少なくともひとつの共通点がある——おもにごみをあさって生きる野良犬には、餌を探したり食べたりするために別の野良犬と協力する理由はほとんどなく、自分の見つけたものを独占する理由はごまんとあるという点だ。ある意味では、あの赤茶色のバハマの野良犬にわたしを見て牙をむかせたのと同じ選択圧が、イヌという種全体に作用し、序列に対する反応をオオカミよりも敏感なものにしたともいえる。

なかまうちの実際の序列の強さと、社会構造のヒエラルキーに対するイヌの敏感さは、人間との暮らしにとっても深い意味をもっている。たとえば、あなたがチョークチェーンやアルファ・ロールを使って愛犬を残酷にこらしめようが、わが子と接するときと同じようにやさしく扱おうが、どちらにしてもあなたの愛犬はあなたがボスだとわかっている。食べものを――戸棚に並ぶ缶や、冷蔵庫に入った袋や、人間ならほかの指と対向する親指で簡単に開けられるが、たいていのイヌにはなぜ開かないのか皆目《かいもく》わからないその他もろもろの容器にしまいこまれた食べものを魔法のように出してみせるのは、ほかならぬあなたなのだから。愛犬がいつ家から出るか、あなたと連れだってどこへ行くかを決めるのもあなただ。排泄《はいせつ》するべき時間と場所、交尾する相手、はてはそもそも性生活をもつかどうかまで、すべてあなたが決定権を握っている。

そうした理由から、あなたの愛犬にすれば、あなたがリーダーなのは明らかだ。

愛犬がいつ何を食べるかをコントロールしているからといって、優位な立場を行使しているとは、あなたは認識していないかもしれない。でも、愛犬のほうは痛いほど認識している。その点は、これまでに発表されたどの研究でも示されている。誰であれ、資源をコントロールしている者がボスにちがいないとイヌは理解する。あなたは愛犬を自分と並んでお行儀よく散歩させるために、ピンチカラーなどの拷問道具（こんなものは存在してほしくないのだが）ではなく、餌のごほうびやクリッカー（カチッと音のするトレーニング道具）ややさしいはげましの言葉（こちらには賛成する）を利用しているかもしれない。けれど、ほめるアプローチをとろうが罰を与える方法をとろうが、そのテクニックの目的は同じ――イヌをあなたの望むとおりに歩かせること――で、その目的が果たされたのなら、あなたはイヌに対して優位な立場を行使したということになる。はっきりいえば、あなたの愛犬が人間社会のなかで生きていくのなら、あなたはイヌよりも優位に立つ必要がある。家庭内でいろいろな決断を下す心理的能力は、イヌには備わっていないからだ。

その優位な立場が、どんなかたちをとるのか。それをあなたは決められる。そして、それを決められるのは、あなたしかいない。イヌとの関係で上位に立つために、わざわざイヌを驚かせたり、チョークチェーンで苦しめたり、やわらかい下腹を蹴とばしたりする必要はない。資源をコントロールすれば優位に立てるのだから。そして、乱暴なふるまいをしなくても、思いやりのあるリーダーシップを示せば、それを伝えられる。子をもつ親なら誰でも知っているように、愛と優位は両立できないものではない。イヌはその両方を理解する。イヌにふさわしいのは、暴力ではなく、思いやりに根ざしたリーダーシップなのだ。

人間の優位を理解し、期待さえしているのと同じように、イヌは社会的接触も心の底から求めている。ほかの生きものとの関係を求める性質が、まさに文字どおり遺伝子に刻みこまれているのだ。イヌは親しみのこもったやりとりを必要としているし、愛する人のそばにいることを求めている。

イヌが愛する人間とどれだけくっつきたがるかは、そのイヌによってまったく違う。たとえば、うちのゼフォスは触れあいを求めるが、ただ触れるだけだ。わたしが机に向かっているときやベッドに入っているときに足に触れたり、ソファで隣に座ったりするだけで満足する。抱え上げられてぎゅっと抱きしめられるのは大嫌いで、自分が地面に立ったままでの熱い抱擁はどっちつかず——どうやら、そのときの気分によって変わるみたいだ。地面から抱き上げられて、愛する人の腕のなかにすっぽり包まれるのを好むイヌもいれば、絶えまない接触を求めず、触れあわずに近くにいるときにいちばん幸せを感じるイヌもいる。

イヌはどれくらい接触を好むのか。その正確なところをめぐっては、昔からちょっとした議論になっている。カナダの著述家スタンリー・コレンは、イヌは抱きしめられるのを好まないと主張している。コレンはあるブログ記事のなかで、ネット上に掲載された、人間に抱きしめられているイヌの写真の分析結果を報告している。それによれば、コレンが見つけた二五〇枚の写真のうち、実に二〇四枚で、イヌがストレスを感じているように見えたという。コレンはブログ読者に「抱擁は二本足の家族や恋人のためにとっておけ」とすすめている。

ちょっと行きすぎているような気もするが、コレンはよい点をついている——わたしたち人間は、身体的接触に対するイヌの反応に注意を向けなければいけない。そして、人間にとって気もちいいことがイヌにとっても気もちいいはずだと単純に考えてはいけない。どれくらいの身体的接触がちょうどいいのか（もしくはやりすぎなのか）を考えるときには、イヌの反応に注意を払うことが何よりも大切だ。「人が違えば、なでかたも違う」という古い格言は、人間のみならず、イヌを理解するうえでもよいヒントになる。

ひとつだけ、たしかなことがある。イヌは一頭一頭が千差万別で、それぞれ独自の個性をもっていて、わたしたち人間がそれを理解して尊重するすべを身につけなければいけないのはそのとおりだが、すべてのイヌは例外なく、温かで愛情のこもった関係を心の底から求めている。そのつつましやかな要求を満たす義務を、わたしたちは負っているのだ。

人間がその点でイヌを裏切るケースは、あまりにも多い。社会性の高い動物を、誰とも交流できない場所に一日じゅう閉じこめておくほど残酷な仕打ちはない。にもかかわらず、先進国ではそれがあたりまえのイヌの飼いかたになっている。わたしたちは愛犬の情の厚さを愛している。それなのに、毎朝七時半に別れを告げ、運がよければ一〇時間か一一時間後に戻ってくる。仕事が終わってから家にちょっと立ちより、愛犬に急いでトイレ休憩をさせてから、また家のなかに閉じこめて、人間の友だちと過ごす夜の社交に繰り出す人もいる。イヌから見たら、それはどんな生活だろうか？　一〇時間をひとりきりで過ごし、一〇分だけ触れあい、また四時間か五時間置き去りにされ、ようやく帰ってきた飼い主はくたびれはててすぐに眠りこんでしまう。

　スウェーデンでは、少なくとも四時間か五時間ごとにイヌに社会的交流をさせることが法律で義務づけられている。すばらしい決まりだと思う。昼のあいだに帰宅して触れあうのが無理なら、イヌが社会的接触をもてるほかの方法を探さなければいけない。でなければ、イヌを飼ってはいけないのだ。

　もちろん、飼い主以外の家族の一員との触れあいにも効果がある。きちんと育てられた子犬は同じ種のなかまを歓迎するし、ネコなどのほかの動物でさえ、そばにいればあるていどの満足を覚える――その動物と生後まもない臨界期に出会い、友だちだと刷りこまれたイヌは、とくにそうだ。もっといえば、どんな動物でもイヌの社会的パートナーになり、孤独をやわらげることができる。

　そしてもちろん、別のペットを飼う以外にも、世のなかに蔓延するイヌの孤独を癒す方法はいろいろとある。昼の時間のうち、少なくとも一部を自宅で愛犬と過ごすのも選択肢になるかもしれない。わたしはそうしているが、柔軟なはたらきかたができるのは大きな特権だということも承知している。逆に、愛犬を仕事に連れていくという手もあり、最近ではその選択肢をとる人が増えている。米国では、うれしいことにドッグフレンドリーなオフィスが流行している。ほとんどのイヌは誰とでもすぐに仲よくなるので、毎日家に来て愛犬とおしゃべりをしてくれる人を雇ってもいい――もしくは、それほど多忙ではない友だちに頼みこむという手もある。コーヒータイムやランチの時間に愛犬と過ごしてもらえばいい。きちんとしたイヌの託児所も賢い選択肢のひとつで、自分の責任をしっかり果たしている多くの飼い主が活用している。

だが、どんな方法をとるにしても、オープンで愛情深い性質をもつイヌは、身体的な接触と同じくらい、関心を向けてもらうことを求めている。ほとんどの人は、愛犬に餌をやらずに、あるいはトイレをさせずに出かけようなんて思わないだろう。それなのに、イヌを長い時間ひとりきりで閉じこめておくことは、これほど残酷な仕打ちはないかもしれないのに、普通に受け入れられている。そして、その仕打ちは深刻な結果を招く――わたしたち人間にとっても、イヌにとっても。

多くのイヌはひどい孤独に耐えられず、ありとあらゆる行動をとるようになる。たとえば、吠える、家具を嚙む、室内のしてはいけないところで排泄するなど、さまざまな孤独の症状が現れる。そうしたストレスの徴候は「分離不安障害」と呼ばれ、薬による治療や行動療法の対象になる。分離不安障害は、獣医師や動物行動の専門家のもとにもちこまれることがもっとも多い行動障害で、五頭に一頭のイヌを悩ませている。

ナッソーにいるあいだに、わたしはバハマ大学の社会学者ウィリアム・フィールディングを訪ねた。フィールディングは、クルーズ船で美しいバハマ諸島を訪れた観光客と地元の人々の両方を対象に、ナッソーの街をうろつくイヌに関するアンケート調査をしている。

観光客の大多数は米国から来た人たちだ。アンケートでは、自分が仕事へ出かけているあいだのイヌの扱いとして、どんな行為がもっとも愛情深く、どんな行為がもっとも残酷かを質問した。米国人はおおむね、人がいないときにはイヌが家から出ないようにして安全を守らなければいけないと答えた。それに対して、バハマの地元民では、イヌのそばにいられる人が家にいないのなら、イヌが外へ出られるようにするべきだと回答する人がはるかに多かった。

わたしの意見をいえば、この質問に唯一の正解はないと思う。米国人の回答者はもちろん正しい――つきそいなしでイヌに外をうろつかせたら、危険を招くことになる。車に轢《ひ》かれるかもしれないし、攻撃されたり（わたしも街で子ども三人が一頭のイヌを蹴とばしているのを目撃し、大声でどなって子どもたちを追い払ったことがある）、別のイヌから病気をうつされたり、そのほかのありとあらゆる悲しい事故の犠牲になるおそれもある。けれど、バハマの人たちもよい点をついている。イヌは社会的な動物だ。だからこそ、一日じゅうひとりきりで家のなかに閉じこめておくことが残酷なのは疑いようがない。誰かと触れあうように運命づけられているイヌたちには、その運命をまっとうするチャンスが与えられてもいいはずだ。そして、わたしたち人間は、そのニーズを満たす力をじゅうぶんすぎるほどもっている。

人間の家庭のなかで、心の底から求めているのに、愛情に満ちた触れあいを与えられずに生きているイヌたちはとても気の毒だと思う――けれど、シェルターにいるイヌたちの窮状はあまりにも悲しく、書くのもつらいほどだ。

シェルターは、人間とイヌとの暮らしの汚れた暗部だ。わたしたちはイヌを愛しているという。それなのに、米国では毎晩、五〇〇万頭前後のイヌが鉄格子のうしろのコンクリートの床で眠っている。ここ数十年で状況は改善されてきたものの、いまでも年に四〇〇万頭を超えるイヌがシェルターに送られている。そのうちの四分の三近くは、引きとり先が見つかるか、もとの飼い主のもとに返される。けれど、それでも一〇〇万頭ほどのイヌが残る。彼らは安楽死させられるか、シェルターに長期間とどまることになる。そのどちらも、家のないイヌの問題の解決策として受け入れられるものではない。

米国にあるシェルターのほとんどは、あくまでも人間の家からはじきだされてしまったイヌの一時的な収容場所として設計されている。イヌがシェルターで過ごすのは数日か、長くても二週間くらいで、そのあいだに飼い主が迎えにくるか、新しい家族に引きとられるのを待つ。そのどちらも起きなければ、以前はたいてい安楽死させられていた。いずれにしても、長期にわたってシェルターにとどまるイヌはいなかった。

米国のシェルターはいろいろな面でかなり改善されてきた。現在では、生きてシェルターを出るイヌの数は以前よりもずっと増えている。しかし、シェルター内での殺処分が減るにつれて、長期収容の問題が浮上してきた。

二〇年ほど前、シェルターにいる健康なイヌの殺処分ゼロをめざす運動が巻き起こった。そのおかげで、健康なイヌを殺処分しない方針をとるシェルターは着実に増えている。殺処分ゼロ運動の意図はまちがいなく気高いが、すばらしい意図が「意図しない結果の法則」から守られているとはかぎらない。わたしはイヌの幸福に力を注ぐこの運動をすばらしいと思うし、尊重もしているが、心配なのは、意図しない結果により、一時的な収容場所としてしか設計されていない環境にイヌが長期間——場合によっては天寿をまっとうするまで——住みつづけるようになることだ。

健康なイヌを殺したくないと願っているのは、わたしも同じだ。けれど、数百万頭ものイヌを閉じこめたきりにしておくのは、安楽死の代案として受け入れられるものではないことも、わたしはよく知っている。回復の見こみがないイヌを除いて安楽死はしないと決めれば、シェルターのケージは引きとり先を見つけられないイヌでいっぱいになっていく。特定の犬種が引きとられにくい理由はごまんとある。そのいくつかは浅はかで残念なもの——特定の毛色や体型が好まれる流行など——だとわかっていても、だからといって、本人の望まないイヌを無理やり引きとらせるわけにはいかないことに変わりはない。シェル

殺処分ゼロのシェルターに長期にわたって閉じこめられているイヌたち。

ターの檻のなかで過ごしているあいだに、イヌの行動が改善されることはない。そのため、殺処分ゼロのシェルターにいるイヌは、時が経つにつれて、ますます引きとり手の候補を惹きつけなくなっていく。そうしたシェルターは事実上、イヌの倉庫になってしまう。

シェルターが健康なイヌを安楽死させるのを法律で禁じている国もあるが、残念ながら、そうした法律だけでは片手落ちだ。殺処分禁止の方針をとっている国のひとつが、イタリアだ。わたしはイタリアの公営シェルターを訪ねようとしたことがあるが、立ち入りを拒否された。イヌの置かれている環境を専門家に見せるのを拒んだという事実だけでも、絶望的な状況にちがいないことを十二分に伝えている。

この公営シェルターの近くにある民間シェルターを訪ねることができた。そこの状況は、これまでに見たシェルターのなかでもとくに悲惨なものだったといわなければならない。ここでシェルターの名前を出すつもりはない。というのも、そのシェルターの運営者たちが、困難を極める状況のなかで最善を尽くして、心地いい環境をつくろうと懸命に努力していることを知っているからだ。けれど、あのイヌたちをこの目で見たわたしからすれば、きちんとした世話をするだけのリソースがない場所に長期間イヌをとどめておくのは、痛みをともなわない安楽死と同じくらい悲しいことに思える。

とはいえ、イタリアからは悪くないニュースも届いている。イタリアでおこなわれた最近の研究では、シェルターでの長期滞在をいくらか耐えやすくするための方法に光が投じられている。そして、イヌの愛情深い性質に関してこれまでにわかっていることを考えれば、その方法というのが単なる人間との触れあいだったとしても、意外でもなんでもないだろう。

シモーナ・カファッツァを中心とするイタリアの複数の大学からなる科学者チームは、イタリア・ラツィオ州のシェルターで暮らす一〇〇頭近いイヌの健康状態を調べた。その結果、イヌの健康を改善する唯一の方法は、人間と連れだって行く毎日の散歩だということがわかった。それだけでは、散歩を構成する要素のうち、運動と人間との触れあいのどちらが改善につながったかはわからない。カファッツァの研究チームは、人間と毎日散歩したイヌと、広いドッグランに入れてイヌだけで運動させたイヌを比較した。健康改善の効果が見られたのは、人間といっしょに散歩をしたイヌだけだった。

全体として、カファッツァのチームはイタリアの殺処分禁止法の価値に疑いをもっている。野良犬を減らす効果は出ていないのに、ニーズをきちんと満たされないシェルターで一生を送るイヌが増える結果になっているからだ。調査対象になった地域では、一万一〇〇〇頭のイヌがシェルターで暮らしている。その大多数は、一生を檻のなかで過ごす。カファッツァたちは、こんなふうにまとめている。「イタリアは、死ぬまで檻に閉じこめるほうが、痛みのない安楽死よりもイヌにとってはましだと判断した。だとすれば、適度な健康を保証することは、われわれの倫理的義務だ。だが、現状ではそうなっていないことが、この論文で証明されている」

国によって、そして同じ国でも地域によって、シェルター犬をめぐって直面する課題は違う。米国には、ありとあらゆるシェルターの問題がある――そして、世界じゅうのどこにも負けないくらいすばらしい施設もたくさんある。わたしがこれまでに訪ねたシェルターのなかにも、心地のいい明るい部屋が用意されているところがいくつもあった。陽気なペイントが施された壁、自然光、穏やかなBGM、そしてチャーミングなスタッフ。食事のケータリングがイヌ用でさえなければ、わたしもそこに住みついてしまいたいほどだった。けれど、悪夢のようなシェルターも見てきた。そして、あまりにもたくさんの悲しい不健康なイヌたちが、はてしない鳴き声と下痢の悪臭でさらに健康を害していく悲惨な光景も目にしてきた。

米国のシェルターにいるイヌの運命は、多くの要因に左右される。北東部のシェルターでは、殺処分されるイヌが少なくなっている。これは、シェルターが迎え入れるイヌのお客がそれほど多くないからだ。米国のこの地域では、ペットの不妊手術が普及しているため、ホームレスになるイヌの数が大幅に減っている。それに対して、南東部のシェルターには、いまも人間の家庭からあぶれたイヌがたくさんいる。西部の多くのシェルターも同様だ。

最高水準のシェルターは、新しい家が決まるのを待つあいだの穏やかな中継駅になっている。そうした施設では、専門知識をもつスタッフが常駐していて、引きとられやすくなる行動や人間との共同生活に役立つスキルをイヌに教えている。この手の施設は傾向として比較的小さく、ちょっとおしゃれなホテルのような雰囲気をもち、裕福な民間の後援者に支えられていることが多い。その対極にあるのが、一四日間の収容期間を過ぎたイヌのほとんどをいまも殺処分しているシェルターだ。こちらは、かわいそうなイヌがたまたま拾われた自治体の行政機関が運営しているケースが多い。ときには、そうしたまったく異なるタイプのシェルターが道を挟んで向かいあわせに立っていることもある。

ここで悪口をいうつもりはない。地方自治体がかぎられた資源でたくさんのことをまかなわなければいけないことは、わたしもよく理解している。動物の世話や管理の優先順位が、学校や高齢者センターや、そのほかのさまざまな公的義務の財源確保より高くなるはずがないこともわかっている。

けれど、ほとんどのシェルターにいるイヌたちにはもっとよい扱いを受ける権利があるとも、わたしはかたく信じている。資金不足の施設にも、もっとできることはある。人間を愛するイヌの気もちに応え、人間に向ける愛をうまく伝えられるように手を貸すことができるはずだ。そうすれば、引きとり先が決まりやすくなり、家のない状態で必要以上に長い時間を過ごさずにすむようになる。これはイヌにとっても、シェルターにとってもいいことだ。その大きな目標をシェルターが実現するにはどうすればいいのか。わたしは学生たちとともに、それを後押しするための方法を探ってきた。

テキサス工科大学教授のサーシャ・プロトポポヴァは、わたしのもとで博士論文に取り組んでいたころに、いまもまだ続いている一連の研究をはじめた。サーシャが目標に掲げたのは、シェルター犬の行動を改善し、引きとられやすくする方法を探ることだ。シェルターのスタッフの負担を増やさずにそれを実現したい――それが無理なら、少なくとも動物トレーニングの専門知識をもつ職員がいなくてもシェルター犬を助けられる方法を見つけたい。サーシャはそう考えていた。

手はじめとして、サーシャはフィールド調査を手伝ってくれる学部生とともに、北フロリダの自治体が運営するシェルターで長い夏を過ごした。学部生たちは一頭一頭のイヌが入れられているケージの前で六〇秒間カメラをまわし、イヌがどんな行動をとるかを記録する。時間を六〇秒にかぎったのには、ちゃんとした理由がある。シェルターを訪れるほとんどの人は、一頭のイヌを見はじめてから一分以内に、もっとよく観察するか、隣のケージにいるイヌに移るかを判断する。そうしたよくある状況で数百頭のイヌがとる行動を記録し、最終的に数千本の短いビデオを撮影した。

次のステップは、すべての動画を一秒残らずくまなく見て、それぞれのイヌがとった行動を正確に書きとめることだ。尻尾を振っていたのか？　吠えた？　糞をした？　起こりうる行動は一〇〇パターンを超えた。

このステップが終わるまでに、サーシャの手元には、一分だけ知らない人に見つめられたときにイヌがとった行動の膨大な数の記録が集まった。イヌの立場からすれば、その知らない人は引きとり手になってくれるかもしれない人間だ。いってみれば、この膨大なデータは、新しい人間の家庭を求めるイヌが短時間で自分をどう売りこむかをまとめた記録集というわけだ。

サーシャはイヌの行動をまとめたこの膨大な記録を、シェルターがそれぞれのイヌに関してつけている記録と比べてみた。すぐに引きとられたイヌもいれば、長期間にわたってつらい暮らしを送ったイヌもいる。行動分析と収容期間の長さを照らしあわせれば、檻からすぐに出たイヌがとった行動と、新しい家に迎えられるのをみじめに待ちつづける結果につながる行動を特定できるはずだ。

最初に得られた知見は、とくに意外でもなかった。というのも、常識で考えればあたりまえで、別の研究でも繰り返し観察されてきたことだったからだ——外見がかわいければ、どんな行動をとるかは、たいして重要ではない。子犬や小型犬のように、身体的な特徴に魅力があるイヌは、自分の思うがままにふるまっていても、すぐに引きとり先が見つかる。

でも、それ以外の者——失礼、つまり、それ以外のイヌ、という意味だ——にとって、行動は運命を左右する決定的な要因になる。引きとり手候補を遠ざけやすい行動のひとつが、どこかにもたれかかることだった。犬舎のどこかによりかかったり身体をこすりつけたりすると、引きとられるチャンスは確実に小さくなる。動きすぎてもだめだ。人間はどうやら、檻のなかをせかせかと行き来したり、跳びはねたりするイヌを引きとりたがらないようだ。引きとられる可能性がいちばん高いのは、檻の正面に来て、きびきびしているがエネルギッシュになりすぎずに、来訪者に興味を向けているように見えるイヌだった。

理想の世界だったら、シェルターがプロのドッグトレーナーを雇って、望ましくない行動をとらないように教えられるだろう。その手の行動をとるイヌがいても、ふるまいかたを矯正すれば、すぐに新しい家を見つけられるはずだ。けれど、少なくとも米国のシェルターの大多数には、専門的なトレーニングをスタッフに受けさせたり、エキスパートを雇ったりする資金はない。それはサーシャにもよくわかっていた。

そこでサーシャとわたしは次善策として、特別な専門知識がなくてもイヌの行動を正しい方向に導けるテクニックはないかと考えた。わたしたちが選んだのは、ロシアの偉大な心理学者で動物心理学の生みの親でもあるイワン・ペトローヴィッチ・パヴロフが何十年も前に切り拓いた道だった。サーシャはロシア生まれなので、この解決策のインスピレーションの少なくとも一部は、ロシアで過ごした子ども時代の経験から来ているのではないかと思う。とはいえ、サーシャは八歳でロシアを離れたので――かの国の小学校で西側よりもはるかに高度な動物心理学の授業がおこなわれているのでもないかぎり、この推測は絶対に正しいとはいえないかもしれない。

いずれにしても、わたしたちの発想の源には、重要なことが起きそうだと告げる合図を動物が感じとれると証明したパヴロフの実験があった。いまや伝説になっているその実験では、もうすぐ餌がもらえることをベル（正確には、ブザー）が告げると、イヌはよだれをたらして反応した。このタイプの条件づけには、もっと現代的なほかの動物トレーニング方法にはない、ひとつの利点がある。対象の動物に注意を払う必要がないのだ。もちろん、パヴロフやその教え子たちはイヌの行動に興味をもっていたが、実験をするにあたって、イヌをじっくり観察する必要はなかった。

この方法なら、あなたでも簡単に愛犬を条件づけして、ベルが鳴ったら餌を期待するようにしむけることができる。愛犬を観察する必要はない。ただベルを鳴らして、餌をやるだけでいい。あとは、愛犬が勝手に行動してくれる。もちろん、行動がどんなふうに変わるかを知りたければ、目をしっかり開いて見ていなければいけないが、トレーナーが対象を注意深く観察し、望ましい行動をしたらすかさずごほうびを与える必要のある一般的な報酬ベースの動物トレーニングとは違って、パヴロフの手法は実践するのがはるかに簡単だ。ベルを鳴らして、餌をやる。定期的にそうするだけで、魔法が起きるのだ。

パヴロフ式の条件づけは簡単だが、それなりの代償もある。行動がどう変化するかをコントロールすることができないのだ。その点は、わたしたちのケースでは問題になる。というのも、どんな変化が起きてほしいのか、はっきりした目標があるからだ。壁によりかからないようにしたい。檻のなかをうろうろしたり、跳びはねたりするのをやめさせたい。そして、訪問者にお行儀よく関心を向けるようにしたい。

この目標を動物行動の専門家に伝えたとしたら、注意深く観察しつつ、望ましい行動をとったらタイミングよくごほうびを与えるトレーニングプログラムをすすめられるだろう。ほとんどのシェルターには、そうしたトレーニングをする余裕はない。けれど、それよりも手軽なパヴロフ式の手法でも、同じくらいの効果が出るのではないか。それをたしかめてみようと、わたしたちはふたつの手法を評価する実験を考え出した。

この実験では、最高レベルのプロと同じ方法でトレーニングしたイヌのグループと、パヴロフ式のテクニックでトレーニングしたイヌのグループを評価した。パヴロフ式グループのトレーニングでは、サーシャと助手がシェルター全体を行ったり来たりしながらベルを鳴らしたあとに、おいしい餌をケージに入れた。その後、知らない人がケージに近づいてきたときの反応を、ふたつのグループ（さらに、ベルの音を聞かせたが、そのあとに何もしなかった対照群）で比較した。その結果、どちらのグループでも、訪問者に対する反応が大きく改善されたことがわかった。報酬トレーニングのグループのほうがパヴロフ式のグループよりもやや有利のように見えたが――その差はほんの少しだった。報酬トレーニングのグループの行動が改善されたのは、要するに、よい行動をとったイヌに餌のごほうびを支払ったからだ。パヴロフ式のグループの行動が改善した正確な理由は、それよりも謎めいている。もしかしたら、もうすぐ餌がもらえるという期待が、訪問者の好む親しげで魅力的な行動につながっただけなのかもしれない。なんにしても、イヌの行動が改善した理由はどうでもいい――大切なのは、改善したという事実だけだ。この実験の重要なポイントは、どちらのグループのイヌでも、ただベルを聞いただけの対照群に比べて、行動が大きく改善したというところにある。

それはまさに、わたしたちが探していたものだった――動物トレーニングの専門知識をもっているかどうかに関係なく、そうしたいと望む人なら誰でも、すぐにたくさんのイヌに応用できる手法が見つかったのだ。ベルを鳴らして餌をケージに放りこむパヴロフ式の手法は、何かにつまずいて転ぶリスクを考えなければ、目を閉じたままでも実行できる。この手法に面倒なところがあったとすれば、それはわたしがベルを使えと要求したことだけだ。子どもっぽいのはよくわかっているが、ロシア生まれの学生がイヌ相手にパヴロフの条件づけを下地にした実験をおこない、しかもベルを条件刺激にするという状況が、わたしのユーモアのセンスに訴えたのだ。世にも名高いベルがもとのロシア語の誤訳から生まれたという事実も、わたしの熱意に水を差すことはできなかった。

その後の追跡研究では、実はベルも必要ないことがわかっている。人間と一対一になる状況をつくれば、それだけでも条件刺激になる。つまり、誰かにときどきケージの前を歩きまわらせ、餌を投げ入れさせるだけでいいのだ。シェルターのスタッフである必要さえない。新しいイヌを探しに来た訪問者でもいい。このテクニックはイヌの行動を改善し、引きとり手を見つけやすくしてくれる。ごほうびを与えるだけで、行動が大きく改善され、新しいわが家を見つけやすくなる。シェルター施設や、仕事に追われるスタッフには、ほとんど負担がかからない。この方法なら、一日二三時間以上を檻に閉じこめられて過ごすイヌが身につけがちな問題行動を抑えられる。それだけでなく、イヌが人間に対してもっている温かな気もちも伝わりやすくなる。人間を愛したいという自然な欲求を引き出し、それが新しい人間の家庭に居場所を見つけやすくしてくれるのだ。

サーシャがわたしのもとにいたころにしたこの研究を、わたしはとても誇りに思っている。サーシャの研究では、本格的な専門知識を必要としない手法でもシェルター犬の引きとられる可能性を上げられることが証明された。もっと最近の共同研究者であるリサ・ガンター――わたしが博士論文のための研究を指導した教え子で、現在はアリゾナ州立大学の同僚――は、シェルターの負担を軽くしながら、イヌが引きとられる可能性を高くする方法を見つけ出した。シェルター犬の紹介のしかたを少し変えるだけで、大昔の祖先と同じように、愛情深い性質と引き換えに人間の家庭に安住の地を見いだすチャンスを広げられるのだ。

　わたしと共同研究をはじめる前から、リサは米国各地のシェルターで長年の経験を積んでいた。リサが驚いたのは、わが家に迎えるイヌを探しに来た人の多くが、イヌそのものにあまり関心を払っていないことだった。訪問者の多くは先入観をもち、特定の犬種のイヌをほしがっている。そのせいで、その犬種の名が書かれていないケージのイヌを無視してしまうのだ。

　リサがそれをおかしいと思ったのには、いくつかの理由がある。まず、シェルターにいるイヌのほとんどは雑種――つまり、血統が混ざったイヌだ。シェルターがケージにはりつけている犬種の表示は、推測以外のなにものでもない。リサとわたしが共同でおこなった研究では、そうした推測のおよそ九〇パーセントはまちがっていることがわかっている。シェルター犬の四分の一ほどは純血種で、残りはふたつの血統が混ざった雑種だと一般には考えられているが、わたしたちの研究では、純血種は二〇頭に一頭いるかどうかで、それ以外のイヌでは平均三種類の血統を示すDNAの特徴が見られ、なかには五種類もの血統が混ざっているイヌもいた。この研究では、痛みをともなわないやりかたでイヌの口内を綿棒でこすってDNAサンプルを採取し、それをもとに基礎的な遺伝子検査をおこなった。その結果、犬種の表示は思っていた以上にいいかげんであることが明らかになったのだ。

シェルターのスタッフのためにいっておくと、現在登録されている犬種は二〇〇種を超えているため、イヌの血統的な素性を推測するのはおそろしく難しい。しかも、遺伝子は絵の具のようにははたらかない。複数の遺伝的素性を混ぜあわせても、もとになったふたつの犬種の単なる中間物ができるわけではない。赤と黄色を混ぜたらオレンジになるのとはわけがちがう。実際にできあがるものは、複雑な相互作用の結果だ。子がどちらかの親のほうによく似ていたり――あるいは、どちらにもあまり似ていなかったりすることもめずらしくない。

シェルター犬の犬種の特定という仕事の難しさを考えれば、シェルターのスタッフがしばしばまちがうのは意外でもなんでもない。けれど、何が悲しいかといえば、シェルターを訪れる人たちが、イヌそのもの――すぐ目の前で尻尾をぱたぱたと振り、愛情深い気さくな性格を伝えている動物よりも、そのイヌにつけられた犬種名に気もちを動かされることだ。

こうした不正確な犬種表示は、引きとり手候補の決断にどれくらいの影響を与えているのだろうか。リサはそれを調べてみることにした。そこで注目したのが、大きな論争の的になっている犬種――ピットブルだ。

あなたの聞いている話とは違うかもしれないが、ピットブルという名前はひとつの犬種を表すものではない。犬種というよりは、ある種のずんぐりした体型のイヌ、とくにアメリカン・スタッフォードシャー・テリアやアメリカン・ブルドッグなどの各種のテリアやブルドッグに多少なりとも似たところのあるイヌ全般につけられる名前だ。ブロンウェン・ディッキーが綿密な調査をもとに書いたすばらしい著書『ピットブル――アメリカの象徴をめぐる闘い（*Pit Bull: The Battle over an American Icon*）』にあるように、ピットブルと呼ばれるイヌは、複雑に絡みあう文化的要因により、二〇世紀後半に社会ののけ者の立場に追いやられた。けれど、そうした文化的要因は、その名前をつけられたイヌの個性とはなんの関係もない。わたしにいわせれば、ピットブルという名前は、ある特定の体型をもつイヌの評判を落とすために使われている、おおざっぱなカテゴリーにすぎない。そして、リサの研究では、ピットブルというラベルはあまりにも適当で、ふるまいかたどころか、見た目にさえはっきりピットブルといえる特徴がないことが明らかになっている。

ピットブルの表示は、多くの引きとり手候補の判断を変えるトリガーになる。それを知っていたリサは、ピットブルという言葉につきまとう不吉な意味を利用したエレガントな実験を思いついた。まず、当時アリゾナ州のとあるシェルターにいたイヌのうち、ピットブルのラベルがついたイヌの写真と動画を集めた。さらにもう一セット、同じシェルターにいる別のイヌたちの写真と動画を用意した。こちらは、見た目はピットブルとされたイヌとそっくりなのに、どういうわけか違う犬種のラベルがつけられたイヌたちだ。

このイヌたちがピットブルの表示をうまくすりぬけたのは、ちょっとした驚きだ。米国のシェルターで引きとられるのを待つイヌたちを眺めて過ごした経験のない人は、ピットブルのラベルをはられるイヌの幅広さを知ったらびっくりするかもしれない。いわゆるピットブルは、毛色は黒から薄茶色まで、サイズは小さいものから中型のものまでさまざまだ。ピットブルの特徴としてわたしが思い浮かべる角ばった頭をもつイヌもいれば、レトリバーのような細長い鼻づらのイヌもいる。

この定義のゆるさがリサに味方した。そのおかげで、さまざまなイヌからなる興味深いデータ集をつくり、よく似た外見のイヌどうしを組みあわせることができたのだ。それぞれのペアは、シェルターがピットブルとしたイヌと、見た目はピットブルによく似ているのにどういうわけかその名を免れた「そっくりさん」で構成されている。

　このイヌたちの写真とビデオを、犬種を知らせずに――もっといえば、コンピューター画面上の画像のほかには情報をいっさい与えずに――引きとり手候補に見せたリサは、驚きの発見をした。実験参加者は平均すると、ピットブル以外のいろいろな犬種ラベルをつけられたイヌよりも、シェルターがピットブルのラベルをつけていたイヌのほうにわずかながら強く惹かれ、引きとりたいと思った。ところが、同じ実験を、今度はシェルターがそれぞれのイヌにつけた犬種名を見えるようにしておこなったところ、ピットブルとされたイヌの人気が急降下したのだ。

　シェルターで過ごした時間がリサほど長くないわたしは、この結果に彼女以上に驚いた――「ピットブル」という名前が、イヌの見た目やふるまいよりも大きな影響を人間の判断に与えるかもしれないのだ。わたしたちはふたりとも、とても落ちこんだ。シェルターの犬種表示はおおざっぱな推測にすぎず、イヌの血統を正確に表していない可能性が高い。それなのに、イヌにできるどんなことにもまして、そのイヌの運命を大きく左右する。イヌの愛情深い性格も、適当につけられた中味のない犬種名には太刀打ちできないのだ。

　でも、この悲しい発見をきっかけに、リサはある興味深いアイデアを思いついた。シェルターが犬種を推測しようとするのをやめたら、どうなるだろうか？　犬種を表示する手間を省けば、ピットブルと表示されるかもしれないイヌを助けられる可能性がある。その点では、わたしたちふたりの意見は一致していた。なにしろ、リサの実験では、ピットブルとされたイヌを見せられた人たちは、あの気の滅入るラベルさえなければ、そのイヌをとても気に入ることが証明されているのだから。でも、表示を完全になくしたら、たとえばスパニエルやゴールデン・レトリバーのような、人間に好まれる犬種のラベルがついていたかもしれないイヌたちには、どんな影響が出るのだろうか？　単に幸せな結果になるイヌと悲しい結果になるイヌが入れ替わるだけなら、実質的には詐欺とたいして変わらないのでは？　それとも、すべてのイヌを例外なく助けられるのか？

リサとわたしがあれこれとアイデアを話しあい、どうすればシェルターに実験をしてもらえるだろうかと戦略を練っていたちょうどそのとき――みごとな偶然のめぐりあわせにより――フロリダ州のとある大規模なシェルターが、わたしたちのもくろみとまったく同じことをすでにしているとの情報を手に入れた。フロリダ州オーランドの自治体が運営する大規模シェルター〈オレンジ郡アニマルサービス〉は二〇一四年二月六日から、イヌのケージに表示する札に犬種情報（というか、犬種の推測）を載せるのをやめた。ありがたいことに、その大きな変更以前の一二か月間と変更以後の一二か月間の受け入れ頭数と譲渡結果のデータを提供してもらうことができた。リサと共同研究者のレベッカ・バーバーは、一万七〇〇〇頭を超えるイヌのデータをしらみつぶしに調べた。

結果は、とても勇気づけられるものだった。わたしたちが予想したとおり、ピットブルとされていたかもしれないイヌたちは、そのいまいましいラベルがないほうがはるかによい結果になっていて、譲渡率は三〇パーセントも高かった。でも、それよりもさらによいニュースは、すべての犬種のグループで譲渡率が上がっていたことだ。

この新しいやりかたに敗者はいなかった。愛玩犬――たいていはどのシェルターでもいちばん引きとられやすい――に分類されるイヌでさえ、譲渡率がわずかに上昇していた。そして、譲渡率が下がったイヌのグループはひとつもなかった。

その後、オレンジ郡アニマルサービスは、ケージ札に犬種情報を載せない方針を続けた二年目のデータも見せてくれた。一年目に引き続き、犬種表示をやめる前と比べて、あらゆるイヌで譲渡率が高くなっていた。一年目の成功が一時的なものではなかったことがわかって、わたしたちは大興奮した。すべてのイヌにとって、まちがいなくよい結果になるのだ。おまけに、受け入れるすべてのイヌの犬種を推測する無駄な時間がなくなったおかげで、シェルターのスタッフの仕事も確実に減った。

犬種の情報を省くと、すべてのイヌの譲渡率が高くなるのはどうしてなのか。リサとわたしはその理由をあれこれと考えた。「ピットブル」のラベルから抜け出したイヌなら、効果があるだろうと予想していた。けれど、この方針転換がすべてのイヌで効果を出しているらしいのを目にして、わたしたちは頭を悩ませた。犬種を表示していたのなら、訪問者をぐいぐいと惹きつける犬種名を掲げるケージ札のうしろに座っていたであろうイヌでさえ、例外ではなかった。わたしたちはその点をじっくり話しあい、いちばん可能性がありそうな仮説として、こんな説明をひねりだした。

新しいイヌを探してシェルターを訪れる人は、たいていの場合、自分の求めるイヌを犬種名で思い描いている。たとえば、子どものころに、陽気なジャーマン・ショートヘアード・ポインターと幸せな時間を過ごした人がいたとする。さて、その人が親になり、自分の子どもたちにも同じような幸せな思い出をつくってもらいたいと考えて、ジャーマン・ショートヘアード・ポインターを探してシェルターを訪れたとしよう。

この仮説上のシナリオで次に起きることを理解するためには、三つの事実を頭に入れておく必要がある。まず、ジャーマン・ショートヘアード・ポインターは米国ではあまりありふれたイヌではない。第二に、シェルターにいるイヌのほとんどは血統の混ざった雑種だ。第三に、血統書つきのシェルター犬はいない。あるシェルターに、引きとられるのを待つ一〇〇頭のイヌがいたとする。この仮説上のシェルター訪問者が家族のためにと探しているような身体の大きさ（中型から大型）や、活発で陽気で我慢づよくて愛情深い性質をもつイヌはたくさんいる。けれど、どのイヌのケージ札であれ、犬種名の推測を担当するシェルター職員が「ジャーマン・ショートヘアード・ポインター」と書きこもうと思いつく可能性はとても小さい。

そんなわけで、この想像上の訪問者は手ぶらで家に帰ることになる。それどころか、シエルターにジャーマン・ショートヘアード・ポインターはいないといわれたら、イヌをまったく見ないで帰る可能性もある。この引きとり手候補は、何もはじまってもいないうちから、イヌ探しは失敗したと思うかもしれない。

さて今度は、シェルターを訪れた人が、この施設では犬種情報をいっさい提供していないといわれたらどうなるかを考えてみよう。この訪問者は、少なくとも実際に自分の目でイヌを見る可能性が高い。あるイヌを目にしたときに、そのちょっとしたふるまいが、子どものころに飼っていたイヌを思い出させるかもしれない。あるいは、子どももいっしょに来ていたら、まだ見ぬ冒険を語りかけてくるイヌを見つけるかもしれない。

犬種表示をやめれば、訪問者が先入観から解き放たれて、目の前にいるイヌを見るようになる。体型はさまざまに違っても、多くのイヌは、人間がイヌの相棒に求めるものを差し出せる。たとえば、晩酌のお供。いっしょにテレビを見る相手。ハイキングの友。そして、愛。

その裏にどんな理由があるにせよ、この研究の結果は、あるひとつのことをはっきり示している——犬種ラベルの先にあるものに目を向ければ、何万頭、もしかしたら何百万頭ものイヌが家を見つけるのを助けられるのだ。わたしの考えを正直にいえば、イヌを相手にするときは、どんなときにも犬種を無視するべきだと思う。ほとんどの現代人にとってたいして重要ではない犬種特有の行動（牧畜や狩猟のポインティングなど）を別にすれば、イヌの個性について犬種情報が語ることはあまり多くない。その点は、さまざまな犬種に属する多くの純血種の性格を調べた二件の大規模研究で証明されている。このふたつの研究では、同じ犬種のイヌの性格の違いは、別の犬種のイヌの性格の違いと同じくらい——一部のケースではそれ以上に——大きいことがわかった。この結果は意外でもなんでもないような気がする。なにしろ、六章で見たように、まったく同じDNAをもつクローン犬でも同じ性格になるとはかぎらないのだ。だったら、単に同じ祖先の血を引いているというだけで、クローン犬よりもゲノムの違いが大きいイヌどうしが違うのはあたりまえではないか?

人間にとっても、犬種に対する先入観を排する利点はたくさんある。その核心をついているのが、サーシャの研究で得られた別の知見だ。シェルターを訪ねた人は、たいていはお目あての一頭しか見ようとしない。そのイヌを連れて帰るか、どんなイヌも連れずに帰るかのどちらかだ。イヌを探してシェルターを訪れる人が、犬種のような、適当でほぼまちがいなくたいして意味のない目印に頼るのをやめれば、イヌにとっても人間にとってもよい結果につながるはずだ。現在では、多くのシェルターが引きとり手候補(やそれ以外の人)にイヌの里親になることをすすめているので、お試し期間として週末にイヌを自宅に引きとって、犬種に関係なく、ストレスだらけのシェルターの環境から離れたイヌが、あなたの家族にどうなじむかを簡単にたしかめられる。過去に知っていたイヌと似たところのないイヌを連れて帰ったとしても、そのイヌのなかにある愛に驚かされることだってあるだろう。

そして、それこそが何よりも大切なものだ。何か特定のことをさせるためにイヌをほしがる人はほとんどいない。わたしたちが求めているのは、愛情深い相棒だ。そして、その役割を果たせると証明するチャンスを公平に与えられる権利が、イヌにはある。そのチャンスさえ与えられれば、どんな犬種のイヌでも、それどころかどんな犬種にも属さないイヌでも、愛情を証明できるはずだ。


シェルターはイヌにとって最後の希望だ。そして、シェルターにいるイヌは慈善の対象だ。だから、シェルター犬の扱いに思いやりがたりないのは、悲劇ではあるが、まったくの驚きというわけではない。

もっと驚かされるのは、経済的階層でいえばスペクトルの対極にいるイヌたちの暮らしも、多くのシェルター犬に劣らずひどいという事実だ。わたしたちの助けを必要としているのは、シェルターにいる雑種だけではない。イヌ界の貴族にあたる純血種も、もっとよい扱いを受けなければいけない。純血種のイヌも、ほかのイヌと同じように、人間を支えて愛情の絆を築く能力と資格をもっている。はるか昔に人類とイヌが交わした契約の署名者であり、その契約条件を満たす一生を送る権利があるのは、純血種も同じだ。それなのに、あまりにも多くの純血種のイヌが、かたちこそまったく違うが、シェルター犬に劣らず大きな危機のなかにいる。

　現在のわたしたちが知る犬種は、ここ一五〇年でできたものにすぎない。詳細なDNA分析では、由緒正しいといわれる犬種でも、せいぜい過去一世紀か二世紀の歴史しかもっていないことが証明されている。数千年前のエジプトの王墓に描かれている高貴なハウンド犬に似たサルーキでさえ、現代的な意味での「犬種」としてつくられたのは一九世紀のことだ。それ以前の人たちがイヌをおおまかな体型で認識していたのはまちがいない。たとえば、古代エジプトの芸術作品を見ると、四種類か五種類のイヌが認識されていたことがうかがえる。ローマ時代の文献には、四〇から五〇ほどのイヌの種類名が登場する。でもそれは、現在のわたしたちが理解しているような「犬種」とは違う。具体的にいえば、当時のイヌは、種類ごとに徹底して区別されていたわけでも、ほかのグループのイヌと交配する可能性を完全に断ち切られていたわけでもないし――そうした隔離から生まれるありとあらゆる遺伝上の危険にさらされてもいなかった。

　純粋な血統をもつイヌが、どれほど徹底的に近親交配されているのか。多くの人はそれを知らない。純血種のイヌの家系図を見ると、父親が祖父でもあり、おまけに母親のおじでもある、というケースはめずらしくない。これほど徹底した近親交配をおこなうのは、純血種の子犬が確実にその犬種独特の外見（性格とはいわないが）になるようにするためだが、深刻なリスクもつきまとう。たとえば、純血種のイヌは雑種よりも平均寿命が短い。これは、多様な素性をもつイヌよりも多くの健康上の問題に悩まされる傾向があるせいだ。

アリゾナ州立大学に勤めるわたしの同僚で、バイオデザイン研究所に所属するカルロ・メイリーとマーク・トリスは先ごろ、学生のカッサンドラ・バルスリーとともに、世界中の二〇〇を超える犬種のイヌ一八万頭の死因を徹底的に分析する研究を終えた。この研究により、一部の犬種では半数以上の個体ががんで死んでいることが明らかになった。近親交配のていどが大きい犬種ほど、がんで死ぬ確率が高かった。

カルロとマークが説明してくれたところによれば、人類が現代の犬種をつくりはじめた一九世紀には、すでにじゅうぶんな遺伝の知識があり、好ましい外見の特徴をもつ血筋の近いイヌどうしを交配させれば、同じ特徴をもつ子犬が生まれる可能性が高くなることが知られていたという。でも、当時のブリーダーたちが知らなかった――そして現在では広く知られている――ことがある。そうした近親交配により、好ましい明らかな特徴が遺伝子にしっかり刻みこまれるのと同じように、好ましくない隠れた特徴も遺伝子に刻みこまれてしまうのだ。そのせいで、純血種の血統の多くは、がん――遺伝子に潜む悪の典型的な例――やそのほかの遺伝病の発症率が驚くほど高い。ダルメシアンは聴覚障害、ボクサーは心臓病、ジャーマン・シェパードは股関節形成不全を起こしやすい――この三つの例は、気が滅入るほど長々と連なる病気のリストのごく一部にすぎない。

さいわい、純血種のイヌの窮状は、このところ注目を集めるようになっている。英国ケンネルクラブ――世界各地のすべてのケンネルクラブの元祖――は、BBCが二〇〇八年に制作した『イギリス　犬たちの悲鳴』で面目をすっかり失った。このドキュメンタリー番組は、英国王立動物虐待防止協会の動物福祉に関する最高賞を受賞し、徹底した近親交配とそれが動物福祉に与える影響に世間の関心を引きよせた。

このドキュメンタリーに登場するケンネルクラブは、愚かにしか見えなかった。たとえば、母親と息子を交配させることの倫理をつきつけられた当時の会長ロニー・アーヴィングは、「母親それぞれ、息子それぞれだ」とコメントし、「(この問題について)自分たちのほうがよく知っているなどと科学者連中にいわれたくない」とつけくわえた。その「科学者連中」のひとりで、わたしと同じくユニバーシティ・カレッジ・ロンドン出身の世界的な遺伝学者スティーヴ・ジョーンズは、純血種のイヌの厳しい未来をこんなふうにまとめている。「ブリーダーたちがあくまでもいまの道を進みつづけるのなら、苦しみの世界が多くの純血種を待ちうけることになる――そして、ほとんどとはいわないまでも、大半の犬種が生き延びられないと、確信をもっていえる」

このBBCのドキュメンタリーは、英国議会が純血種のイヌの福祉をめぐる独立調査を要求するきっかけになった。調査を率いたのは、王立協会会員で世界屈指の行動生物学者と広く認められているパトリック・ベイトソン教授だ。ベイトソンのまとめた結論によれば、英国人の大半はイヌの福祉に最大限の注意を払って交配をおこなっているが、純血種の近親交配ビジネスは手に負えない状況に陥っているという。その根拠としてあげたインペリアル・カレッジ・ロンドンの研究では、英国には二万頭近いボクサーがいるにもかかわらず、全体でわずか七〇個体ぶんの遺伝子しかもたないことがわかっている。英国にいる一万頭あまりのパグは、遺伝的には五〇個体の集団に等しい。

人によってイヌの外見に好みがあるのはわかる。わたしだってそうだ。犬種が存在する理由も理解できる。金色の長い毛を求める人もいれば、毛足の短いカールした白い毛皮がいいという人もいるし、オオカミのような長い鼻づらが好きな人も、ぺちゃんこの顔のイヌが好みの人もいる。それはどれも、理解しがたいことではない。

わたしがどうしても理解できないのは、自分のイヌの遺伝子がヴィクトリア朝時代にひとつの犬種の祖として選ばれたひとにぎりのイヌだけに由来している確証をほしがる異常な執念だ。たとえば、愛犬のジャーマン・シェパードの血筋をさかのぼっていけば、騎兵隊将校マックス・エミール・フリードリヒ・フォン・ステファニッツが一九世紀末にドイツの羊飼い《シェパード》が飼うイヌの完璧なお手本としてつくったイヌにたどりつく、なんてことが、二〇一九年に生きる飼い主にとっていったいどうして重要なのか？　わたしにはまったくの謎だし――深い懸念を呼ぶ謎でもある。

現代の純血種をめぐる問題の多くは、近い関係にある犬種のイヌを少しだけ混ぜて交配させれば解決できる。それくらいの限定的な交雑なら、見た目にはほとんど影響は出ないが、健康面はとてつもなく大きく改善する。近親交配という現在の構造的な問題を改め、人間の義務である思いやり深い保護により純血種のイヌの愛に応えたいのなら、それが正しい方向に進む大きな一歩になるはずだ――そして、そのためには、犬種マニアのほんの少しの譲歩があればいい。

例をあげてみよう。英国で登録されているダルメシアンは一頭残らず、高尿酸尿という遺伝子異常を抱えている。これは尿酸の代謝能力に影響を与える異常で、そのせいでダルメシアンはさまざまな障害に苦しんでいる。その多くは痛みをともなうもので、最終的には死期を早めることになる。一九七〇年代、アメリカの遺伝学者でドッグブリーダーのロバート・シャイブル博士は、この遺伝子異常を修正しようと、ポインターとダルメシアンの交配をはじめた。尿酸の遺伝的問題という点では、シャイブルの交配プログラムは完璧に成功した。しかも、シャイブルのつくったイヌは、誰が見ても美しいダルメシアンだと思ったはずだ。そのなかに、フィオナという名のイヌがいた。フィオナは、シャイブルが最初にかけあわせたダルメシアンとポインターの雑種から一五世代目にあたるイヌで、ダルメシアンとしての遺伝的な純度は九九・九八パーセントだった。そのフィオナを英国に連れていき、ケンネルクラブが主催する世界最大級のドッグショー〈クラフツ〉に参加させたところ、地元英国のブリーダーたちはかんかんになって怒った。「血統を重んじるドッグショーにこのイヌを参加させるのは、まったく非倫理的だ。わたしにいわせれば、これは反則的な出場で、ダルメシアンという犬種をあざわらうものだ」とあるブリーダーは憤った。別のブリーダーも同意した。「これは雑種だ。こんなのは非倫理的で、このイヌが優勝したらと思うと吐き気がする」。この人たちのいう「非倫理的」がどういう意味なのか、わたしにはどうしてもわからない。はっきりいって、シャイブルのダルメシアンと純粋なイヌとの違いは、血統書を目にしていなければほとんどわからないくらいで、存在しないも同然だった。英紙「デイリー・メール」は、フィオナと普通のダルメシアンが並んだ写真を掲載した。二頭のイヌを見て、どちらがどちらかをいいあてられる人は誰もいないだろう。唯一の違いは、遺伝子のなかに隠されていたのだから。

　犬種をめぐるこの物語は、少なくともひとつの点では幸せな結末を迎えた。フィオナは〈クラフツ〉では優勝しなかったが、ケンネルクラブにダルメシアンとして登録される権利を勝ちとった。そのおかげで、英国のダルメシアンと交配させてフィオナの健康な遺伝子を送りこみ、健康なダルメシアンをつくれるようになった――もっとも、〇・〇二パーセントの犬種上の「不純物」を大目に見ようという気のあるブリーダーにかぎられるが。

　わたしの考えでは、この問題の根っこには、血統上の純粋さに価値を置き、愛に満ちた関係を築くイヌの能力——もっといえば熱意——を低く見る一部の人たちの傾向があると思う。イヌの血統が愛情よりも大切などということが、ほんとうにあるだろうか？

シェルターのイヌも純血種のイヌも、人間によるもうひとつの略奪行為の前ではなすすべがない——穴だらけの政府規制のせいで、イヌが必要とする、そしてイヌにふさわしい暮らしの提供とはおよそかけはなれた人間の行為が許されてしまっているのだ。これは世界のあちらこちらで見られる問題だが、わたしは米国で暮らし、米国で仕事をしているので、米国の規制システムの問題をじかに、そして詳しく目にしてきた。

わたしと教え子たちは、米国民の飼っているイヌを対象に研究をしている。そのため、あたりまえの話だが、わたしの雇用主であるアリゾナ州立大学は、動物に関する連邦法〈動物福祉法〉を読み、それにしたがうことを求めている。米国に拠点を置いている人は、この法律を読んでみるべきだと思う。きっと、わたしと同じくらいショックを受けるはずだ。

米国の動物福祉法は、ドッグブリーダーや動物で生計を立てている人の行動を規制する連邦法だ。読んでみればすぐにわかるが、この法律は「動物の福祉」を定義しようとはしていない。法律の目的は、あくまでも動物に関係する商行為を規制することにあり――おかしな話に思えるかもしれないが、動物の福祉を普及させることではないのだ。

たとえば、この法律では、米国のブリーディング施設でのイヌの飼いかたについて、法で認められる方法が定められている。その規則は、イヌのニーズやイヌを買う人の期待から驚くほどずれている。悲しむべき過ちはごまんとあるが、そのなかから気の滅入《めい》る例をひとつだけあげてみよう。この法律では、イヌの身体（しかも尻尾は含まない）よりほんの六インチ（約一五センチ）大きいだけのケージが、イヌの一生のすみかとして認められている。そのひどく不適切なサイズの二倍の大きさがあれば、かわいそうなイヌをケージの外に出す必要はまったくなく、一時間の日光浴でさえ義務づけられていないのだ。ましてや、ほかの生きものとの触れあいなど期待できるはずもない。

ゼフォスは鼻先から尻尾のつけ根まで、だいたい三〇インチ（約七六センチ）だ。とすると、この法律によれば、一辺わずか三六インチ（約九一センチ）のケージに入れておいても許されることになる。そんなスペースでは、尻尾を振ることもできないだろう（それほど小さなケージに押しこめられて暮らしていたら、尻尾を振りたくなるとは思えないが）。この問題について話すときに見せる画像をつくるために、わたしは一辺三六インチの正方形を地面に描き、ゼフォスをそのなかに座らせて写真を撮ろうとした。ゼフォスはとてもみじめな顔をして、ごく短い時間とはいえ、そんなことをさせられて困惑しているように見えた。わたしだったら、たとえほんの少しのあいだでも、こんなケージに入れようとは思わないだろう――イヌがこんなふうに一生を送るところを想像してみてほしい！信じがたい話だが、動物福祉法と称する法律は、この点でもほかの多くの点でも、動物のニーズにまったく関心を向けていないのだ。

　現状では、動物、とくにわれらが相棒の愛情深いイヌに対する法の保護は不十分だが、この問題はここ数年で大きく注目されるようになっている。たとえば、ジャーナリストのローリー・クレスは、二〇一八年に刊行した悲しい、でも優れた著書『ショーウィンドウの子犬（*The Doggie in the Window*）』のなかで、米国のドッグブリーディングにまつわる悲劇の真実を掘り下げている。クレスが追跡しているのは、「パピーミル」（劣悪な環境で大規模な繁殖をおこなう悪質なブリーダー）と呼ばれる不法な裏稼業ではない。この本で注目されているのは、規制対象の施設で法律のお墨つきをもらっておこなわれている残酷な営みだ。クレスは個人的な体験談として、ペットショップで気まぐれに買った子犬の由来をつきとめようとしたいきさつを語っている。ここで結末を明かすつもりはないが、その探索は穴だらけの規制と無神経な冷酷さをたどる旅だった、といっておけばじゅうぶんだろう。

　イヌを愛する者として、そして人間を愛するその性質とそれにともなう人間の責任を理解する者として、わたしたちはともに旅をするイヌに対する保護のいたらなさを許していてはいけない。イヌの生活をもっとよいものにして、彼らがわたしたちに注いでくれる愛に報いるためにとれる道はたくさんあるが、こうした非人道的な規制の是正は、そのなかでもとりわけ難しい道かもしれない。けれど、イヌの福祉にもっとも大きな影響を与える道でもある。同じ家で暮らすイヌだけではない。わたしたちは現状を知る市民として、同じ国で暮らすイヌの福祉も求めていかなければいけないのだ。

人間はイヌの愛にひどく不当な扱いで応えてきたが、にもかかわらず、わたしは人間とイヌの関係については楽観的な考えをもちつづけている。

わたしが楽観的なのは、ひとつにはイヌの立ち直りの早さを知っているからだ。すでに話したように、うちのかわいいゼフォスは、わたしたち一家に引きとられる前はつらい暮らしを送っていたが、すぐに立ち直ったし、悪影響も見たところまったく残っていない。それは希望にあふれる事実を物語っている——イヌはなんなく新しい家の一員になれるのだ。わたしたち人類とは違って、深く結びついていた大切な人を失った心の傷にいつまでも苦しむようすは見せない。同種のなかまのあいだでも、人間のような一生続く絆を結ぶことはないようだ。立ち直りの早さの一因は、もしかしたらそこにあるのかもしれない。

わたしが学生とともにおこなった研究——とイヌの近くで経験した日々のさまざまなこ

と——からは、イヌが人間よりも柔軟に関係を結ぶことがうかがえる。ものの数分で新しい絆をつくりはじめるイヌの姿はよく目にするし、野良犬でさえ、親切にしてくれた人とはすぐに親しくなる。だからといって、イヌがしばらく離れていた愛する人を覚えていないというわけではない。まちがいなく覚えている。ビーグル号で世界を一周する五年の航海から戻ったチャールズ・ダーウィンは、自宅の飼い犬がまだ自分を覚えていたことに驚いた。そしてゼフォスも、ほんの少しの時間でも離れていたわたしが戻ってくると、こちらがまごつくほどの激しさで、どれだけわたしを恋しく思っていたかを伝えてくれる。それでも、イヌが昔の心の傷から立ち直れること——イヌには回復力があることを知っておく価値はあるだろう（この事実が暗に意味していることをひとつ説明しておくと——昔の家族をいつまでも恋《こ》い慕《した》うのではないかと心配して、年とったイヌを引きとるのをためらう理由はない。ただし、いうまでもないことだが、その回復力はイヌを虐待するいいわけにはならないし、どうしてもやむをえないのでないかぎり、心の絆を結んだ大切な相手から引き離すべきでもない）。

人間とイヌの暮らしはもっとよくなる。わたしが楽観的にそう考えているのは、とてもたくさんの人たちがまさにそうしようと心に決めているからでもある。どこへ行っても、愛犬から向けられた愛情に全力で報いている人たちがいる。純血種の愛犬にやわらかなベッドと高価な食事を楽しませている米国の最富裕層の人たちから、橋の下で雨風をしのぎながら、苦しいときに愛で支えてくれるイヌとわずかばかりの物資をわけあうホームレスの人たちまで、いたるところでわたしはそれを目にしてきた。世界のどこへ行っても、人間に大切にされるイヌがいた――モスクワの野良犬たちは、地下鉄駅から出てくる忙しい通勤者に餌をもらい、アパートの外に住人が置いてくれた段ボール箱に入って雪をしのいでいた。テルアヴィヴの飼い犬たちは、街のあちらこちらにある素敵なドッグパークで運動を楽しんでいる。ニカラグアのマヤングナ族は、飾らないやりかたでイヌたちと親密な関係を保ち、イヌの健康を守るためにできるかぎりのことをしている。

人間はイヌを愛している。この動詞の重さをわたしたち人間がイヌの半分でも感じていれば、イヌにもっとよい暮らしをさせ、イヌたちが与えてくれるものに報いようと懸命に努力するようになるはずだ。イヌの本質は愛である。彼らの愛を、わたしたち人間は見習わなければいけない。

終わりに

ここまでの道のりで、あなたのなかの何かがわたしと同じように変わったのなら、あなたは以前よりもっとイヌの愛を感じとれるように——そして感謝するように——なるはずだ。

愛犬の習慣は、ごくごく小さなものでも、わたしたちは愛されているのだと改めて伝えてくれる。なんの変哲もない一日に、わたしが自宅のデスクで仕事をしていると、ゼフォスは足もとやすぐうしろのカーペットの上で丸くなる。ベッドで本を読んでいると、ゼフォスが足もとに横たわり、背中を足にもたせかけてくる。夕食後、わたしがもたもたと片づけをしたり、デスクに戻ったりすると、ゼフォスはそのあとにテレビを見るだろうと期待して、ソファの自分の定位置を温めはじめる。来客になでてほしいという気もちが伝わらないときには、ゼフォスはその人の手の下にぐいと割りこみ、頭をなでろと催促する。

それはどれも、イヌを愛する多くの人にとっては、心温まるおなじみの行動だろう。その裏にある興味深い科学と豊かな歴史を知れば、そうした愛に満ちた行動が、新しい、そしていっそう大きな意味をもつようになるはずだ。

人間とイヌの共生に見られるそんな美しい特徴は、イヌの示す愛情が報われないケースがあまりにも多いことを思うと、いっそう胸につきささる。たとえば、ゼフォスはベッドに入っている人によりそうのが大好きだ。妻のロズとわたしはいつも、ベッドの上のわたしたちの足もとでゼフォスを眠らせているし、一度か二度は、毛布の下に潜りこませて添い寝をさせたこともある。以前、わが家に来てもらっていたハウスシッターたちは、無理もない話だが、ゼフォスがベッドの上に乗るのを許すわたしたちの習慣にならうのをいやがった。かわいそうなゼフォスは鳴きに鳴いた。結局、乗せてもらえないと悟ると、ベッドの下に潜りこんで眠った。

ゼフォスは立ち直りがとても早いので、すぐに元気をとりもどした。それでも、愛を伝えようとするゼフォスの悲しい努力がすげなくはねつけられたことを思うと、その愛情ゆえに生まれた混乱に同情せずにはいられない。この出来事を振り返ると、イヌの愛は虚空に注がれているわけではないのだと思い知らされる。イヌと関係を結ぶ人間には（たとえ臨時のハウスシッター契約だとしても）、内心のニーズを伝えるイヌの声に耳を傾け、そのニーズを満たす責任がある。そうしなければ、自分でも気づかないうちに、もっと深刻な苦しみをイヌに与えてしまうかもしれない。

この信念は、いまとなってはわたしの髪の毛一本にいたるまでにしみわたっているが、もちろんわたしも以前は、イヌが人間とのやりとりのなかで愛を伝えることに——もっといえば、そもそもイヌが人間に愛情を注いでいることに疑いを抱いていた。だから、イヌの愛理論を耳にした人のなかに、以前のわたしと同じ疑いをもつ人がいるからといって、がっかりしてはいけないのかもしれない。たしかに、疑い深い人にはときどき出くわす。そして、そのなかには、イヌの愛という概念そのものをナンセンスだと信じて疑わない人もいる。

イヌは人間をどんなふうに愛しているのか。それを探る旅をはじめたばかりのころ、わたしは飛行機でたまたま隣あった人に、イヌの特別なところに関して膨らみはじめていた自分の考えをうっかり打ち明けてしまった。その人は、イヌは人間を大切になど思っていないとかたく信じていた。それどころか、わたしがどうにか思いとどまらせなければ、ケンカをしていた二頭のイヌを引き離そうとしたときにできたという太腿の大きな傷跡を見せていただろう。

たしかに、イヌの行動は幸せそうな愛らしいほほえみや振りまわされる尻尾だけにかぎらないし、ときに人間に危害を加えることにも反論の余地はない。米国には、イヌが人間を咬《か》んだ件数に関するたしかな記録はないが、この問題が原因で費やされた金額についてはかなり信頼できる記録がある。米国の保険会社が二〇一七年にイヌの咬みつき事故に対して支払った保険金は、六億八六〇〇万ドルだった――驚くほどの金額だ。とはいえ、この金額が膨大になる原因は、保険金請求の件数（一万八五〇〇件）よりも、むしろ請求一回あたりに支払われる額（三万七〇〇〇ドル以上）にある。八〇〇〇万頭前後のイヌがいる国では、一万八五〇〇件という請求件数はそれほど多いわけではない。その点を勘定に入れれば、米国にいるイヌ一頭が保険金を請求させるほどひどく人間を咬む頻度は、だいたい五世紀に一回くらいの計算になる――そしてありがたいことに、イヌの寿命はそれには遠く及ばない。

たしかに、この計算にはかなりの誤差が生じる可能性がある。というのも、イヌに咬まれたけれど保険に入っていない人や、訴える相手を見つけられなかった人もいるからだ。だとしても、イヌが人間にとってそれほど大きな危険になっていないことは明らかだ。イヌの大多数は、穏やかで害のない暮らしを送っている。

いずれにしても、ふたつの動物種のあいだに愛に満ちた関係が存在しているかもしれないからといって、一方の種に属する個体が他方の種の一員に危害を加える可能性がなくなるわけではまったくない。人間はたがいに愛情のある関係を築くが、それでも別の人間にかなりの危害を加える。米国では、人間に対する人間の暴力から生じるコストは、人間に対するイヌの暴力の一〇〇〇倍を超えている。米国にいる八〇〇〇万頭のイヌが人間だったなら、毎年四〇〇〇人前後の人間が彼らに殺される計算になる。けれど、そのイヌたちはあくまでもイヌなので、彼らのせいで死ぬ人間は毎年四〇人未満ですんでいる。同じ種の一員といっしょにいるときよりも、イヌといっしょにいるときのほうが、あなたははるかに安全なのだ。

悲しいことだが、それとまったく同じように、人間を愛する能力をもっているからといって、イヌがかならず人間を愛するとはかぎらない。そして、はっきりした愛情を示しているように見えるからといって、不安や怒りなどの強くて根深い別の感情がイヌの行動に映し出されることがないともいいきれない。

もうひとつ、これは一見もっともらしい主張なのだが、愛情がこもっているように見えるイヌの行動は愛ではなく利己心から生まれている、という人もいる（名前を明かすつもりはないが、わたしの友人のひとりも同じことをいっていた）。要するに、イヌに愛されていると人間に思いこませて、うまいこと人間に世話をさせるようにしむけている、といいたいわけだ。もちろん、人間を愛しているように見せれば、たしかにイヌの利益になるだろう。なんといっても、わたしたちの多くがイヌを愛して世話をするのは、もっぱら自分の愛に相手も応えてくれていると思っているから――愛が愛を生むという単純な理由からだ。そして、幸せでもないのに尻尾を熱狂的に振りまわしたり、たいして気にもしていないのにわたしを探し求めたりする動物を想像できるかといわれると、必死にがんばればできないことはないと思う。なかなか想像しにくいことだが、絶対にありえないわけではない。けれど、だとすれば、わたしがこの数年で見つけ出してきた生理学的な証拠はどうなるのだろうか？　愛情あふれる行動を生むようにコードされた遺伝子や、人間に対するイヌの愛をありありと示す脳の状態や、人間が別の人に愛を感じているときに見られるものと一致するホルモンのはたらきは……？　愛がイヌの生にたしかに存在することを示す、数々の強力な証拠を残らず投げ捨てるわけにはいかない。そうした科学的証拠には、イヌの愛を疑う立場にこれ以上踏みとどまれなくなるくらいの重みがあるはずだ。イヌは人間を愛せるという考えに反対する立場を、わたしはたぶん、たいていの人よりも長く守りつづけてきた。そのわたしが、こういっているのだ。

でも、ちょっと想像してみてほしい。この本であげた数々の証拠にもかかわらず、あなたのイヌがやっぱりあなたを愛していない――あなたの存在に愛で応えるふりをしているだけだとしよう。さて、ここであなたの配偶者のことを考えてみてほしい。彼もしくは彼女が、あなたを愛しているふりをしている可能性はないだろうか？　あなたの子どもは？親友は？

あなたの人生のなかにいる、あなたを大切にしてくれているように見える誰かが、ほんとうにあなたに愛を感じているのか。それがわかる絶対確実でまちがいのない方法なんて、実のところ、どこにも存在しない。身近にいる人たちが、自分のことをどう思っているのか。そのとらえどころのない感覚を、わたしたちは時間をかけて積み上げていく。その土台になるのは、彼らと過ごす経験だ。そうした経験のなかで、相手の態度や行動が、その人の本質や自分に対する気もちについて、たくさんのことを語ってくれるのだ。自分を愛しているように見える人は疑わないのに、飼い犬となったら疑う理由が、わたしにはわからない。誰かがあなたを愛しているのなら、あなたのイヌだって同じはずだ。

わたしがこの結論にたどりつくまでには、長い時間がかかった。そしてその経験は、わたしとイヌたちとの関係のかたちを根本から変えた。ゼフォスやウルフ・パークのオオカミたち、そしてわたしたちの研究を助けてくれたほかの多くのイヌたちとともに歩んだ旅路から、わたしはたくさんの教訓を手にした。そのなかでも、ほかのどんなものにもまさる大切な教訓がある。わたしはその教訓を、イヌ科の相棒だけでなく、人間のなかまと触れあうときにも肝に銘じるようにしている。

現代のわたしたちの文化では、強さ（おもに男性的な強さだが、それだけというわけではない）というものが、力をもつ者——身体的な力であれ、社会的地位の高さであれ、金銭的な能力であれ——が自分より弱い立場の相手を食いものにして何かを手に入れることと同一視される傾向がある。それはたしかに残酷な処世訓だ——「食うか食われるか《ドッグ・イート・ドッグ》」という生きかたは、人間にもその相棒のイヌにもふさわしくない。

けれど、「強さ」には別の考えかたもある。弱い者を助ける——自分を守るだけの力がない者を支える力も、ひとつの強さだ。わたしは信心深い人間ではないが、いちばん弱い者を助けるときにこそもっとも大きな強さが身につくのだと、一〇〇〇年以上にわたって説いてきた偉大な宗教指導者たちを心から尊敬している。

人間の愛を求めるイヌの気もちを認め、惜しみなくそれに応えることは、この第二の強さのかたちを実践するひとつの方法だ。イヌがわたしたちを愛するように、わたしたちもイヌを愛せば、人間のもっとも善良で利他的な面を引き出し、高めることになる。その無私の心のなかには、敬意と品位がある。そして、それを実践すれば、イヌとの関係だけでなく、人間どうしの関係もよりよいものになるはずだ。

もちろん、わたしたちが支えれば、イヌはいろいろなかたちでそれに報いてくれる。先史時代のごみ捨て場にいた、護衛役を担う最古のイヌも、最後の氷河期の終わりごろに狩人を支え、わたしたちの祖先が人類進化のもっとも厳しい時期を切り抜けるのを助けてくれたイヌもそうだったし、さまざまな訓練を経て、実に器用にいろいろなサポート役をこなしてくれる現代のイヌたちも同じだ。そのうえ、イヌを飼っている人のほうが、飼っていない人よりも健康で幸せな人生を送ることをうかがわせる研究結果も続々と集まっている。

その手の研究にはちょっと疑いをもっているが（わたしがちょっと疑い深い性質《たち》なのは、もう話しただろうか？）、自分の経験からいえば、ゼフォスがわたしの人生に加わってからのほうが、わが家にイヌがいなかったときよりも、たしかにわたしは幸せになったと思う。とはいえ、イヌを家族の一員にすることを選ぶ人は、平均的に見れば、イヌの相棒を暮らしのなかに迎え入れる余地がない人よりも、もともと健康で幸せだという可能性もじゅうぶんにある。わが家の場合は、サムとロズとわたしが家族にイヌを迎えられたのは、生活が以前よりも安定したからだった。

この問題に関して、どちらの方向を裏づける証拠が得られたとしても、人間がイヌを大切にするべきなのは単に人間にとって役に立つからだとは、わたしはまったく思っていない。人間とイヌの関係を取引とは考えたくない。もし取引なら、愛犬を大切にするのは愛車を大切にするのと同じということになってしまう。わたしの車は、わたしの人生に欠かせない要素だ。特定の役に立つ機能があって、そのおかげでわたしは自分のするべきことをスムーズに進められる。けれど、イヌはひとそろいの機能よりもはるかに多くのことをしてくれる。そんなものがあるとは自分でも気づいていなかった愛の泉を呼び起こし、自分以外の生きもののために献身的な行動をとれと背中を押してくれる。わたしたちを驚かせるだけでなく、わたしたちが自分自身を驚かせる手助けもしてくれるのだ。

わたしたちがイヌを大切にしなければいけないのは、イヌたちがそれにふさわしいからだ。お返しに何かしてもらえるだろうかと考えずに、支えを求める気もちに応えたときにこそ、わたしたち人間は本物の気高さを発揮できる。そんなふうに手を差しのべるとき、わたしたちは人類とイヌが交わした、言葉にされていない、でも拘束力のある約束を果たしていることになる——その約束は、わたしが騒々しいシェルターの檻のなかで怯えて縮こまっていたかわいそうなゼフォスをはじめて見た日よりもはるか昔、何千年前かはわからないが、ゼフォスのなかまがたぐいまれな愛の能力を生む遺伝子を獲得したときにまでさかのぼる社会契約だ。ゼフォスに応えるとき、わたしもまた、数えきれない人間たちが気の遠くなるほどの長い年月をかけて刻んできた足跡をたどっているのだ。パヴロフやダーウィンやニコメディアのアッリアヌスだけでなく、数百年前、あるいは（こちらのほうが可能性は高いが）数千年前の人類の集落近くで助けを求める子犬の声なき声に気づき、その叫びに応えたすべての人たち——自分はなかまだと子犬に刷りこみ、ふたつの種をいまにいたるまでつないできた絆をかためた人たちの足跡を。

その人間とイヌたちは、ふたつの種をつなぐ歴史の長い関係をともに築いてきた。この関係に参加できるのはひとつの奇跡、そしてひとつの名誉だ。イヌに愛される——それはものすごく大きな特権、おそらくは人間の一生のなかでも最上級の特権なのだ。それを受けとる資格があるのだと、わたしたち人間が証明することを願ってやまない。

謝辞

この本のようなプロジェクトの終わりにたどりつく喜びのひとつは、その途上でわたしを支えてくれたたくさんの人たちに感謝する機会が手に入ることだ。だとするなら、不安のひとつは、大恩のある誰かの名前を出しそこねてしまうかもしれないことだ。あなたがその誰かなら——心の底からおわびする。

　バンドのリーダーをまねて、まずは、わたしとともにこの旅路を歩み、イヌを驚くべき存在にしているもののルーツにたどりついたすばらしいソリストたちを紹介させてほしい。本書に登場した順に、モニーク・ユーデル、ニコール・ドーリー、エリカ・フォイヤーバッカー、ネイサン・ホール、リンゼイ・メーカム、サーシャ（アレクサンドラ）・プロトポポヴァ、リサ・ガンター、レイチェル・ギルクリスト、ジョシュア・ヴァン・ボーグに、大きな拍手を。このすばらしい大学院生たちに加えて、大勢の学部生も、研究になくてはならない手助けをしてくれた。そのひとりひとりに感謝し、ここで全員の名前を出すだけのスペースがないことをおわびしたい。アン＝マリー・アーノルド、マリアナ・ベントセラ、ナディーン・チェルシーニ、ジェシカ・スペンサー、ロブソン・ジグリオ、キャスリン・ロード、デイヴィッド・スミス、マリア・エレナ・ミレット・ペトラッジーニ、イザベラ・ゼインにも、長年にわたる研究でさまざまな力を貸してくれたことを感謝したい。一九七六年にザ・バンドの解散ライブ「ラスト・ワルツ」にゲスト出演したニール・ヤングは、こんなことをいっていた。「彼らとともにこのステージにいられることは、人生の喜びのひとつだ」。わたしもまったく同じ気もちだ。

わたしたちの研究では、手もちの資源でイヌにできるかぎりよい暮らしをさせようとシェルターで奮闘する多くの人たちから、並々ならぬ援助をいただいた――あなたがたがイヌたちにしていることに、そしてわたしたちの研究を大目に見てくれたことに感謝したい。ウルフ・パークのパット・グッドマン、ゲール・モッター、モンティ・スローン、ダナ・ドレンゼック、ホリー・ジェイコックス、トム・オダウド、そしてたくさんのスタッフやボランティアのみなさんが、オオカミに対してとんでもない要求をしたわたしたちのために気前よく時間を割いてくれた。あなたがたの忍耐と友情にお礼をいいたい。愛するペットで実験させてくれた大勢の人たちにも、その信頼と助力に感謝する。

この探求の旅ではじめて出会い、すぐに親しくなった人たちに支えられることもめずらしくなかった。次の方々に感謝したい。シンシナティ大学のジェレミー・コスターとマヤングナ族の友人たち。バハマ大学のウィリアム・フィールディング。モスクワ大学のイリヤ・ヴォロディンとモスクワ動物園のエレナ・ヴォロディナ。ロシア科学アカデミー・シベリア支部のリュドミラ・トルートとアタスタシヤ・カーラモヴァ。イリノイ大学アーバナ・シャンペーン校のアナ・クケコヴァ（「ロシア語、アナ、ロシア語！　英語、アナ、英語！」）。テルアヴィヴ大学のヨセフ・テルケルとエリ・ゲフィン。キブツ〈アフィキム〉のモシェ・アルパートとヨシ・ワイスラー。オーストリア・エルンストブルンにあるオオカミ科学センターのルートヴィヒ・フーバー、カート・コトルシャル、サラ・マーシャル＝ペシーニ、フリーデリケ・ランゲ、ジョフィア・ヴィラニ。リンショーピン大学のペール・ジェンセンとスウェーデン・ストックホルム大学のハンス・テムリン。サウスカロライナ州ウォフォード・カレッジのアリストン・リードと、惜しまれつつ世を去ったジョン・ピリー。

ダラム大学のアンジェラ・ペリとオックスフォード大学のグレガー・ラーソンに、考古学の手ほどきをしてくれたことを感謝する。認知神経科学の扉を開いてくれたグレゴリー・バーンズにも感謝を。イヌとオキシトシンに関するわたしの知識は、麻布大学の菊水健史、ウプサラにあるスウェーデン農業科学大学のテレース・レーン、スウェーデン・リンショーピン大学のミア・パーソンに教わったものだ。みなさんに感謝する――本書にわかりにくいところがあれば、それはもちろん、完全にわたしの責任だ。

わたしはずっと前から、自分の専門分野のなかまだけにとどまらない読者に届けられる本を書きたいと思っていた。長期間にわたってアドバイスと励ましをくれたアーロン・フーヴァーとビル・キャノンに感謝する。このプロジェクトを実現してくれたスティーヴン・ベシュロスにも感謝したい。みなさんに一杯おごりたい。

並外れたエージェントのジェーン・フォン・メーレンとエイヴィタス・クリエイティヴ・マネージメントのみなさんに、特大のドラムロールと歓声を。担当編集者のアレックス・リトルフィールドは、わたしが書いた文章からわたしのいいたかったことを抽出して、ホートン・ミフリン・ハーコートの実動隊とともに、わたしの思考をうまくまとめ、あなたがいま手にしているかたちある物体に変えてくれた――みなさん、ありがとう。テキストを磨き上げて、いまあなたが目にしているぴかぴかの文章にしてくれたスザンナ・ブロアムと、この本のページを生き生きと飾るスケッチを描いてくれたリーア・デイヴィスにも感謝する。

まったくの幸運から、わたしはいま、最高にすばらしい組織に勤めている。アリゾナ州立大学（ＡＳＵ）はたくさんの不可能なことを可能にしている。ここで大学のキャッチコピーを繰り返すつもりはないが、わたしを信じてほしい。ＡＳＵはすばらしいところだ。たいてい、名声は数字の指標よりも遅れて来るものだ。たぶん、あと五〇年もすれば、世界はＡＳＵのすばらしさに気づくだろう――ＡＳＵは学問が栄える場所、誰かを排除することではなく、誰かにチャンスを与えることを誇りとする場所だ（例のキャッチコピーを無視しきれなかった！）。「イヌの人」を大目に見てくれた心理学部の同僚たちにはとくに感謝している。ここで全員の名前をあげることはできないので、わたしの在籍中に学部長を務めたふたり――キース・クルニクとスティーヴ・ノイベルク――の名前を記しておく。あなたがたの友情と、穏やかさに力を見いだせる環境を育んでくれたことに感謝する。

故レイ・コッピンジャーがこの本を読んでいたら、内容に不満をもったのではないだろうか。けれど、コッピンジャーの教えは本書に漂っているし、彼には途方もなく大きな恩がある。この本から生まれるであろう議論をしたかった。

両親にはいくばくかの責任がある。系統発生でも個体発生でも――生まれと育ち――彼らの影響があるのはまちがいない。父もきっと、この「イヌの愛のなんちゃら」について、わたしと議論をしたかったのではないかと思う。

ロズとサムへ。何をいえばいい？　上りのときも下りのときも、いつでもわたしの人生を支えてくれることにお礼をいいたい。わたしの人生を楽しいものにしてくれて、ありがとう。

そして、ゼフォスにも――この本に守護動物がいるのなら、それはゼフォスだ。まさに文字どおり、きみがいなければ、この本は書けなかっただろう。ありがとう、愛しいゼフォス。ディナーにレバーをごちそうするよ！

解説

麻布大学獣医学部教授
菊水健史

なぜだろう。イヌを飼い始めると、その存在が日に日に大きくなる。いつの間にか、自分の心の中にしっかりとイヌの居場所ができ、そしてその場所はとても特別で温かいものとなる。おそらくその感覚は、イヌとの絆形成を経験したことのある人であれば誰しも感じることであるが、経験したことのない人には想像すら難しいのかもしれない。イヌと人の関係は特別だ、とよく言われ、それに関する多くの著書が出版されてきた。いくつかは映画化される感動的な物語として、また科学的なもの、しつけに関するものなども多くが世間で手にすることができる。なるほど、なんとイヌに興味をもっている人の多いことか、と気づかされる。

本書『イヌは愛である』はその中でも、イヌについての近年の科学的な知見を通して、人とイヌがいつどのように出会い、そして結ばれ、今日に至ったかを、愛犬とのエピソー

ド も交えて紐解くものであり、手に取った人を飽きさせない、すばらしい書といえる。

著者であるアリゾナ州立大学のクライブ・ウィン博士はイヌの認知科学では大変著名な先生だ。近年は人とイヌの愛着形成に関してや、イヌの行動遺伝学、さらにはシェルタードッグの研究などでも多くの研究成果を出されている。実は、二〇一一年に私のいる麻布大学を訪問してくださり、イヌの研究談義に花を咲かせたことをよく覚えている。認知科学としての視点はもちろん、イヌの飼い主から見たイヌの特性や愛すべき姿などを語ってくださった。その知識の深さと感性の高さには、同じ研究者としてうらやましい思いであった。そのウィン先生が執筆された本書では、ご自身の愛犬ゼフォスとの出会いの物語に始まり、行動実験のみならず、イヌの脳内の神経活動の研究成果、人とイヌを繋ぐホルモンであるオキシトシンや、イヌがオオカミから分岐しイヌとなっていく過程で獲得した遺伝的推移など、最新のイヌ研究を紹介し、最良の友「イヌ」について洞察を深めていく。

イヌはいつからイヌだったのだろうか。これはいまだに多くの研究者を惹きつける命題である。近年の考古遺伝学の発達により、世界各地のオオカミや様々な犬種、さらには遺跡から発掘された骨から抽出したＤＮＡを用いて、その進化プロセスを明らかにする研究成果が相次いだ。それでもイヌを決定づける遺伝子は見つかっていないし、またイヌの起源を明瞭に示した研究もない。大雑把にいうと三万年から五万年前のユーラシア大陸のどこかで、イヌが誕生し、おそらくそのイヌは人への接近（捕食ではなく、好奇心）を試み、また人の接近も受け入れたことにより、この異種である両者のかかわりが生まれてきた、と考えられている。イヌの方だけがその進化／家畜化で変化したわけではない。人もイヌの接近を受け入れたはずである。でなければ、近づいたイヌを天敵の接近として認識し、捕獲するあるいは追い払うなどの行動をとったはずである。つまり、人も寛容性が高く、天敵であったはずのプロトイヌ（家畜化前のイヌで、オオカミとはことなるイヌの原型をこう呼ぼう）を「まあいいや」と受け入れたはずである。最初、プロトイヌは人の残飯処理をしていたかもしれない。あまり感動的な出会いではないにしろ、実益のあることが両者の距離を縮めるきっかけとなった。

この接近により、両者に何らかの利益が生じたはずだ。プロトイヌが人集団の周囲をうろつくことで、他の天敵の接近を許さなかったのかもしれない。特にプロトイヌが夜警を担当してくれたことで、人は夜間の安定した睡眠を享受した可能性はある。実際にイヌの飼育で飼い主の睡眠の質が改善することが知られており、現代でそうであれば、野外で天敵の脅威にさらされていた人々にとってはなおさらそうであっただろう。そして深夜の深い睡眠は、人の認知機能や記憶学習能力を高めるので、人の高度な脳機能を支えることも可能だったに違いない。あるいは、プロトイヌが狩りに行く際に、その研ぎ澄まされた嗅覚の導きを、人が利用したのかもしれない。さらには、見つけた獲物を協力して、倒し、共生良い部分は人がとり、プロトイヌが残りをもらったのかもしれない。いずれにせよ、共生がスタートするには、両者に利益があったはずで、それがなければ共生は成り立たない。

この両者の接近と共生の開始は、他の家畜と一線を画す。上述のとおり、イヌと人との共生が三から五万年前から始まったとすれば、他の家畜は約一万年前、人が農耕をはじめ、定住しはじめた時期に重なる。イヌ以外の家畜は、食物資源としての価値が重要視されており、英語で家畜を「Live Stock」と呼ぶ所以が見える。周囲にいた野生動物を捕らえ、居住地のそばに囲いをつくって、そこで飼育し必要に応じて食したのだ。一方、人とプロトイヌが共生を始めたころは、人は狩猟採集生活を営んでおり、集落を移動しながら生活していた。そのため、プロトイヌは人の動きに準じて、自身も動く必要があった。プロトイヌは自ら人のそばを選んでいたことになる。そしてその共生の過程において、人とイヌはお互いの利益をさらに高め合う関係へと発展していく。一万二千年くらい前には、人と一緒にイヌが埋葬された跡も見つかったことから、イヌが家族や集団の一員となったといえるだろう。その時期すら、まだ他の動物は家畜化されてもいない。

ではこの共生はお互いの何を変化させたのか。その問いにはロシアで実施されたアカギツネの〝家畜化〟実験がヒントを与えてくれる。一九五九年、ロシアの遺伝学者であるドミトリ・ベリャーエフとその同僚たちが、イヌがなぜ家畜化されたのかを理解するために実験を開始した。このアカギツネの家畜化実験は、人を警戒せずに懐いてくる性質のみを基準とした選択交配をおこない、どのようなキツネが誕生するかを調べるというものだった。実はこの実験は現在も継続されており、なんと六〇年以上にわたる壮大な実験である。この選択交配群（家畜群）は非選択交配群（野生群）にくらべ、気質が穏やかで遊び好きであり、人が近づくと喜ぶようになった。驚くことに、人への怖がりだけを指標に選択交配しただけであったにも関わらず、形態が変化し、生理機能や行動面で非常にイヌに似た性質をもった個体が現れ始めた。家畜群のキツネではブチが現れ、また巻き尾や立尾になるなどの多様性が生まれた。たれ耳が現れたりもした。それだけではない。イヌと同様に人の社会的シグナルを上手に理解でき、人とのコミュニケーション能力に優れてきた。

注目すべきは、家畜群のキツネたちは、幼若期での新奇刺激に対する内分泌応答、すなわちコルチゾール分泌反応の発現時期が野生群のキツネに比べて非常に遅い点である。コルチゾールはストレスホルモンと言われ、ストレスや危険を感じた際に副腎皮質から分泌される。家畜群の子ギツネたちは、新奇環境での探索行動に長い時間を費やしていることからも、本来は警戒すべき新奇刺激に対して恐怖やストレスを感じるようになるまでの成長が遅く、むしろ好奇心が勝っているということを意味している。同様の現象は、子イヌと子オオカミの比較研究でも報告されており、子イヌらしい気質は大人になっても概ね保持されている。コルチゾールは動物が生きていくうえで必要なホルモンであるが、過剰に分泌されると心身の健康や認知能力に影響を及ぼすことが知られている。これらのことから、祖先種の中から内分泌系のストレス応答性の突然変異により、恐怖反応や攻撃性を示しにくい個体が現れたことがイヌの始まりと考えられる。これが先に述べた〝寛容性の高まり〟の分子メカニズムだろう。それらの個体は新奇環境や異種である人に対してあまり恐怖を感じずに接近を許し、それが副次的に認知能力の柔軟性へとつながり、次第に人とコミュニケーションがとりやすいものが生き残った。

ところで、人が集団を形成し、協力社会を営み、その機能が発達するにつれ、人も家畜化した、つまり人は人を自己家畜化したとも考えられよう。野性的な能力は影を潜め、協力し、英知を結集することで安定した食資源を入手し、快適な生活空間を手に入れてきた。集団で生活し、さらに他集団とも交流するために、攻撃性や不安を低下させた。知性が高くなった人は、まずイヌを家畜化し、狩猟の友とした。その友は、人の集落に居着くようになり、天敵の襲来に対して警戒音声をだすようになった。この警戒音声は、人を天敵から守ることができた。人はイヌと共生を始めたおかげで、天敵から離れて安定した睡眠を得たことだろう。このようなイヌとの共生が人の自己家畜化を加速させたのかもしれない。

人が人となったプロセス、その一部はイヌがイヌになったプロセスに重なり、また両者の共生によってなされた、と想像すると、ただのイヌ好きのイヌ研究が、人理解につながる研究へと様変わりする。確かに、人とイヌのかかわり方には地域文化があるが、その文化に応じたイヌの形質が見て取れる。このことは、人とイヌの関係の影響力を物語っているだろう。日本犬を研究すると、その向こうに日本犬を大事に見守ってきた日本人の気質が見えてくるのである。人がイヌを友として受け入れ、そのイヌはイヌとなり、また人はイヌの存在で、人となったのかもしれない。人の変化、日本人の生活、そしてイヌという特殊な動物のなりたちを知ることは、つまり、自分たちの過去をしり、これからの生き方への提言にもつながる、そういう夢のある研究なのだ。

本書では、このような人とイヌを繋ぐもの、それを大胆にも「愛」と表現し、その起源や機能、生体内メカニズムまでもを網羅しながら、解説していく。幅広い視点と、最新の知見は古くから言われてきた「イヌ、人の最良の友」を明らかにしつつある。そしてその理解が進めば進むほど、イヌがいとおしくなってくる。ウィン博士は言う「わたしたちがイヌを大切にしなければいけないのは、イヌたちがそれにふさわしいからだ。（中略）わたしたちは人類とイヌが交わした、言葉にされていない、でも拘束力のある約束を果たしていることになる――（中略）たぐいまれな愛の能力を生む遺伝子を獲得したときにまでさかのぼる社会契約だ」。つまり、人とイヌの運命的出会い、それから始まる共生の歴史、それこそが私たちがいま目の前にする人とイヌの関係であり、それは「愛」と呼ぶにふさわしいものかもしれない。みなさんもぜひ本書を開いて、その運命、いや宿命の関係を知ってほしい。

二〇二一年四月

原　注

はじめに

13　イヌの天才：『あなたの犬は「天才」だ』ブライアン・ヘア、ヴァネッサ・ウッズ著、古草秀子訳（早川書房、2013年）

第一章　ゼフォス

35　もの覚えはとてもいい：Kathryn Bonney and Clive Wynne, Configural Learning in Two Species of Marsupial, *Journal of Comparative Psychology* 117 (2003): 188–99.
36　ヘアの研究を読んでいるうちに：Brian Hare, Michelle Brown, Christina Williamson, and Michael Tomasello, The Domestication of Social Cognition in Dogs, *Science* 298 (2002): 1634–36.
48　野生動物のよう：John Paul Scott and John L. Fuller, *Genetics and the Social Behavior of the Dog*(Chicago: University of Chicago Press, 1965).
50　デビー・ダウナー：Benoit Denizet-Lewis, *Travels with Casey*(New York: Simon & Schuster, 2014).
56　ところが、モニークとニコールは：M.A.R. Udell, N. R. Dorey, and C.D.L. Wynne, The Performance of Stray Dogs (*Canis familiaris*) Living in a Shelter on Human-Guided Object-Choice Tasks, *Animal Behaviour* 79, no. 3 (2010): 717–25.
59　世界一賢いイヌ：The world's smartest dog, Chaser has the largest vocabulary of any nonhuman animal, *Super Smart Animals*, BBC Television, http://www.chaserthebc.com/
60　ジョンとチェイサーの家を訪ねた：著者によるジョン・ピリーのインタビュー、2009年5月、サウスカロライナ州スパータンバーグ
64　ジョンは三年にわたって：John W. Pilley and Hilary Hinzmann, *Chaser: Unlocking the Genius of the Dog Who Knows a Thousand Words*(New York: Houghton Mifflin Harcourt, 2013).

第二章　イヌの特別なところとは？

87　どんな警官でも：Ivan P. Pavlov, *Conditioned Reflexes and Psychiatry — Lectures on Conditioned Reflexes* に寄せた W. Horsley Gantt の序文 , trans. W. H. Gantt (New York: International Publishers, 1941).
87　死後八〇年のあいだ：Daniel P. Todes, *Ivan Pavlov: A Russian Life in Science* (Oxford, UK: Oxford University Press, 2014).
90　人間が部屋に入ってくると：W. H. Gantt et al., Effect of Person, *Conditional Reflex: A Pavlovian Journal of Research & Therapy* 1, no. 1 (1966): 18–35.
91　何度やっても結果は同じだった：E. N. Feuerbacher and C.D.L.Wynne, Relative Efficacy of Human Social Interaction and Food as Reinforcers for Domestic Dogs and Hand-Reared Wolves, *Journal of the Experimental Analysis of Behavior* 98, no. 1 (2012): 105–29. E. N. Feuerbacher and C.D.L. Wynne, Shut Up and Pet Me! Domestic Dogs (*Canis lupus familiaris*) Prefer Petting to Vocal Praise in Concurrent and Single-Alternative Choice Procedures, *Behavioural Processes* 110 (2015): 47–59.
99　それに対して、エインズワースが：M.D.S. Ainsworth, M. C. Blehar, E. Waters, and S. Wall, *Patterns of Attachment: A Psychological Study of the Strange Situation*(Hillsdale, NJ: Lawrence Erlbaum, 1978).
105　ロシアの別のイヌ研究者：S. Sternthal, Moscow's Stray Dogs, *Financial Times*, January 16, 2010, https://www.ft.com/content/628a8500-ff1c-11de-a677-00144feab49a. 興味がある人のために紹介しておくと、このイヌたちの情報だけを集めたウェブサイトが存在する。このサイトでは、モスクワっ子たちが通勤中に出会ったイヌたちの写真と動画をアップロードしている（www.metrodog.ru）。
108　野良犬が深刻な病気を媒介：India's Ongoing War Against Rabies, *Bulletin of the World Health Organization* 87, no. 12 (2009): 890–91.
109　インドの野良犬は：D. Bhattacharjee et al., Free-Ranging Dogs Show Age-Related Plasticity in Their Ability to Follow Human Pointing, *PLOS ONE* 12, no. 7 (2017): e0180643.
111　社会的報酬は餌の報酬よりも：D. Bhattacharjee et al., Free-Ranging Dogs Prefer Petting over Food in Repeated Interactions with Unfamiliar Humans, *Journal of Experimental Biology* 220, no. 24 (2017): 4654–660.

第三章　イヌは人間を大切に思っている？

124　エマ・タウンゼンドが興味深い著書：『ダーウィンが愛した犬たち——進化論を支えた陰の主役』エマ・タウンゼンド著、渡辺政隆訳（勁草書房、2020年）

125　ダーウィンは後期の著作：Charles Darwin, *The Expression of Emotions in Man and Animals*(London: John Murray, 1872).『人及び動物の表情について』チャールズ・ダーウィン著、浜中浜太郎訳（岩波文庫、1931年）

125　人間にしたところで：同上, 11. 同書に183回登場する、イヌに言及した箇所のひとつ。

125　仲よくしている：同上, 119–20.

126　上唇が：同上, 122.

127　幸せなイヌを選び出すのは：Patricia McConnell, *For the Love of a Dog: Understanding Emotion in You and Your Best Friend*(New York: Ballantine Books, 2007).

131　正答率は、イヌと触れあった経験が少ない：T. Bloom and H. Friedman, Classifying Dogs'(*Canis familiaris*) Facial Expressions from Photographs, *Behavioural Processes* 96 (2013): 1–10.

133　何も見せていないときや：イヌを主体とした右と左。イヌと向きあっている場合は左右が逆になる。A. Quaranta, M. Siniscalchi, and G. Vallortigara, Asymmetric Tail-Wagging Responses by Dogs to Different Emotive Stimuli, *Current Biology* 17, no. 6 (2007): R199–R201.

137　ビルは最近おこなった：K. MacPherson and W. A. Roberts, Do Dogs (*Canis familiaris*) Seek Help in an Emergency? *Journal of Comparative Psychology 120*, no. 2 (2006): 113–19.

138　その数年後：J. Bräuer, K. Schönefeld, and J. Call, When Do Dogs Help Humans? *Applied Animal Behaviour Science* 148, no. 1 (2013): 138–49.

140　その結果、テストしたどのイヌにも：T. Ruffman and Z. Morris-Trainor, Do Dogs Understand Human Emotional Expressions? *Journal of Veterinary Behavior: Clinical Applications and Research* 6, no. 1 (2011): 97–98.

141　カスタンスとメイヤーは実験の設計にあたって：D. Custance and J. Mayer, Empathic-like Responding by Domestic Dogs (*Canis familiaris*) to

Distress in Humans: An Exploratory Study, *Animal Cognition* 15, no. 5 (2012): 851–59.
147　マージョリー・フレンチさんを助け出したのは：Louise Lind-af-Hageby, *Bombed animals-rescued animals-animals saved from destruction*(London: Animal Defense and Anti-Vivisection Society, 1941).
149　自由に動けるほうのラットが：I. B.-A. Bartal, J. Decety, and P. Mason, Empathy and Pro-social Behavior in Rats, *Science* 334, no. 6061 (2011): 1427–430.
153　イヌは何百回と道に迷っているのに：Edward Thorndike, *Animal Intelligence: An Experimental Study of the Associative Processes in Animals*(New York: Macmillan, 1898).

第四章　身体と心

163　バーンズはこの一連の研究を：『犬の気持ちを科学する』グレゴリー・バーンズ著、浅井みどり訳（シンコーミュージック・エンタテイメント、2015 年）
167　検査を受ける二頭のイヌは：G. S. Berns, A. M. Brooks, and M. Spivak, Functional MRI in Awake Unrestrained dogs, *PLOS ONE* 7, no. 5 (2012): e38027.
168　餌の報酬に反応するのと同じ：G. S. Berns, A. M. Brooks, and M. Spivak, Scent of the Familiar: An fMRI Study of Canine Brain Responses to Familiar and Unfamiliar Human and Dog Odors, *Behavioural Processes* 110 (2015): 37–46. P. F. Cook et al., Awake Canine fMRI Predicts Dogs' Preference for Praise vs. Food, *Social Cognitive and Affective Neuroscience* 11, no. 12 (2016): 1853–862.
171　コンパクトでエネルギーたっぷりのゴールデン・レトリバー：Gregory S. Berns, *What It's Like to Be a Dog: And Other Adventures in Animal Neuroscience*(New York: Basic Books, 2017).
172　イヌの大多数は：C. Dreifus, Gregory Berns Knows What Your Dog Is Thinking (It's Sweet), *New York Times*, September 8, 2017, https://www.nytimes.com/2017/09/08/science/gregory-berns-dogs-brains.html.
174　この化学物質を最初に発見した：W. Feldberg, revised by E. M. Tansey, Dale, Sir Henry Hallett (1875–1968), physiologist and pharmacologist, in *Oxford Dictionary of National Biography*, rev. ed. (Oxford, UK: Oxford University Press, 2004), http://www.oxforddnb.com/view/10.1093/ref:odnb/9780198614128.001.0

001/odnb-9780198614128-e-32694;jsessionid=A2331762884803A4CD2420C7D4200C59.
174　ヴィンセント・デュ・ヴィニョー：Vincent du Vigneaud — Facts, NobelPrize.org (Nobel Media AB 2018), https://www.nobelprize.org/nobel_prizes/chemistry/laureates/1955/vigneaud-facts.html.
178　その理由はどうやら：H. E. Ross and L. J. Young, Oxytocin and the Neural Mechanisms Regulating Social Cognition and Affiliative Behavior, *Frontiers in Neuroendocrinology* 30, no. 4 (2009): 534–47.
179　麻布大学の研究では：M. Nagasawa et al., Dog's Gaze at Its Owner Increases Owner's Urinary Oxytocin During Social Interaction, *Hormones and Behavior* 55, no. 3 (2009): 434–41. S. Kim et al., Maternal Oxytocin Response Predicts Mother-to-Infant Gaze, *Brain Research* 1580 (2014): 133–42. T. Romero et al., Oxytocin Promotes Social Bonding in Dogs, *Proceedings of the National Academy of Sciences* 111, no. 25 (2014): 9085–90. M. Nagasawa et al., Oxytocin-Gaze Positive Loop and the Coevolution of Human-Dog Bonds, *Science* 348, no. 6232 (2015): 333–36. T. Romero et al., Intranasal Administration of Oxytocin Promotes Social Play in Domestic Dogs, *Communicative & Integrative Biology* 8, no. 3 (2015): e1017157.
184　ＡＡ型のオキシトシン受容体遺伝子をもつイヌは：M. E. Persson et al., Intranasal Oxytocin and a Polymorphism in the Oxytocin Receptor Gene Are Associated with Human-Directed Social Behavior in Golden Retriever Dogs, *Hormones and Behavior* 95, Supplement C (2017): 85–93.
187　その偉業が明らかにした事実は：H. G. Parker et al., Genetic Structure of the Purebred Domestic Dog, *Science* 304, no. 5674 (2004): 1160–64.
187　ヴァンホールトの研究チームは：遺伝学をめぐるもうひとつの不思議は、一本の科学論文をまとめるのにおそろしく大勢の人が必要になることだ。この論文には、全部で36人の共著者がいる。B. M. von Holdt et al., Genome-wide SNP and Haplotype Analyses Reveal a Rich History Underlying Dog Domestication, *Nature* 464, no. 7290 (2010): 898–902.
188　ヒトにおいてはウィリアムズ・ボイレン症候群の：同上
189　みんながあなたと友だちになりたがる場所：ABC News online, *20/20*, https://abcnews.go.com/2020/video/williams-syndrome-children-friendhealth-disease-hospital-doctors-13817012, undated.
189　わたしがとくに好きなのは："Cat-Friend vs. Dog-Friend," https://www.

youtube.com/watch?v=GbycvPwr1Wg Nov 21, 2012.
192　まず見つけなければならないのは：*Williams Syndrome Association*, "What Is Williams Syndrome?" https://williams-syndrome.org/what-is-williams-syndrome, undated.
199　この遺伝子と：B. M. vonHoldt et al, Structural Variants in Genes Associated with Human Williams-Beuren Syndrome Underlie Stereotypical Hypersociability in Domestic Dogs, *Science Advances* 3, no.7 (2017): e1700398.
200　このデータをすり鉢に加えて：M. E. Persson et al., Sociality Genes Are Associated with Human-Directed Social Behaviour in Golden and Labrador Retriever Dogs, *PeerJ* 6 (2018): e5889.
200　あの子たちに尻尾があったら：N. Rogers, Rare Human Syndrome May Explain Why Dogs Are So Friendly, *Inside Science*, July 19, 2017, https://www.insidescience.org/news/rare-human-syndrome-may-explain-why-dogs-are-so-friendly.

第五章　起　源

208　グレーのなかのグレーの瞳をもつハウンド犬：アッリアノス著 On Hunting, 145 年ごろ , *Xenophon and Arrian on Hunting: With Hounds* 収録 , trans. A. A. Phillips and M. M. Willcock (Warminster, UK: Liverpool University Press, 1999).
209　このイヌは王の：G. A. Reisner, The Dog Which Was Honored by the King of Upper and Lower Egypt, *Bulletin: Museum of Fine Arts*, Boston 34, no. 206 (December 1936): 96–99.
212　この結論は歯のエナメル質に：L. Janssens et al., A New Look at an Old Dog: Bonn-Oberkassel Reconsidered, *Journal of Archaeological Science* 92 (2018): 126–38.
214　一八世紀のフランスの自然学者：Jean Léopold Nicolas Frédéric, Baron Cuvier, *Le Règne animal distribué d'après son organization*. Déterville libraire, 4 volumes (Paris: Imprimerie de A. Belin, 1817).
216　数千年前の狩人たちがどうやって：こちらのサイトに、モシェとオオカミたちとの交流のようすを収めた動画がある：http://www.afikimproductions.com/Site/pages/en_inPage.asp?catID=10.

220　コッピンジャーは妻のローナとともに：Raymond Coppinger and Lorna Coppinger, *Dogs: A New Understanding of Canine Origin, Behavior, and Evolution* (Chicago: University of Chicago Press, 2002).

225　ジャーナリストのマーク・デアは：Mark Derr, *How the Dog Became the Dog: From Wolves to Our Best Friends* (New York: The Overlook Press, 2013).

225　オオカミがみずから進んで：同上, 131. 不愉快な真実をいっておくと、ジンバブエの野良犬は、食事の実に四分の一を人間の大便でまかなっている。J.R.A. Butler and J. T. du Toit, Diet of Free-Ranging Domestic Dogs (*Canis familiaris*) in Rural Zimbabwe: Implications for Wild Scavengers on the Periphery of Wildlife Reserves, *Animal Conservation* 5, no. 1 (2002): 29–37.

229　最後の氷河期が終わるころには：Angela Perri, Hunting Dogs as Environmental Adaptations in Jōmon Japan, *Antiquity* 90, no. 353 (October 2016): 1166–80. Angela Perri, *Global Hunting Adaptations to Early Holocene Temperate Forests: Intentional Dog Burials as Evidence of Hunting Strategies*, PhD Thesis, Durham University, 2013.

235　スールー：おもしろいことに、オオカミを意味するラテン語ルプと似ている。

236　鳴き声をあげて：米国で猟犬を使うハンターたちのあいだで一番人気の雑誌は「Full Cry」という誌名を冠している。人間とイヌからなる狩猟チームの成功において、イヌの鳴き声が演じる中心的な役割を認めていることがうかがえる。表紙には、木の根元にいるイヌが上のほうの枝に逃げこんだ何かに向かって吠えている姿がたびたび登場する。

239　骨の樹脂模型：本物の骨は、イスラエル北部のマアヤン・バルチというキブツの小さな博物館にある。

243　ある考古学者は：L. Larsson, Mortuary Practices and Dog Graves in Mesolithic Societies of Southern Scandinavia, *Anthropologie* 98, no. 4 (1994): 562–75.

245　一九五三年のスターリンの死：L. A. Dugatkin and L. Trut, *How to Tame a Fox (and Build a Dog): Visionary Scientists and a Siberian Tale of Jump-Started Evolution* (Chicago: University of Chicago Press, 2017).

245　弱肉強食：ダーウィンの進化論としばしば結びつけられるフレーズ（訳注：原文は red in tooth and claw）だが、実際にはダーウィンより 10 年ほど前に、詩人アルフレッド・テニスンが *In Memoriam* (London: Edward Moxon, 1850) の第 56 篇で書いたのがはじまりとされる。

246　人間が近づくのを見て：Dugatkin and Trut, *How to Tame a Fox*, 50–52.

第六章　イヌの愛はどう育つ？

257　あまりにも多くのメス犬を：D. E. Duncan, Inside the Very Big, Very Controversial Business of Dog Cloning, *Vanity Fair*, September 2018.
258　一頭一頭が唯一無二：B. Streisand, Barbra Streisand Explains: Why I Cloned My Dog, *New York Times*, March 2, 2018.
261　ジニーを膝に乗せ：著者によるリッチ・ヘイゼルウッドのインタビュー、2018年8月15、16日、アリゾナ州フェニックス
264　コガタペンギンは、単なる：オーストラリアとニュージーランドのコガタペンギンを個別の種と考える専門家もいる。その場合、ニュージーランドの種はエウディプトゥラ・ミノール（*Eudyptula minor*）、オーストラリアの種はエウディプトゥラ・ノヴァエホランディアエ（*Eudyptula novaehollandiae*）となる。
265　キツネはぺしゃんこになりました：Austin Ramzy, Australia Deploys Sheepdogs to Save a Penguin Colony, *New York Times*, November 4, 2015, https://www.nytimes.com/2015/11/05/world/australia/australia-penguins-sheepdogs-foxes-swampy-marsh-farmer-middle-island.html.
266　上品だが慎み深い：Lisa Gerard-Sharp, Europe's Hidden Coasts: The Maremma, Italy, *The Guardian*, May 22, 2017, https://www.theguardian.com/travel/2017/may/22/maremma-tucanny-coast-beaches-italy.
266　ホメロスは：Book 14, http://classics.mit.edu/Homer/odyssey.14.xiv.html.
266　シープドッグ・トライアルが最初に：Barbara Cooper, History of Sheepdog Trials, in *The Working Kelpie Council of Australia*, http://www.wkc.org.au/Historical-Trials/History-of-Sheepdog-Trials.php.
267　残念ながら、北米に移り住んだヨーロッパ人は：Charles Darwin, *Voyage of the Beagle*, 2nd ed. (London: Murray, 1845), 75.（『ビーグル号航海記』チャールズ・ダーウィン著、平凡社など）
267　オッドボールは映画『オッドボール』の：*Oddball*, Stuart McDonald 監督 (Momentum Pictures, 2015).
268　現在、ミドル島のコガタペンギンは：Debbie Lustig, Maremma Sheepdogs Keep Watch over Little Penguins, *Bark: The Dog Culture Magazine* 65

(July 2011), https://thebark.com/content/maremma-sheepdogs-keep-watch-over-little-penguins. Warrnambool City Council, Maremma Dogs, 2018, http://www.warrnamboolpenguins.com.au/maremma-dogs. Maremma Sheepdog Club of America, Maremma Sheepdog Breed History 2014–2017, http://www.maremmaclub.com/history.html. 著者によるデイヴィッド・ウィリアムズのインタビュー、2018年8月9日

269　どうしつけるかっていえば：Darwin, *Voyage of the Beagle*, 150.（『ビーグル号航海記』）

272　創設者のエリック・クリングハマーは：Eckhard H. Hess Dead at 69; Behavioral Scientist Authority, *New York Times*, February 26, 1986, https://www.nytimes.com/1986/02/26/obituaries/eckhard-h-hess-dead-at-69-behavioral-science-authority.html. Eckhard Hess, *Imprinting*(New York: Van Nostrand Reinhold, 1973).

277　小さな野生動物のよう：D. G. Freedman, J. A. King, and O. Elliot, Critical Period in the Social Development of Dogs, *Science* 133, no. 3457 (1961): 1016–17. John Paul Scott and John L. Fuller, *Genetics and the Social Behavior of the Dog* (Chicago: University of Chicago Press, 1965), 105. このふたつの実験記録では、人間とイヌの接触のていどの記述が異なっている。Science誌の論文では1日あたり90分とされているが、書籍では1日あたり10分だけとなっている。おそらく、論文のほうが正確だろう。書籍はのちに記憶を頼りにまとめられたものだ。

285　イヌと合計三〇分触れあった人が：M. Gacsi et al., Attachment Behavior of Adult Dogs (Canis familiaris) Living at Rescue Centers: Forming New Bonds, *Journal of Comparative Psychology* 115, no. 4 (2001): 423–31.

288　なじみのない環境や知らない人を：E. N. Feuerbacher and C.D.L. Wynne, Dogs Don't Always Prefer Their Owners and Can Quickly Form Strong Preferences for Certain Strangers over Others, *Journal of the Experimental Analysis of Behavior* 108, no. 3 (2017): 305–17.

289　たとえば、高齢の救助犬ピートは：Sam Haysom, This Story of a Heroic Dog Who Died Protecting His Owner Will Break Your Heart, *Mashable*, February 13, 2018, https://mashable.com/2018/02/13/dog-dies-after-protecting-owner-from-black-bear/#o4leySe3ekq0.

289　二〇一六年には、ピットブルの介助犬プレシャスが：Service Dog Killed Trying to Protect Owner from Alligator in Florida, *CBS News*, June 24, 2016,

https://www.cbsnews.com/news/service-dog-killed-trying-to-protect-owner-from-alligator-in-florida/.
289　ジェイス・デコッセの飼い犬：Nadia Moharib, 'Hero' Dog Killed Defending Calgary Owner During Violent Home Invasion, *Edmonton Sun*, April 10, 2013, https://edmontonsun.com/2013/04/10/hero-dogkilled-defending-calgary-owner-during-violent-home-invasion/wcm/14a76ff4-9e1e-4ad8-9bd8-fb91a2245385.
289　とはいえ、一九四〇年に出版された：『名犬ラッシー』エリック・ナイト著（講談社など）
291　わたしは気性が荒くて：Charles Darwin, *The Descent of Man, and Selection in Relation to Sex*, vol. 1, 1st ed. (London: John Murray, 1871), 45.（『人間の由来』チャールズ・ダーウィン著、講談社など）
294　遺伝では行動を：John Paul Scott, Investigative Behavior: Toward a Science of Sociality, in *Studying Animal Behavior: Autobiographies of the Founders*, ed. D. A. Dewsbury, 389–429 (Chicago: University of Chicago Press, 1985), 416.

第七章　イヌをもっと幸せに

304　われわれはもはや：強調は原文のまま。『犬が教えてくれる新しい気づき――人が犬の最良の友になる方法 ニュースキートの修道僧たちによるスピリチュアル・ドッグ・トレーニング』モンクス・オブ・ニュースキート著、伊東隆・いのり訳（ペットライフ社、1998年）
306　わたしたちがテレビで目にするのは：スリップリードに合理的な使いみちがないといっているわけではない。
308　ライオンなどの社会的な動物でも：C. Packer, A. E. Pusey, and L. E. Eberly, Egalitarianism in Female African Lions, *Science* 293, no. 5530 (2001): 690–93.
309　ここで押さえておくべき：L. D. Mech, Alpha Status, Dominance, and Division of Labor in Wolf Packs, *Canadian Journal of Zoology* 77, no. 8 (November 1, 1999): 1196–203.
311　ところが、優位のイヌが：F. Range, C. Ritter, and Z. Virányi, Testing the Myth: Tolerant Dogs and Aggressive Wolves, *Proceedings of the Royal Society: B. Biological Sciences*, 282 (2015): 20150220.

317　抱擁は二本足の：S. Coren, The Data Says 'Don't Hug the Dog!', *Psychology Today: Canine Corner*, 2016, https://www.psychologytoday.com/blog/canine-corner/201604/the-data-says-dont-hug-the-dog.
319　スウェーデンでは、少なくとも：Svenska Kennelklubben, Dog Owners in the City: Information About Keeping a Dog in Urban Areas, *Svenska Kennelklubben*, 2013, https://www.skk.se/globalassets/dokument/att-aga-hund/kampanjer/skall-inte-pa-hunden-2013/dog-owners-in-the-city_hi20.pdf.
320　分離不安障害は：D. van Rooy et al., Risk Factors of Separation-Related Behaviours in Australian Retrievers, *Applied Animal Behaviour Science* 209 (December 1, 2018): 71–77. C. V. Spain, J. M. Scarlett, and K. A. Houpt, Long-Term Risks and Benefits of Early-Age Gonadectomy in Dogs, *Journal of the American Veterinary Medical Association* 224, no. 3 (February 2004): 372–79.
322　けれど、それでも一〇〇万頭ほどの：この数の不正確さそのものが問題だ。米国ではシェルターの数でさえ誰も記録をつけておらず、シェルターにいるイヌの数はいうまでもない。そのため、推測に大きな誤差が生じる余地がある。こうした問題に関する優れたオープンアクセス論文の例として、次の論文をあげておく。A. Rowan and T. Kartal, Dog Population and Dog Sheltering Trends in the United States of America, *Animals: An Open Access Journal* 8, no. 5 (2018): 1–20.
326　イタリアは、死ぬまで檻に閉じこめるほうが：S. Cafazzo et al., Behavioural and Physiological Indicators of Shelter Dogs' Welfare: Reflections on the No-Kill Policy on Free-Ranging Dogs in Italy Revisited on the Basis of 15 Years of Implementation, *Physiology & Behavior* 133 (June 22, 2014): 223–29.
326　けれど、悪夢のような：P. D. Scheifele et al., Effect of Kennel Noise on Hearing in Dogs, *American Journal of Veterinary Research* 73, no. 4 (2012): 482–89.
328　テキサス工科大学教授のサーシャ・プロトポポヴァは：サーシャのファーストネームは、正式にはアレクサンドラという。
330　引きとられる可能性がいちばん高いのは：A. Protopopova et al., In-Kennel Behavior Predicts Length of Stay in Shelter Dogs, *PLOS ONE* 9, no. 12 (December 31, 2014): e114319.
334　世にも名高いベルが：パヴロフが実際にしたことやその理由に興味がある方には、ダニエル・トーデスの書いた伝記を入手することをおすすめする。D. P. Todes, *Ivan Pavlov: A Russian Life in Science*(Oxford, UK: Oxford

University Press, 2014).
336　リサとわたしが共同で：L. M. Gunter, R. T. Barber, and C.D.L. Wynne, A Canine Identity Crisis: Genetic Breed Heritage Testing of Shelter Dogs, *PLOS ONE* 13, no. 8 (August 23, 2018): e0202633.
337　ブロンウェン・ディッキーが：B. Dickey, *Pit Bull: The Battle over an American Icon* (New York: Vintage, 2017).
341　この新しいやりかたに敗者は：L. M. Gunter, R. T. Barber, and C.D.L. Wynne, What's in a Name? Effect of Breed Perceptions and Labeling on Attractiveness, Adoptions, and Length of Stay for Pit-Bull-Type Dogs, *PLOS ONE* 11, no. 3 (March 23, 2016): e0146857.
346　数千年前のエジプトの王墓に：H. G. Parker et al., Genomic Analyses Reveal the Influence of Geographic Origin, Migration, and Hybridization on Modern Dog Breed Development, *Cell Reports* 19, no. 4 (2017): 697–708. B. M. vonHoldt et al., Genome-wide SNP and Haplotype Analyses Reveal a Rich History Underlying Dog Domestication, *Nature* 464, no. 7290 (2010): 898–902.
346　それ以前の人たちが：D. J. Brewer, T. Clark, and A. Phillips, *Dogs in Antiquity: Anubis to Cerberus — The Origins of the Domestic Dog* (Warminster, UK: Aris & Phillips, 2001).
348　このドキュメンタリー番組は：*Pedigree Dogs Exposed*（『イギリス　犬たちの悲鳴』として 2009 年に NHK で放送), Jemima Harrison 監督 , BBC TV, August 2008.
348　ブリーダーたちがあくまでも：Beverley Cuddy, Controversy over BBC's Purebred Dog Breeding Documentary: BBC's Pedigree Dogs Exposed Strikes a Chord, *The Bark* 56 (September 2009), https://thebark.com/content/controversy-over-bbcs-purebred-dog-breeding-documentary.
348　このＢＢＣのドキュメンタリーは：Patrick Bateson, *Independent Inquiry into Dog Breeding* (Cambridge, UK, 2010), https://www.ourdogs.co.uk/special/final-dog-inquiry-120110.pdf.
349　英国にいる一万頭あまりの：F.C.F. Calboli et al., Population Structure and Inbreeding from Pedigree Analysis of Purebred Dogs, *Genetics* 179, no. 1 (May 1, 2008): 593–601.
350　尿酸の遺伝的問題という点では：Denise Powell, Overcoming 20th-Century Attitude About Cross Breeding, *Low Uric Acid Dalmatians World* (2016), https://luadalmatians-world.com/enus/dalmatian-articles/crossbreeding. L. L.

Farrell et al., The Challenges of Pedigree Dog Health: Approaches to Combating Inherited Disease, *Canine Genetics and Epidemiology* 2, no. 3 (February 11, 2015).
351　二頭のイヌを見て：Valerie Elliott, Fiona the Mongrel and a Spot of Bother at Crufts: 'Impure' Dalmatian Angers Traditionalists at the Elite Pedigree Dog Show, *Daily Mail*, March 6, 2011, https://www.dailymail.co.uk/news/article-1363354/Fiona-mongrelspot-bother-Crufts-Impure-dalmatian-angers-traditionalists-elite-pedigree-dog-show.html.
352　米国に拠点を置いている人は：US Government, *Animal Welfare Act* (Washington, DC: US Government Publishing Office, 2015), https://www.nal.usda.gov/awic/animal-welfare-act.
354　たとえば、ジャーナリストのローリー・クレスは：Rory Kress, *The Doggie in the Window: How One Dog Led Me from the Pet Store to the Factory Farm to Uncover the Truth of Where Puppies Really Come From* (Naperville, IL: Sourcebooks, 2018).

終わりに

362　イヌの大多数は：Insurance Information Institute, Dog-Bite Claims Nationwide Increased 2.2 Percent; California, Florida, and Pennsylvania Lead Nation in Number of Claims (New York: Insurance Information Institute, 2018), https://www.iii.org/press-release/dog-bite-claims-nationwide-increased-22-percent-california-florida-and-pennsylvania-lead-nation-in-number-of-claims-040518.
362　人間に対する人間の暴力：これは保険金総額だけでなく、総コストの推定である点に留意する必要がある。H. R. Waters et al., The Costs of Interpersonal Violence — an International Review, *Health Policy* 73, no. 3 (September 8, 2005): 303–15.
363　毎年四〇人未満で：WISQARS Leading Causes of Death Reports, 1981–2017, National Center for Injury Prevention and Control, Centers for Disease Control, 2019, https://webappa.cdc.gov/sasweb/ncipc/leadcause.html.

イヌは愛《あい》である
「最良の友」の科学
2021年5月20日　初版印刷
2021年5月25日　初版発行
＊
著　者　クライブ・ウィン
訳　者　梅《うめ》田《だ》智《ち》世《せい》
発行者　早川　浩
＊
印刷所　株式会社精興社
製本所　大口製本印刷株式会社
＊
発行所　株式会社　早川書房
東京都千代田区神田多町2－2
電話　03-3252-3111
振替　00160-3-47799
https://www.hayakawa-online.co.jp
定価はカバーに表示してあります
ISBN978-4-15-210023-8　C0045
Printed and bound in Japan
乱丁・落丁本は小社制作部宛お送り下さい。
送料小社負担にてお取りかえいたします。

樹木たちの知られざる生活

——森林管理官が聴いた森の声

Das geheime Leben der Bäume

ペーター・ヴォールレーベン

長谷川 圭訳

ハヤカワ文庫ＮＦ

樹木には驚くべき能力と社会性があった。子を教育し、会話し、ときに助け合う。一方で熾烈な縄張り争いを繰り広げる。音に反応し、数をかぞえ、長い時間をかけて移動さえする。ドイツで長年、森林管理をしてきた著者が、豊かな経験と科学的事実をもとに綴る、樹木への愛に満ちあふれた世界的ベストセラー！

羊飼いの暮らし

——イギリス湖水地方の四季

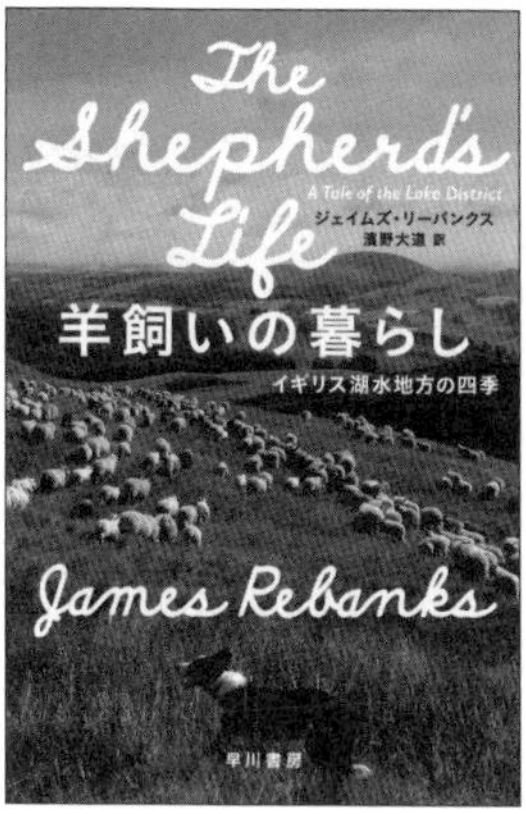

太陽が輝き、羊たちが山で気ままに草を食《は》む夏。競売市が開かれ、一番の稼ぎ時となる秋。過酷な雪や寒さのなか、羊を死なせないよう駆け回る冬。何百匹もの子羊が生まれる春。湖水地方で六〇〇年以上続く羊飼いの家系に生まれたオックスフォード大卒の著者が、羊飼いとして生きる喜びを綴る。

解説／河崎秋子

The Shepherd's Life

ジェイムズ・リーバンクス

濱野大道訳

ハヤカワ文庫NF

猫的感覚
——動物行動学が教えるネコの心理

Cat Sense
ジョン・ブラッドショー
羽田詩津子訳
ハヤカワ文庫ＮＦ

感情をあらわにしないネコは一体何を感じ、何に基づいて行動しているのか？　人間動物関係学者である著者が、野生から進化したイエネコの一万年に及ぶ歴史から人間が考えるネコ像と実際の生態との違い、一緒に暮らすためのヒント、ネコの未来までを詳細に解説する総合ネコ読本。